微积分简明教程

WEIJIFEN JIANMING JIAOCHENG

主　编　武瑞丽　钱小瑞

副主编　严　峻　龙　琼　柴容倩

重庆大学出版社

图书在版编目(CIP)数据

微积分简明教程 / 武瑞丽、钱小瑞主编. --重庆 : 重庆大学出版社,2021.4(2023.9 重印)

ISBN 978-7-5689-2166-4

Ⅰ.①微… Ⅱ.①武…②钱… Ⅲ.①微积分—高等职业教育—教材 Ⅳ.①O172

中国版本图书馆 CIP 数据核字(2020)第 083995 号

微积分简明教程

主 编 武瑞丽 钱小瑞

副主编 严 峻 龙 琼 柴容倩

责任编辑:文 鹏 版式设计:文 鹏

责任校对:刘志刚 责任印制:邱 瑶

*

重庆大学出版社出版发行

出版人:陈晓阳

社址:重庆市沙坪坝区大学城西路 21 号

邮编:401331

电话:(023) 88617190 88617185(中小学)

传真:(023) 88617186 88617166

网址:http://www.cqup.com.cn

邮箱:fxk@cqup.com.cn (营销中心)

全国新华书店经销

POD:重庆新生代彩印技术有限公司

*

开本:787mm×1092mm 1/16 印张:13.5 字数:323 千

2021 年 7 月第 1 版 2023 年 9 月第 3 次印刷

印数:3 001—3 600

ISBN 978-7-5689-2166-4 定价:42.00 元

前言

微积分是以极限为工具研究微分学、积分学以及有关概念和应用的数学分支.它是由英国伟大科学家牛顿和德国数学家莱布尼茨在总结前人工作的基础上分别独立创立的.它的创立极大地推动了数学、其他科学及技术的发展.恩格斯曾指出:“在一切理论成就中,未必再有什么像17世纪下半叶微积分的发明那样被看作人类精神的最高胜利.”

本书是应用技术型大学数学课程系列教材中的一本,全书共8章,主要内容包括:函数、极限与连续,导数与微分,导数的应用,不定积分,定积分,多元函数微积分学,微分方程简介及无穷级数简介.本书注重适当渗透现代数学思想,加强对学生运用数学方法解决实际问题的能力的培养.本书具有如下特色:

1.内容编排上,重思想、重方法、重应用,删除了某些繁杂的理论证明过程,每一章都有一节专门加入了应用实例.

2.文体风格上,力求通俗易懂、直观简洁.一般从实际例子引入概念和理论,描述问题也简洁明确,便于学生阅读.

3.例题和习题的选取兼顾丰富性和层次性.按节配备了难度适中的习题(除第7章和第8章),每章配有单元检测题,书后附有答案提示.

限于编者水平,书中难免有疏漏之处,恳请同行专家和读者不吝赐教,我们表示深深的感谢.

编　者

2020年8月8日

目　录

第1章　函数、极限与连续

函数是数学中最重要的基本概念之一，是现实世界中量与量之间的依存关系在数学中的重要反映．在本章中，我们将在中学已有知识的基础上，进一步阐明函数的一般定义，总结在中学已学过的一些函数，并介绍极限理论与函数的连续性．

§1.1　函　数

1.1.1　集合

集合是现代数学的一个最基本的概念，数学的各个分支普遍运用集合的表示方法和符号．我们在中学阶段已经学习过集合的知识，现在对其中部分内容进行回顾．

1）集合的概念

定义1　具有某种特定性质的对象的总体称为**集合**．例如，某学校图书馆的藏书，方程 $x^2-4x+3=0$ 的实数解等，都分别构成一个集合．集合通常用大写字母 $A,B,C,\cdots$ 表示．

组成集合的对象称为集合的元素，元素通常用小写字母 $a,b,c,\cdots$ 表示．

若 a 是集合 A 的元素，记作“$a\in A$”，读作“a 属于 A”；否则记作“$a\notin A$”（或 $a\overline{\in}A$），读作“a 不属于 A”．

2）集合的表示法

集合的表示法有列举法和描述法两种．

（1）列举法

列举法是把集合中的元素一一列举出来，写在大括号｛ ｝内，每个元素只写一次，不分次序．例如，小于10的正偶数构成的集合表示为 $A=\{2,4,6,8\}$；满足不等式 $|x+1|\leqslant 2$ 的所有整数构成的集合表示为 $B=\{-3,-2,-1,0,1\}$．

（2）描述法

描述法是把集合中的元素所具有的共同性质描述出来，写在大括号｛ ｝内．如不等式 $|x+1|\leqslant 2$ 的所有实数解构成的集合表示为 $B=\{x\mid -3\leqslant x\leqslant 1\}$．

集合中的元素都是数时，该集合称为数集．常见的数集有自然数集 $\mathbf{N}$，整数集 $\mathbf{Z}$，有理数集 $\mathbf{Q}$，实数集 $\mathbf{R}$，正整数集 $\mathbf{N}^*$．

3）区间

区间是高等数学中常用的实数集，分为有限区间和无限区间，具体定义如下（设 a,b 为任意实数，且 $a<b$）：

（1）有限区间

开区间 $(a,b)=\{x\mid a<x<b,x\in\mathbf{R}\}$，

闭区间 $[a,b]=\{x\mid a\leqslant x\leqslant b,x\in\mathbf{R}\}$，

半开半闭区间 $(a,b]=\{x\mid a<x\leqslant b,x\in\mathbf{R}\}$，$[a,b)=\{x\mid a\leqslant x<b,x\in\mathbf{R}\}$.

a,b 称为区间的端点；$b-a$ 称为区间的长度.

（2）无限区间

$(a,+\infty)=\{x\mid x>a,x\in\mathbf{R}\}$，　　$[a,+\infty)=\{x\mid x\geqslant a,x\in\mathbf{R}\}$，

$(-\infty,b)=\{x\mid x<b,x\in\mathbf{R}\}$，　　$(-\infty,b]=\{x\mid x\leqslant b,x\in\mathbf{R}\}$，

$(-\infty,+\infty)=\{x\mid x\in\mathbf{R}\}$.

4）邻域

设 $x_0\in\mathbf{R},\delta>0$，开区间 $(x_0-\delta,x_0+\delta)$ 称为点 x_0 的 δ **邻域**，记作 $U(x_0,\delta)$，即 $U(x_0,\delta)=(x_0-\delta,x_0+\delta)$，其中 x_0 称为**邻域中心**；δ 称为邻域半径.

从数轴上看，$U(x_0,\delta)$ 表示到点 x_0 的距离小于 δ 的点的集合，如图 1.1 所示. 故有

$$U(x_0,\delta)=\{x\mid |x-x_0|<\delta\}=\{x\mid x_0-\delta<x<x_0+\delta\}.$$

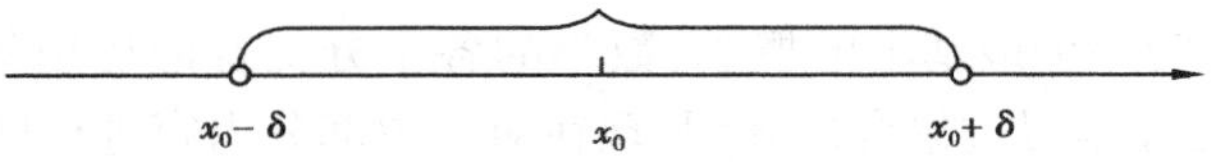

图 1.1

点 x_0 的 δ 邻域去掉中心 x_0 后，称为点 x_0 的去心邻域，如图 1.2 所示，记作 $\mathring{U}(x_0,\delta)$，因而有

$$\mathring{U}(x_0,\delta)=(x_0-\delta,x_0)\cup(x_0,x_0+\delta)=\{x\mid 0<|x-x_0|<\delta\}.$$

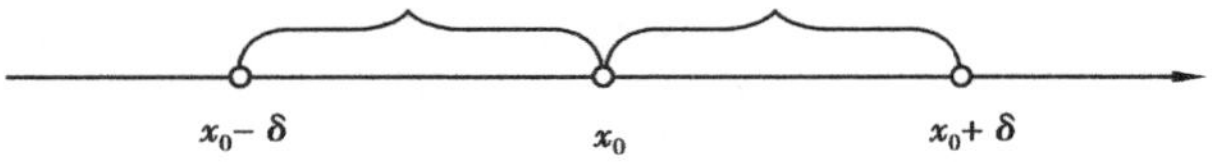

图 1.2

另外，把开区间 $(x_0-\delta,x_0)$ 称为 x_0 的左 δ 邻域，把开区间 $(x_0,x_0+\delta)$ 称为 x_0 的右 δ 邻域.

1.1.2　函数

在自然现象或实际问题中，通常会发生一个量随另一个量的变化而变化的情况. 例如，物体运动时运行的路程 S 随时间 t 的改变而改变；圆的面积 A 随半径 r 的改变而改变. 将两个量之间的这种关系定义为函数关系.

1）函数的概念

定义 2　设 x,y 是两个变量，数集 $D\subseteq\mathbf{R}$ 且 $D\neq\varnothing$，若 $\forall x\in D$（“$\forall$”表示“任意的”），按

照某种对应法则f,y都有确定的值与之对应,则称y为x的**函数**,记作$y=f(x),x\in D$.自变量x的取值范围(数集D)称为函数的**定义域**,记作D_f.

若自变量在定义域内任取一个数值,对应的函数值只有一个,则称函数为单值函数,否则称为多值函数.例如,$y=x+1$为单值函数;$y^2=x+1$为多值函数.在本书中若没有特殊说明,均为单值函数.

由函数定义知,对D_f中的任意给定的数值x_0,y都有确定的值y_0与之对应,称y_0为函数$y=f(x)$在x_0处的函数值,记作$f(x_0)$.

函数值的全体构成的集合称为函数$y=f(x)$的**值域**,记作R_f,即

$$R_f=\{y\mid y=f(x),x\in D_f\}.$$

若两个函数的定义域和对应法则分别相同,则这两个函数为相同的函数(此时值域必定相同).例如,函数$y=|x|$与$y=\sqrt{x^2}$是相同的函数;而$y=x+1$与$y=\frac{x^2-1}{x-1}$是不同的函数,因为$y=x+1$的定义域为实数集$\mathbf{R}$,而函数$y=\frac{x^2-1}{x-1}$的定义域为$\{x\mid x\neq 1\}$,由于定义域不同,所以它们是不同的函数.

例 1.1 设函数$y=x+\frac{2}{x}$,求$f(1),f\left(\frac{1}{x}\right)$.

解

$$f(1)=1+\frac{2}{1}=3,$$

$$f\left(\frac{1}{x}\right)=\frac{1}{x}+\frac{2}{\frac{1}{x}}=2x+\frac{1}{x}.$$

设函数$y=f(x)$的定义域为D_f,取定一个$x_0\in D_f$,就有一个对应的y_0,由x_0、y_0构成的一组实数对(x_0,y_0)对应xOy平面上的一个点.当x取遍D_f上所有值时,得到xOy平面上的点集M为$M=\{(x,y)\mid y=f(x),x\in D_f\}$.

点集M称为函数$y=f(x)$的**图像**(或图形).图像M在x轴上的垂直投影点集是D_f,在y轴上的垂直投影点集就是R_f,如图1.3所示.

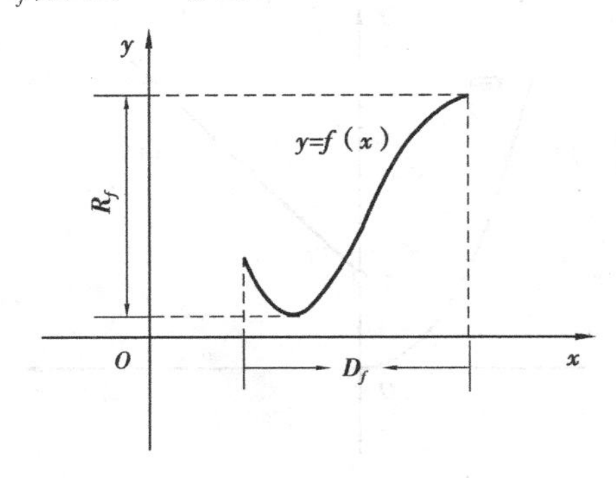

图 1.3

若一个函数在自变量的不同取值范围内有不同的对应法则,则称该函数为**分段函数**.

下面举几个分段函数的例子.

例 1.2 符号函数

$$y=\operatorname{sgn}(x)=\begin{cases}1, & x>0\\ 0, & x=0.\\ -1, & x<0\end{cases}$$

其定义域 $D_f=\mathbf{R}$,值域 $R_f=\{-1,0,1\}$,如图 1.4 所示.

对 $\forall x\in\mathbf{R}$,有 $x=(\operatorname{sgn} x)\cdot|x|$.

例 1.3 取整函数 $y=[x]=n, n\leqslant x<n+1, n\in\mathbf{Z}$.

对任意实数 x, $[x]$ 表示不超过 x 的最大整数,其定义域 $D_f=\mathbf{R}$,值域 $R_f=\mathbf{Z}$. 如图 1.5 所示, $[0.2]=0$, $[-3.1]=-4$, $[5]=5$.

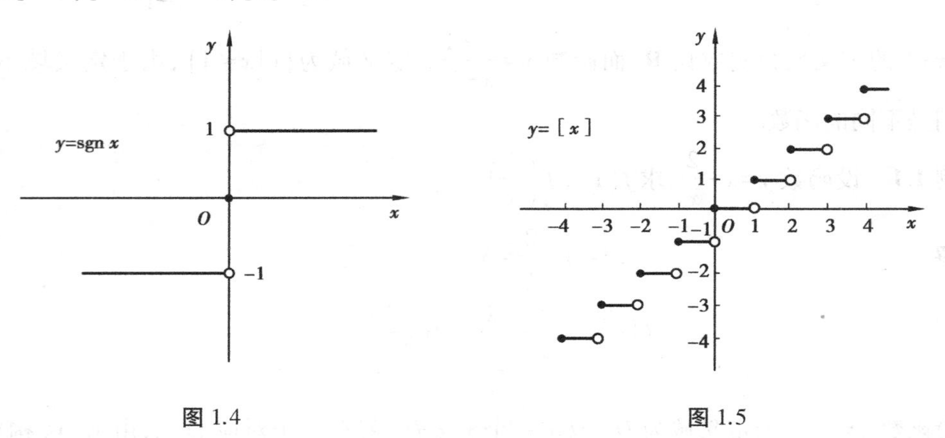

图 1.4　　图 1.5

例 1.4 函数 $y=\begin{cases}x^2, x\leqslant 0\\ x+1, x>0\end{cases}$.

定义域 $D_f=\mathbf{R}$,值域 $R_f=[0,+\infty)$,如图 1.6 所示.

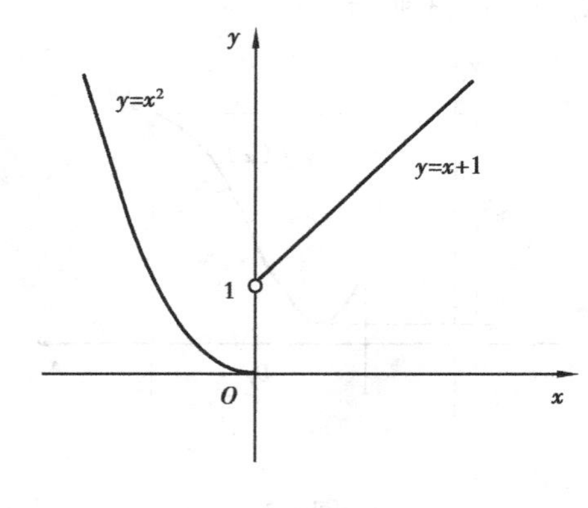

图 1.6

2）函数的几种特性

（1）奇偶性

定义 3 设函数 $y=f(x)$ 的定义域 D_f 关于原点对称. 若对 $\forall x\in D_f$，有 $f(-x)=-f(x)$（$f(-x)=f(x)$），则称 $y=f(x)$ 为**奇函数（偶函数）**.

例如，$f(x)=x^2$ 为偶函数；$f(x)=x$ 为奇函数；$f(x)=x^2+x$ 既不是奇函数也不是偶函数.

由奇函数定义知，奇函数图像关于原点对称（图 1.7），偶函数图像关于 y 轴对称（图 1.8）.

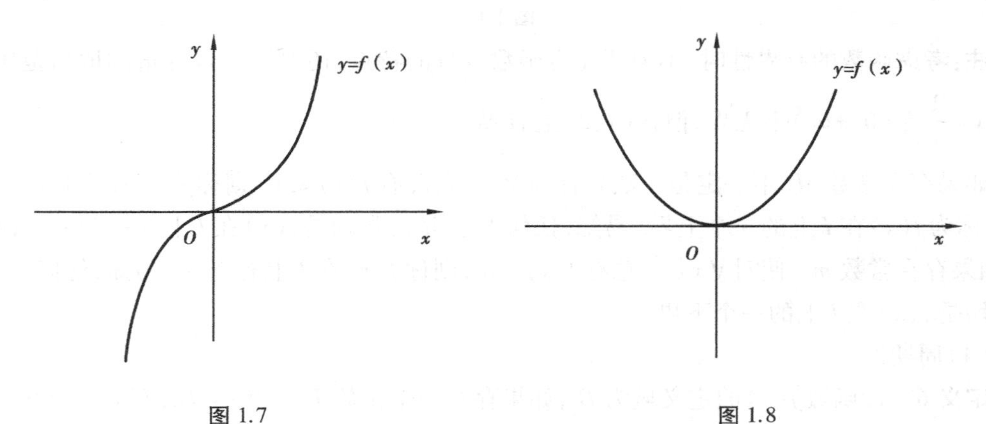

图 1.7　　图 1.8

（2）单调性

定义 4 设函数 $y=f(x)$ 的定义域为 D_f，如果 $\forall x_1<x_2\in I\subseteq D_f$，都有 $f(x_1)<f(x_2)$（$f(x_1)>f(x_2)$），则称函数 $y=f(x)$ 在区间 I 上单调增加（单调减少）. 单调增加函数的图像沿 x 轴正向上升，单调减少函数的图像沿 x 轴正向下降，如图 1.9、图 1.10 所示.

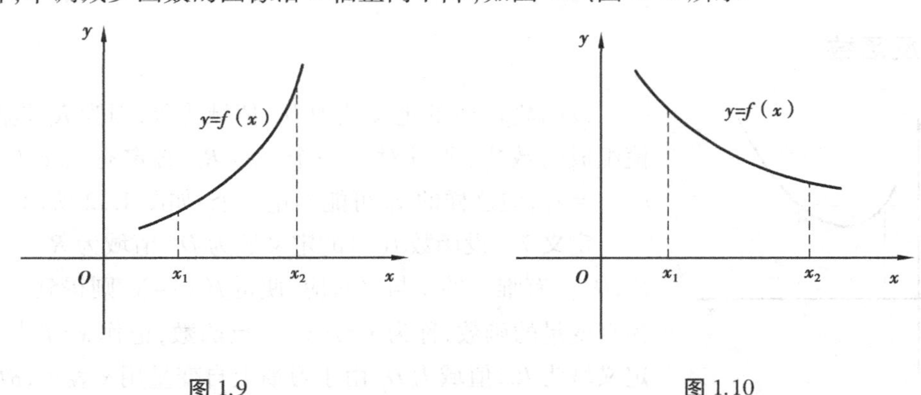

图 1.9　　图 1.10

（3）有界性

定义 5 设函数 $y=f(x)$ 的定义域为 D_f，$I\subseteq D_f$，如果存在正数 M，使 $\forall x\in I$ 都有 $|f(x)|\leqslant M$，则称函数 $y=f(x)$ 在区间 I 上**有界**. 相反地，如果对于任意正数 M，总存在 $x_0\in I$，使得 $|f(x_0)|>M$，则称函数 $y=f(x)$ 在区间 I 上**无界**.

由绝对值不等式知，$|f(x)|\leqslant M$ 等价于 $-M\leqslant f(x)\leqslant M$，因此，当函数 $y=f(x)$ 在区间 I 上有界时，函数 $y=f(x)$ 在区间 I 上的图像必介于直线 $y=M$ 和 $y=-M$ 之间，如图 1.11 所示.

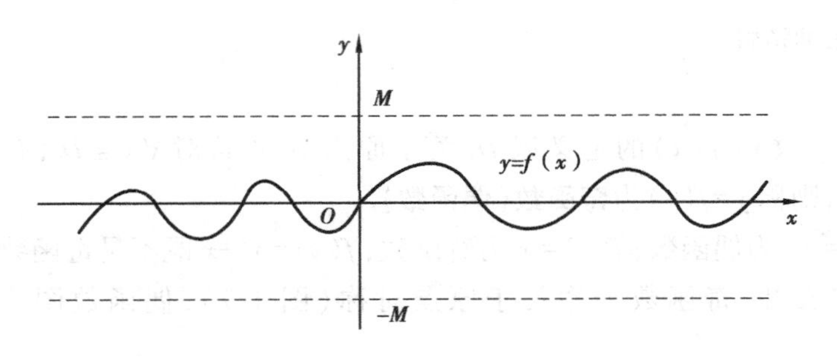

图 1.11

注:考虑函数的有界性时,不但要注意函数本身的特点,还要注意自变量的取值范围.如函数 $y=\dfrac{1}{x}$ 在 $(0,+\infty)$ 上无界,但在 $(1,2)$ 上有界.

如果存在常数 M(不一定是正数),使对 $\forall x\in I$,总有 $f(x)\leqslant M$,则称 $f(x)$ 在 I 上有上界,且 M 称为 $f(x)$ 在 I 上的一个上界.易知,任何大于 M 的数均是 $f(x)$ 在 I 上的一个上界;同样的,如果存在常数 m,使对 $\forall x\in I$,总有 $f(x)\geqslant m$,则称 $f(x)$ 在 I 上有下界.易知,任何小于 m 的数均是 $f(x)$ 在 I 上的一个下界.

(4)周期性

定义 6 设函数 $f(x)$ 的定义域为 D_f,如果存在一个正数 T,使 $\forall x\in D_f$,有 $f(x)=f(x\pm T)$ 恒成立,则称函数 $f(x)$ 为**周期函数**,称 T 为 $f(x)$ 的一个**周期**.

显然,若 T 为 $f(x)$ 的一个周期,则 $kT(k=1,2,3,\cdots)$ 也是函数 $f(x)$ 的周期.通常将最小正周期称为函数的周期.

例如,函数 $\sin x,\cos x$ 的周期为 2π;$\tan x,\cot x$ 的周期为 π.

1.1.3 反函数

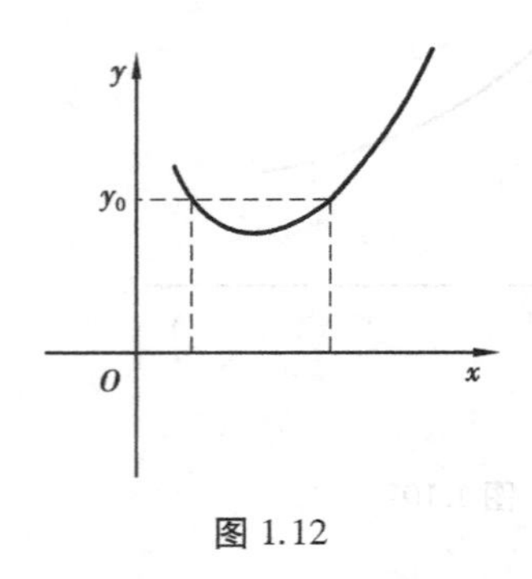

图 1.12

设函数 $f(x)$ 的定义域为 D_f,值域为 R_f.因为 R_f 是由函数值组成的数集,所以对每一个 $y_0\in R_f$,必定有 $x_0\in D_f$,使得 $f(x_0)=y_0$,但这样的 x_0 可能不止一个,如图 1.12 所示.

定义 7 设函数 $f(x)$ 的定义域为 D_f,值域为 R_f.若 $\forall y\in R_f$,D_f 中有唯一的 x 与之对应,使得 $f(x)=y$,则得到一个以 y 为自变量的函数,称为 $y=f(x)$ 的**反函数**,记作 $x=f^{-1}(y)$,其定义域为 R_f,值域为 D_f.由于习惯上自变量用 x 表示,故将 $y=f(x)$ 的反函数记作 $y=f^{-1}(x)$.

而且,函数 $y=f(x),x\in D_f$ 与反函数 $y=f^{-1}(x),x\in R_f$ 的图像关于直线 $y=x$ 对称,如后面的图 1.15 所示.

并非所有函数都存在反函数.但单调函数一定存在反函数,且有如下定理:

定理 1 若对 $\forall x\in D_f$,$y=f(x)$ 是单调增加(减少)函数,则它一定存在反函数 $y=f^{-1}(x),x\in R_f$ 且该反函数与 $y=f(x)$ 具有同样的单调性.

1.1.4 基本初等函数

以前已经学习过幂函数、指数函数、对数函数、三角函数、反三角函数 5 种函数，今后接触的函数大部分是它们经过某种运算得到的，现将这 5 种函数简单总结如下：

1）**幂函数**

定义 8 形如 $y=x^a$（a 是常数）的函数称为**幂函数**. 其定义域视 a 的值而定. $y=x^a$ 中，$a=1,2,3,\frac{1}{2},-1$ 是最常见的幂函数，图像如图 1.13 所示.

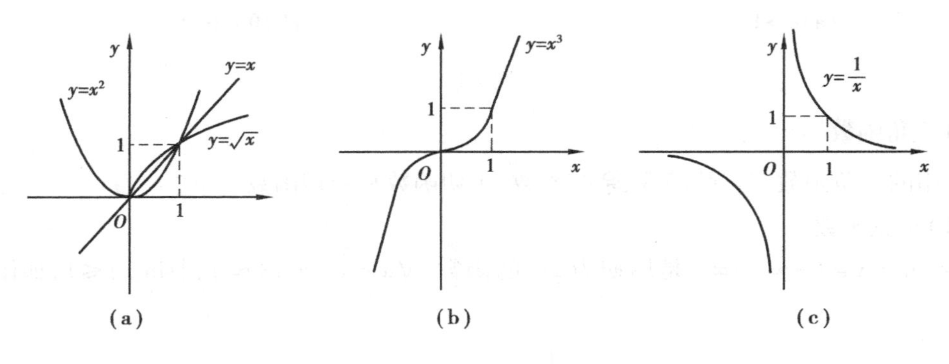

图 1.13

2）**指数函数**

定义 9 形如 $y=a^x$（$a>0,a\neq1$）的函数称为**指数函数**. 其定义域为实数集 $\mathbf{R}$，值域为 $\mathbf{R}^+$. 图像经过(0,1)点.

$a>1$ 时，函数 $y=a^x$ 单调增加；$0<a<1$ 时，函数 $y=a^x$ 单调减少，如图 1.14 所示.

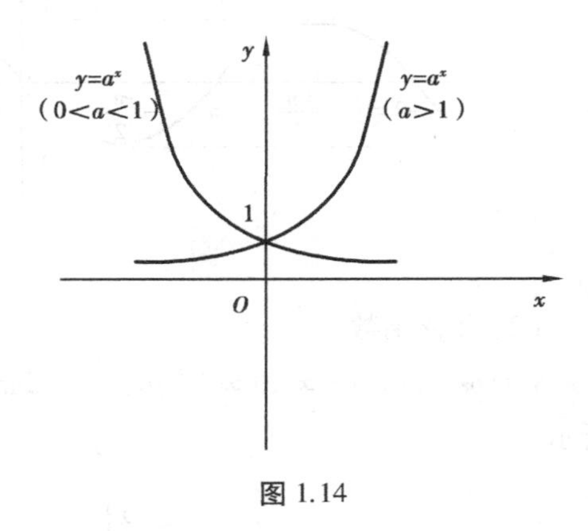

图 1.14

3）**对数函数**

定义 10 形如 $y=\log_a x$（$a>0,a\neq1$）的函数称为**对数函数**. 其定义域为 $\mathbf{R}^+$，值域为 $\mathbf{R}$，图像经过(1,0)点.

对数函数 $y=\log_a x$（$a>0,a\neq1$）与指数函数 $y=a^x$（$a>0,a\neq1$）互为反函数.

$a>1$ 时，函数 $y=\log_a x$ 单调增加；$0<a<1$ 时，函数 $y=\log_a x$ 单调减少，如图 1.15 所示.

以无理数 e 为底的**对数函数**，称为自然对数函数，记作 $y=\ln x$.

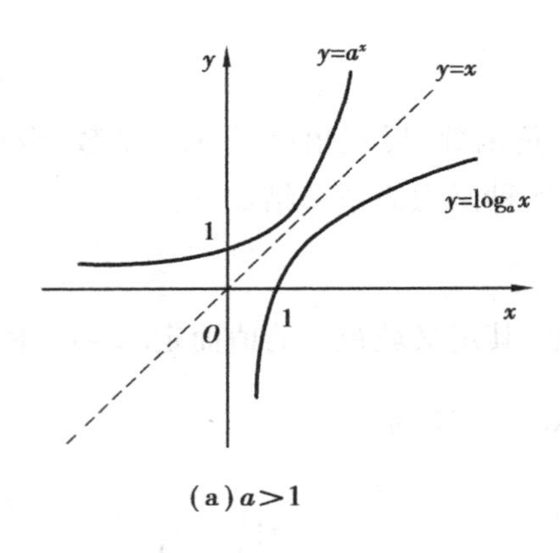

(a) $a>1$

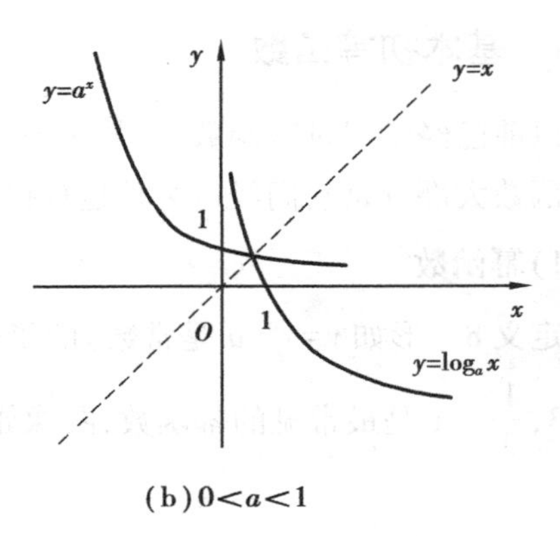

(b) $0<a<1$

图 1.15

4) 三角函数

常用的三角函数有正弦函数、余弦函数、正切函数和余切函数.

(1) 正弦函数

$y=\sin x, x\in(-\infty,+\infty)$ 是周期为 2π 的函数, $\forall x\in(-\infty,+\infty)$, $|\sin x|\leqslant 1$, 如图 1.16 所示.

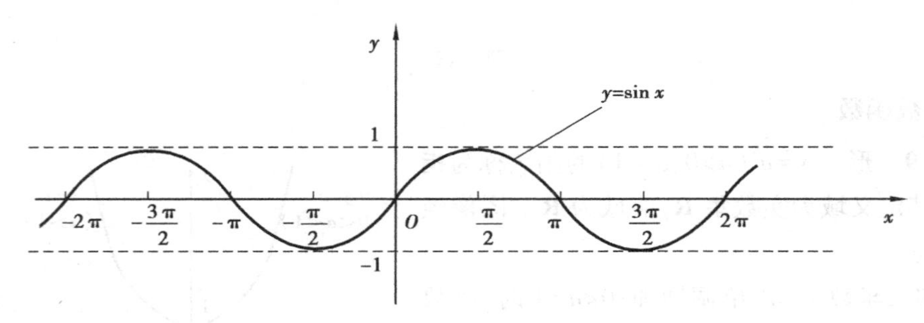

图 1.16

(2) 余弦函数

$y=\cos x, x\in(-\infty,+\infty)$ 是周期为 2π 的函数, $\forall x\in(-\infty,+\infty)$, $|\cos x|\leqslant 1$, 如图 1.17 所示.

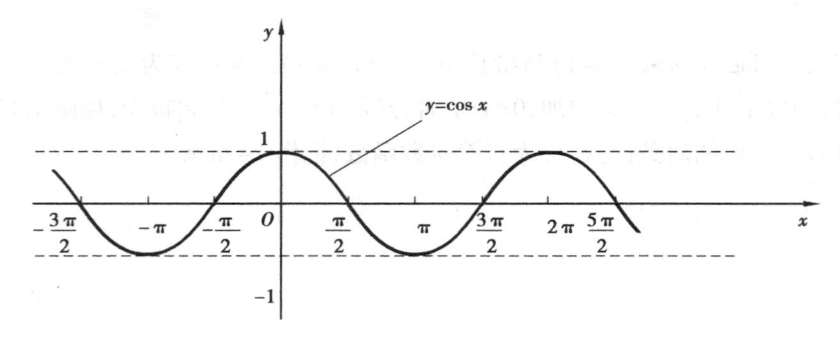

图 1.17

(3)正切函数

$y=\tan x, x\neq\dfrac{\pi}{2}+k\pi, k\in\mathbf{Z}$ 是周期为 π 的函数,如图 1.18 所示.

(4)余切函数

$y=\cot x, x\neq k\pi, k\in\mathbf{Z}$ 是周期为 π 的函数,如图 1.19 所示.

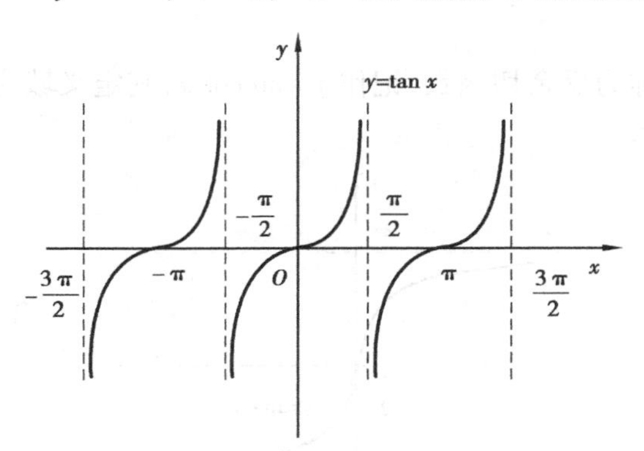

图 1.18

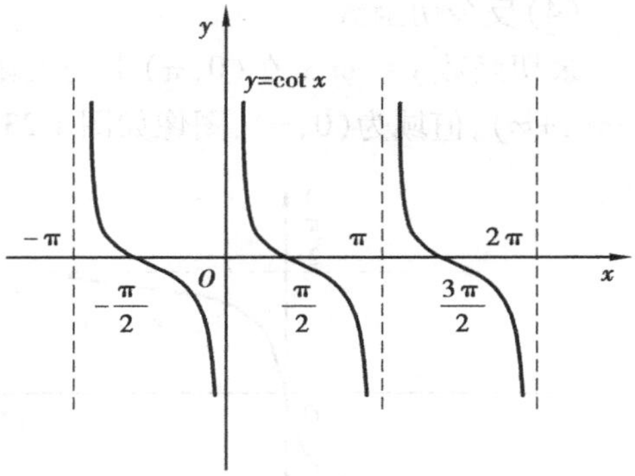

图 1.19

三角函数中还有正割函数 $y=\sec x$ 和余割函数 $y=\csc x$,其中

$$\sec x=\frac{1}{\cos x},\quad \csc x=\frac{1}{\sin x}.$$

5)反三角函数

(1)反正弦函数

正弦函数 $y=\sin x$ 在 $\left[-\dfrac{\pi}{2},\dfrac{\pi}{2}\right]$ 上的反函数称为反正弦函数,记作 $y=\arcsin x$,其定义域为 $[-1,1]$,值域为 $\left[-\dfrac{\pi}{2},\dfrac{\pi}{2}\right]$,图像如图 1.20 所示.

(2)反余弦函数

余弦函数 $y=\cos x$ 在 $[0,\pi]$ 上的反函数称为反余弦函数,记作 $y=\arccos x$,其定义域为 $[-1,1]$,值域为 $[0,\pi]$,图像如图 1.21 所示.

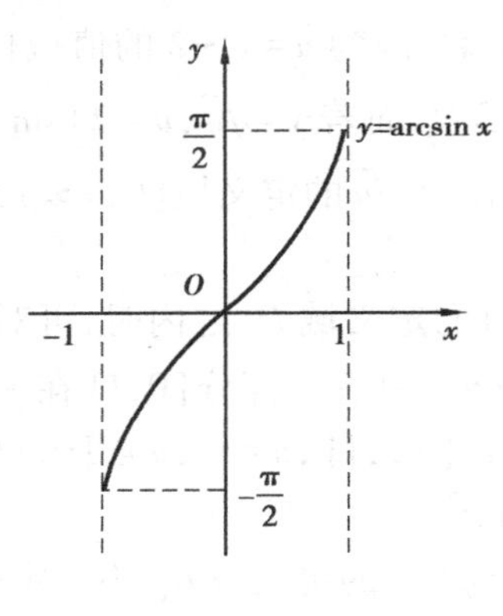

图 1.20

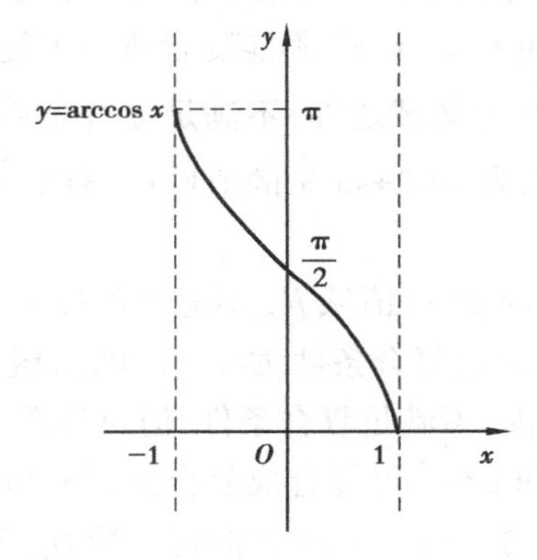

图 1.21

(3)反正切函数

正切函数 $y=\tan x$ 在$\left(-\frac{\pi}{2},\frac{\pi}{2}\right)$上的反函数称为反正切函数,记作 $y=\arctan x$,其定义域为$(-\infty,+\infty)$,值域为$\left(-\frac{\pi}{2},\frac{\pi}{2}\right)$,图像如图 1.22 所示.

(4)反余切函数

余切函数 $y=\cot x$ 在$(0,\pi)$上的反函数称为反余切函数,记作 $y=\text{arccot } x$,其定义域为$(-\infty,+\infty)$,值域为$(0,\pi)$,图像如图 1.23 所示.

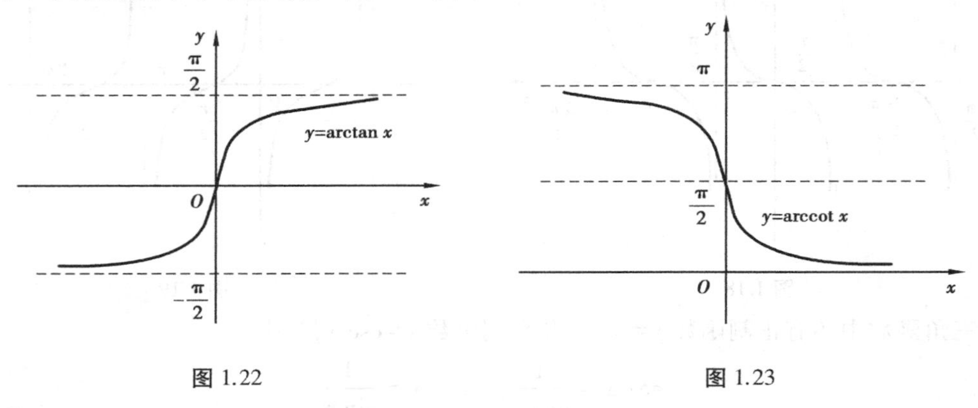

图 1.22　　图 1.23

以上 5 种函数称为基本初等函数.

1.1.5　复合函数

设 $y=2^u$,$u=\sin x$,若将 $y=2^u$ 中的 u 用 $\sin x$ 代替,得到 $y=2^{\sin x}$,这个函数可看成 $y=2^u$,$u=\sin x$ 复合而成的函数,称为**复合函数**.

定义 11　设函数 $y=f(u)$的定义域为 D_f,函数 $u=\varphi(x)$的定义域 D_φ,值域为 R_φ. 若 $R_\varphi\subseteq D_f$,称 $y=f(\varphi(x))$是由 $y=f(u)$经 $u=\varphi(x)$复合而成的复合函数,记作 $y=(f\circ\varphi)(x)$,u 称为**中间变量**.

注:并非任意两个函数都能复合成一个复合函数.

如 $y=\arcsin u$,$u=x^2+2$ 不能复合成一个复合函数,因为 $u=x^2+2$ 的值域$[2,+\infty)$完全落在 $y=\arcsin u$ 的定义域之外,不满足复合条件 $R_\varphi\subseteq D_f$. 而若 $y=\sqrt{u}$,$u=2+\sin x$,则可复合成 $y=\sqrt{2+\sin x}$. 因为 $u=2+\sin x$ 的值域$[1,3]$完全落在 $y=\sqrt{u}$ 的定义域$[0,+\infty)$之内,满足复合条件 $R_\varphi\subseteq D_f$.

当函数的 $u=\varphi(x)$值域 R_φ 不完全落在 $y=f(u)$的定义域 D_f 之内时,可对 x 的取值范围加以限制,使其满足复合条件. 如 $u=x^2$ 的值域$[0,+\infty)$只有一部分$[0,1]$在 $y=\arcsin u$ 的定义域$[-1,1]$之内,不满足复合条件;但可以限制 $x\in[-1,1]$,$u=x^2$,$u\in[0,1]\subseteq[-1,1]$,此时 $y=\arcsin u$ 和 $u=x^2$ 可复合成复合函数 $y=\arcsin x^2$.

注:复合函数 $y=(f\circ\varphi)(x)$的定义域 $D_{f\circ\varphi}$ 和 $u=\varphi(x)$的定义域 D_φ 不一定完全相同,但总有 $D_{f\circ\varphi}\subseteq D_\varphi$.

例 1.5　设$f(x)=x^2$,$g(x)=\ln x$,求$f[g(x)]$,$g[f(x)]$.

解　$f[g(x)]=f(\ln x)=(\ln x)^2$,$g[f(x)]=g(x^2)=\ln x^2$.

例 1.6　拆分下列复合函数:

(1)$y=(2x^3+3)^6$;　　(2)$y=e^{\arctan\sqrt{x}}$.

解　(1)函数$y=(2x^3+3)^6$由$y=u^6$,$u=2x^3+3$复合而成.

(2)函数$y=e^{\arctan\sqrt{x}}$由$y=e^u$,$u=\arctan v$,$v=\sqrt{x}$复合而成.

1.1.6　初等函数

由常数和基本初等函数经过有限次四则运算或有限次复合运算所构成,并用一个解析式表达的函数,称为初等函数.

例如,$y=\sqrt{1-x^2}$,$y=\sin^2 x$等都是初等函数.本课程中所讨论的函数绝大部分都是初等函数.

习题 1.1

1.填空题.

(1)函数$y=\dfrac{1}{x-1}+\sqrt{1-x^2}$的定义域为__________;

(2)若函数$f(x)$的定义域为$[1,e^2]$,则函数$f(e^x)$的定义域为__________.

2.选择题.

(1)下列(　　)组函数是相同函数.

A. $f=\lg x^3$,$g(x)=3\lg x$　　B. $f(x)=x$,$g(x)=|x|$

C. $f(x)=\sqrt{x^2}$,$g(x)=x$　　D. $f(x)=\dfrac{x^2-1}{x-1}$,$g(x)=x+1$

(2)下列函数中,是偶函数的有(　　).

A. $y=x^3$　　B. $y=x^3+x^2$

C. $y=x\sin x$　　D. $y=\ln(x+\sqrt{1+x^2})$

(3)下列各对函数能构成复合函数的是(　　).

A. $y=\lg u$,$u=1-x^3$,$x\in(-\infty,1)$

B. $y=\sqrt{u}$,$u=\sin x$,$x\in\left(\dfrac{3\pi}{2},2\pi\right)$

C. $y=\sqrt{1+u}$,$u=4-x$,$x>5$

D. $y=\arccos u$,$u=\sqrt{2+x^2}$,$x\in(-\infty,+\infty)$

(4)在区间$(0,+\infty)$内单调增加的函数是(　　).

A. $y=\cos x$　　B. $y=\cot x$　　C. $y=x^2$　　D. $y=\dfrac{1}{x}$

(5)已知$f\left(\frac{1}{x}\right)=\left(\frac{x+1}{x}\right)^2$,则$f(x)=$(　　).

A. $\left(\frac{x}{x+1}\right)^2$　　B. $(x+1)^2$

C. $\left(\frac{x+1}{x}\right)^2$　　D. x^2+1

(6)设$f(x)=\begin{cases}\frac{1}{x}, & x<0\\ x^2-3, & x\geqslant 0\end{cases}$,则$f(-2)=$(　　).

A. $-\frac{1}{2}$　　B. $\frac{1}{2}$　　C. 1　　D. 0

3.设$f(x)=3^x$,$g(x)=x^3$,求$f[g(x)]$, $g[f(x)]$.

4.指出下列复合函数是由哪些简单函数复合而成的.

(1)$y=\cos(1-2x)$;　　(2)$y=\sqrt{\sin(x^2+1)}$.

5.设函数$f(x)$在$(-\infty,+\infty)$上有定义,且对于任意的x,y,$f(xy)=f(x)f(y)$,且$f(x)\neq 0$,求$f(2013)$.

6.已知函数$f(x)=\begin{cases}x^2, & 0\leqslant x\leqslant 1\\ 1, & 1<x\leqslant 2\\ 4-x, & 2<x\leqslant 4\end{cases}$.试作出函数的图像,并写出其定义域.

§1.2　极限的概念

极限的思想早在古代就已萌生,著名的"一尺之棰,日取其半,万世不竭"的论断,以及数学家刘徽(公元3世纪)利用圆内接正多边形来推算圆面积的方法——割圆术,都是极限思想的体现.

首先看数列的极限定义.

1.2.1　数列的极限

观察下列数列$\{x_n\}$中随着项数n增大,x_n的变化趋势:

①$\{2^n\}$:$2,4,8,\cdots,2^n,\cdots$;

②$\{(-1)^n\}$:$-1,1,\cdots,(-1)^n,\cdots$;

③$\left\{\frac{n}{n+1}\right\}$:$\frac{1}{2},\frac{2}{3},\cdots,\frac{n}{n+1},\cdots$;

④$\left\{\frac{1}{n}\right\}$:$1,\frac{1}{2},\frac{1}{3},\cdots,\frac{1}{n},\cdots$;

⑤$\left\{\frac{1}{2^n}\right\}$:$\frac{1}{2},\frac{1}{2^2},\frac{1}{2^3},\cdots,\frac{1}{2^n},\cdots$;

⑥3.1,3.14,3.141,3.141 5,3.141 59,….

可以发现:数列①、③、⑥中的 x_n 项随着 n 增大而增大,数列④、⑤中 x_n 的项随着 n 增大而减小. 下列给出单调数列的概念.

定义 1 对于数列$\{x_n\}$,若 $x_1 \leqslant x_2 \leqslant x_3 \leqslant \cdots \leqslant x_n \leqslant \cdots$,则称$\{x_n\}$为单调增加数列;若 $x_1 \geqslant x_2 \geqslant x_3 \geqslant \cdots \geqslant x_n \geqslant \cdots$,则称$\{x_n\}$为单调减少数列.

单调增加或减少的数列统称为单调数列.

数列③、⑥虽同为单调增加数列,但不难发现数列③中各项的值不会超过 1,数列⑥中各项的值不会超过 4. 于是,有下列有界数列的概念.

定义 2 对于数列$\{x_n\}$,若存在正数 M, $\forall n \in \mathbf{N}^*$ 都有 $|x_n| \leqslant M$ 成立,则称数列$\{x_n\}$**有界**,否则称数列$\{x_n\}$**无界**.

因此,数列②至⑥为有界数列,数列①为无界数列.

另外,随项数 n 的无限增大,数列③的一般项 $x_n=\frac{n}{n+1}$无限接近于 1;数列④的一般项 $x_n=\frac{1}{n}$无限接近于 0;数列⑤的一般项 $x_n=\frac{1}{2^n}$无限接近于 0;数列⑥的一般项 x_n 无限接近于 π.

它们共同的特点就是随项数 n 的无限增大,数列的一般项都无限接近于某个固定的常数. 由此,给出数列极限的定性定义.

定义 3 如果数列$\{x_n\}$的项数 n 无限增大时,其一般项都无限接近于某个常数 a,则称 a 为数列$\{x_n\}$的**极限**,或称数列$\{x_n\}$**收敛**于 a,记作$\lim\limits_{n\to\infty} x_n=a$,否则称数列$\{x_n\}$**发散**.

因此,对前面几个数列,有$\lim\limits_{n\to\infty}\frac{n}{n+1}=1$, $\lim\limits_{n\to\infty}\frac{1}{n}=0$, $\lim\limits_{n\to\infty}\frac{1}{2^n}=0$.

所谓"当 n 无限增大时,x_n 无限接近于 a"的意思是当 n 充分大时,x_n 可以任意靠近 a,要多近就能有多近. 也就是说,$|x_n-a|$可以小于任意给定的正数,只要 n 充分地大.

数列$\{x_n\}$的极限为 a 的几何解释:

数列$\{x_n\}$中的项对应数轴上的无数个点,点 x_n 和 a 接近的程度可以用它们之间的距离$|x_n-a|$来衡量. x_n 无限接近于 a,就意味着距离$|x_n-a|$可以任意小.

注:①数列无限接近于极限值的方式是多样的. 如$\left\{\frac{1}{n}\right\}$是从 0 的右侧无限接近于 0;$\left\{\frac{(-1)^n}{n}\right\}$是从 0 的左右两侧无限接近于 0.

②并非所有数列都有极限. 如$\{(-1)^n\}$,$\{2n\}$均无极限.

③收敛数列必有界,无界数列必发散. 但是,有界数列却不一定收敛. 如数列$\{(-1)^n\}$虽然有界,但并不收敛于任何值,是发散的. 所以数列有界是数列收敛的必要非充分条件.

④对于数列极限,有以下几个重要的结果:

$$\lim_{n\to\infty}\frac{1}{n}=0;\lim_{n\to\infty}C=C;\lim_{n\to\infty}q^n=0,|q|<1.$$

当 n 无限增大时,如果 $|x_n|$ 无限增大,称数列 $\{x_n\}$ 的极限是无穷大,记作 $\lim_{n\to\infty}x_n=\infty$.

数列 $\{x_n\}$ 可看作自变量为 n 的函数:$x_n=f(n)$,$n\in\mathbf{N}^*$. 所以可以把数列 $\{x_n\}$ 以 a 为极限,看成当自变量 n 取正整数无限增大时,对应的函数值 $f(n)$ 无限接近于确定的常数 a. 如果把数列极限中的函数 $f(n)$ 的定义域 $\mathbf{N}^*$ 及自变量的变化过程 $n\to\infty$ 等特殊性撇开,就可以得到函数极限的一般概念.

1.2.2 函数的极限

对于一般的函数 $f(x)$,自变量 x 的变化趋势就不像数列极限中这样受局限,主要讨论以下两种自变量变化趋势下函数的极限问题:

①自变量 x 的绝对值 $|x|$ 无限增大,即 x 趋向于无穷大($x\to\infty$);

②自变量 x 无限接近于有限值 x_0,即 x 趋向于 x_0($x\to x_0$).

1)函数在无限远处的极限

观察函数 $f(x)=\dfrac{1}{x}$ 在自变量 $x\to\infty$ 时,对应的函数值 $f(x)$ 的变化趋势.

由图 1.24 可知,当 x 无论是沿 x 轴正向无限远离原点,还是沿 x 轴负向无限远离原点时,函数值 $f(x)=\dfrac{1}{x}$ 都无限接近于数值 0.

定义 4 设函数 $f(x)$ 在 $x>M(M>0)$ 处有定义,当 x 无限增大($x\to+\infty$)时,对应的函数值 $f(x)$ 无限接近于确定数值 A,则称 A 为函数 $f(x)$ 在 $x\to+\infty$ 时的**极限**,记作

$$\lim_{x\to+\infty}f(x)=A.$$

从几何角度看,极限 $\lim_{x\to+\infty}x_n=A$ 表示:随着 x 值的无限增大,曲线 $y=f(x)$ 上对应的点与直线 $y=A$ 的距离无限变小(图 1.25).

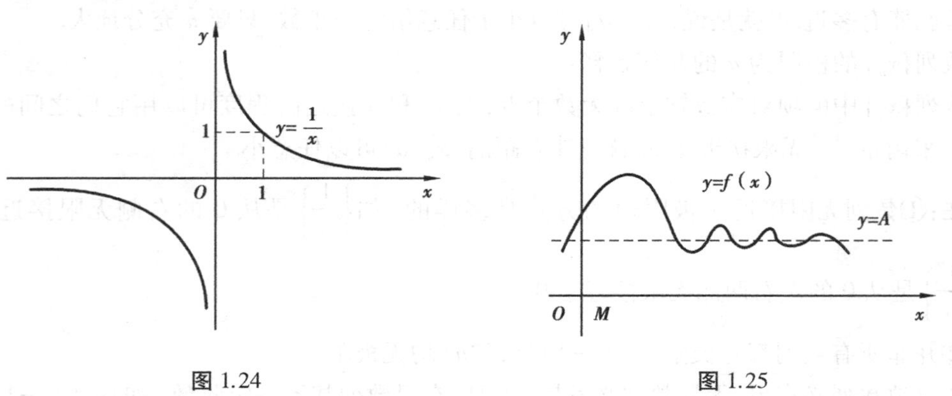

图 1.24　　图 1.25

可类似定义 $f(x)$ 当 $x\to-\infty$ 时的极限(读者自己完成).

由上述定义,知

$$\lim_{x\to-\infty}\frac{1}{x}=0;\lim_{x\to+\infty}\arctan x=\frac{\pi}{2};\lim_{x\to+\infty}\frac{1}{x}=0;$$

$$\lim_{x\to-\infty}\arctan x=-\frac{\pi}{2};\lim_{x\to+\infty}e^x=+\infty;\lim_{x\to-\infty}e^x=0.$$

定义 5 如果函数$f(x)$在$|x|>M(M>0)$处有定义,当$|x|$无限增大($x\to\infty$)时,对应的函数值$f(x)$无限接近于确定数值A,则称A为函数$f(x)$在$x\to\infty$时的极限,记作

$$\lim_{x\to\infty}f(x)=A.$$

例如$\lim\limits_{x\to\infty}\frac{1}{x}=0$,一般地,若$\lim\limits_{x\to\infty}f(x)=C$,则称直线$y=C$为函数$y=f(x)$的图像的水平渐近线.

易知,$\lim\limits_{x\to\infty}f(x)=A$的充分必要条件是$\lim\limits_{x\to+\infty}f(x)=\lim\limits_{x\to-\infty}f(x)=A$.

2)函数在一点处的极限

考察函数$f(x)=x+2$与$f(x)=\frac{x^2-4}{x-2}$,当$x\to2$时函数值的变化.

观察图1.26、图1.27不难发现,虽然两个函数在$x=2$处的定义情况不同($f(x)=x+2$在$x=2$处有定义;$f(x)=\frac{x^2-4}{x-2}$在$x=2$处没有定义),但当$x\to2$时,函数$f(x)=x+2$与$f(x)=\frac{x^2-4}{x-2}$的函数值都趋向于数值4.

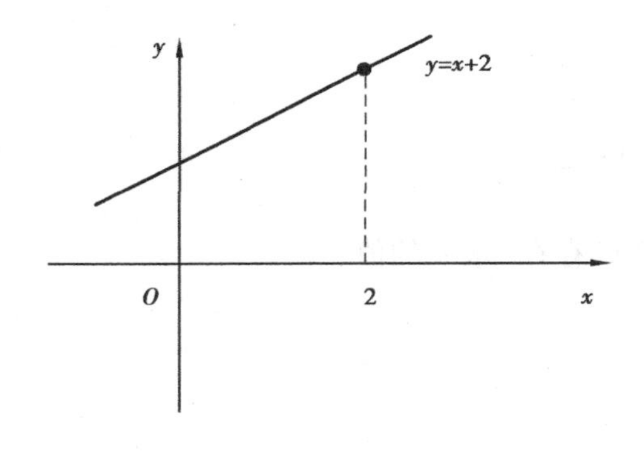

图 1.26

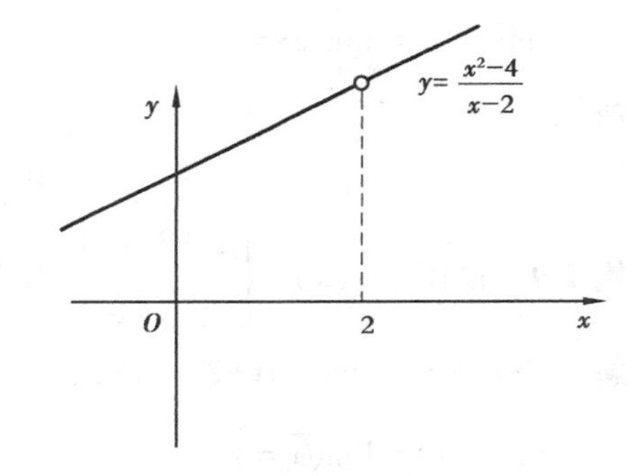

图 1.27

定义 6 设函数$f(x)$在点x_0的某个去心邻域内有定义,A为常数.如果当自变量$x\to x_0$时对应的函数值$f(x)$无限接近于A,则称A为函数$f(x)$当$x\to x_0$时的**极限**,记作

$$\lim_{x\to x_0}f(x)=A.$$

注:①定义中"设函数$f(x)$在点x_0的某个去心邻域内有定义"强调的是函数$f(x)$在点x_0的附近有定义即可,而在点x_0是否有定义并不影响考察函数在该点处的极限.

②当自变量$x\to x_0$时对应的函数值$f(x)$无限接近于A,表示无论x是从x_0左侧趋向于x_0,还是从x_0右侧趋向于x_0,$f(x)$都无限接近于同一个数值A.

例 1.7 考察$\lim\limits_{x \to x_0} x$.

由图 1.28 可知,当 x 从左右两侧趋向于 x_0 时,函数值 y 沿直线 $y=x$ 无限接近于 x_0,因此$\lim\limits_{x \to x_0} x=x_0$.

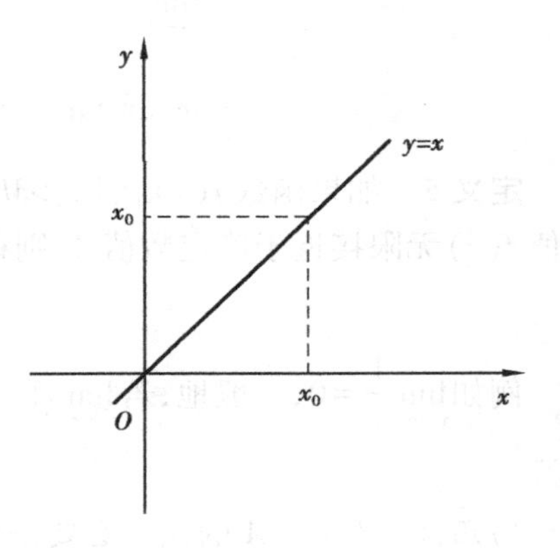

图 1.28

注:基本初等函数在其各自定义域内每点处极限存在,且等于该点处的函数值.

定义 7 设函数$f(x)$在点 x_0 的某个左(右)邻域内有定义,A 为常数. 如果 $x \to x_0^-(x \to x_0^+)$时对应的函数值$f(x)$无限接近于 A,则称 A 为函数$f(x)$当 $x \to x_0$ 时的左(右)极限.

左极限记作 $\lim\limits_{x \to x_0^-} f(x)$ 或 $f(x_0^-)$,右极限记作 $\lim\limits_{x \to x_0^+} f(x)$或 $f(x_0^+)$.

由 $x \to x_0$ 时函数$f(x)$的极限定义和左右极限的定义,可得$\lim\limits_{x \to x_0} f(x)=A$ 的充要条件是 $f(x_0^-)=f(x_0^+)=A$.

例 1.8 设函数$f(x)=\begin{cases} 3x-1, & x<1 \\ 3, & x=1 \\ 2x, & x>1 \end{cases}$.求$\lim\limits_{x \to 1^-} f(x)$,$\lim\limits_{x \to 1^+} f(x)$,$\lim\limits_{x \to 1} f(x)$.

解 $\lim\limits_{x \to 1^-} f(x)=\lim\limits_{x \to 1^-}(3x-1)=2$,

$\lim\limits_{x \to 1^+} f(x)=\lim\limits_{x \to 1^+} 2x=2$,

所以

$$\lim_{x \to 1} f(x) = 2.$$

例 1.9 设函数$f(x)=\begin{cases} ax+2, x<1 \\ \sqrt{x}, x \geqslant 1 \end{cases}$,若$\lim\limits_{x \to 1} f(x)$存在. 求 a 的值.

解 $\lim\limits_{x \to 1^-} f(x)=\lim\limits_{x \to 1^-}(ax+2)=a+2$,

$\lim\limits_{x \to 1^+} f(x)=\lim\limits_{x \to 1^+}\sqrt{x}=1$,

若$\lim\limits_{x \to 1} f(x)$存在,则$\lim\limits_{x \to 1^-} f(x)=\lim\limits_{x \to 1^+} f(x)$,

即

$$a + 2 = 1.$$

所以 $a=-1$.

注:在前面关于极限的定义中,事实上仅仅给出了极限的定性定义. 更精确的,有极限的定量定义,即经典的 ε-N 定义. 例如,对$\lim\limits_{n \to \infty} x_n=a$ 可定义:对 $\forall \varepsilon>0$,存在 N,当 $n>N$ 时,总有 $|x_n-a|<\varepsilon$,则称当 $n \to \infty$ 时,x_n 有极限 a. 对于其他几种形式的极限,也可给出类似的定量定义,在此不再详述.

另外,关于极限的性质,有下面的定理:

定理 1　任何具有极限的变量,其极限唯一.

定理 2　在自变量 x 的某一变化过程中,若因变量 $f(x)\geqslant 0$,且 $\lim f(x)=A$,则 $A\geqslant 0$.

习题 1.2

1.填空题.

(1)设 $x_n=\dfrac{2n}{n+1}$,则 $\lim\limits_{n\to\infty}x_n=$__________;

(2)设函数 $f(x)=\begin{cases}x^3+1, & x>0\\ e^x+1, & x<0\end{cases}$,则 $\lim\limits_{x\to 0^+}f(x)=$__________.

2.单项选择题.

(1)下列数列收敛的是(　　).

A. $2,-2,2,-2,\cdots,(-1)^{n+1}2,\cdots$

B. $1,\dfrac{1}{2},\dfrac{1}{2^2},\cdots,\dfrac{1}{2^{n-1}},\cdots$

C. $1,2,6,\cdots,n!,\cdots$

D. $1,-2,3,-4,\cdots,(-1)^{n+1}n,\cdots$

(2)下列极限不成立的是(　　).

A. $\lim\limits_{x\to 0}e^{\frac{1}{x}}=\infty$　　B. $\lim\limits_{x\to\infty}e^{\frac{1}{x}}=1$

C. $\lim\limits_{x\to 0^-}e^{\frac{1}{x}}=0$　　D. $\lim\limits_{x\to 0^+}e^{\frac{1}{x}}=+\infty$

(3)函数 $f(x)$ 在 $x=x_0$ 处有定义是极限 $\lim\limits_{x\to x_0}f(x)$ 存在的(　　).

A. 必要条件　　B. 充分条件

C. 充要条件　　D. 既非充分又非必要条件

(4) $f(x_0^+)$ 和 $f(x_0^-)$ 都存在是函数 $f(x)$ 在 $x=x_0$ 处有极限的(　　).

A. 必要条件　　B. 充分条件

C. 充要条件　　D. 既非充分又非必要条件

3.设函数 $f(x)=\begin{cases}x+2, & x<2\\ 1, & x=2\\ 2x-2, & x>2\end{cases}$,判断极限 $\lim\limits_{x\to 2}f(x)$ 是否存在.

4.设函数 $f(x)=\begin{cases}2x+b, & x>1\\ e^x+1, & x\leqslant 1\end{cases}$,在点 $x=1$ 处的极限存在,确定 b 的值.

§1.3 极限的运算法则

1.3.1 极限的四则运算法则

为了书写简便,将自变量的变化趋势省略不写,但在同一定理中涉及极限问题时,都是在自变量的同一变化趋势下.

定理 1 设$\lim X=A$,$\lim Y=B$(A、B 为确定的数值且 B 不等于 0),则

①$\lim(X\pm Y)=\lim X\pm\lim Y=A\pm B$;

②$\lim XY=\lim X\cdot\lim Y=AB$;

③$\lim \dfrac{X}{Y}=\dfrac{\lim X}{\lim Y}=\dfrac{A}{B}(B\neq 0)$.

推论 1 $\lim(\lambda X\pm\mu Y)=\lambda\lim X\pm\mu\lim Y=\lambda A\pm\mu B$ (λ,μ 为实数).

推论 2 设$\lim X_i=A_i$,($i=1,2,3,\cdots$),则

①$\lim[k_1X_1\pm k_2X_2\pm k_3X_3\pm\cdots\pm k_nX_n]=k_1A_1\pm k_2A_2\pm k_3A_3\pm\cdots\pm k_nA_n(k_i\in\mathbf{R})$;

②$\lim X_1\cdot X_2\cdot X_3\cdots X_n=A_1A_2A_3\cdots A_n$;

③$\lim X^n=(\lim X)^n$.

例 1.10 计算下列极限:

(1)$\lim\limits_{x\to 2}(2x^4-2x+1)$;

(2)$\lim\limits_{x\to 2}\dfrac{x^2+2x-8}{x^2-4}$.

解 (1)原式$=\lim\limits_{x\to 2}2x^4-\lim\limits_{x\to 2}2x+\lim\limits_{x\to 2}1=2(\lim\limits_{x\to 2}x)^4-2\lim\limits_{x\to 2}x+1$

$=2\times 2^4-2\times 2+1=29$.

(2)原式$=\lim\limits_{x\to 2}\dfrac{(x-2)(x+4)}{(x-2)(x+2)}=\lim\limits_{x\to 2}\dfrac{x+4}{x+2}=\dfrac{3}{2}$.

注:在例 1.10 第(2)题的计算中,由于$\lim\limits_{x\to 2}x^2-4=0$,所以计算时不能直接用商的极限运算法则.

例 1.11 求下列极限:

(1)$\lim\limits_{x\to\infty}\dfrac{x^3-4x+1}{2x^3+5x+3}$; (2)$\lim\limits_{x\to\infty}\dfrac{x^2-3x+2}{x^3+x^2+2}$.

解 (1)原式$=\lim\limits_{x\to\infty}\dfrac{1-\dfrac{4}{x^2}+\dfrac{1}{x^3}}{2+\dfrac{5}{x^2}+\dfrac{3}{x^3}}=\dfrac{1}{2}$;

(2)原式 $=\lim\limits_{x\to\infty}\dfrac{\dfrac{1}{x}-\dfrac{3}{x^2}+\dfrac{2}{x^3}}{1+\dfrac{1}{x}+\dfrac{2}{x^3}}=0.$

注:一般地,若 $a_0\neq0,b_0\neq0$,则有

$$\lim_{x\to\infty}\frac{a_0x^n+a_1x^{n-1}+\cdots+a_{n-1}x+a_n}{b_0x^m+b_1x^{m-1}+\cdots+b_{m-1}x+b_m}=\begin{cases}\dfrac{a_0}{b_0}, & m=n\\ 0, & m>n\\ \infty, & m<n\end{cases}.$$

例 1.12 求极限 $\lim\limits_{x\to1}\left(\dfrac{1}{1-x}-\dfrac{3}{1-x^3}\right)$.

解 原式 $=\lim\limits_{x\to1}\dfrac{x^2+x-2}{(1-x)(1+x+x^2)}=\lim\limits_{x\to1}\dfrac{(x-1)(x+2)}{(1-x)(1+x+x^2)}$

$=\lim\limits_{x\to1}\dfrac{x+2}{-(1+x+x^2)}=-1.$

例 1.13 求极限 $\lim\limits_{n\to\infty}\left(\dfrac{1+2+3+\cdots+n}{n^2+2}\right)$.

解 原式 $=\lim\limits_{n\to\infty}\dfrac{n(n+1)}{2(n^2+2)}=\lim\limits_{n\to\infty}\dfrac{n^2+n}{2n^2+4}=\dfrac{1}{2}.$

1.3.2 复合函数的极限运算法则

定理 2 设 $y=f[\varphi(x)]$ 是由 $y=f(u)$ 与 $u=\varphi(x)$ 复合而成的函数,若 $y=f(u)$ 与 $u=\varphi(x)$ 满足:

(1) $\lim\limits_{u\to a}f(u)=A$;

(2)在 x_0 的某去心邻域内,有 $\varphi(x)\neq a$ 且 $\lim\limits_{x\to x_0}\varphi(x)=a$,则

$$\lim_{x\to x_0}f[\varphi(x)]=\lim_{u\to a}f(u)=A.$$

注:在定理中,把 $\lim\limits_{x\to x_0}\varphi(x)=a$ 换成 $\lim\limits_{x\to x_0}\varphi(x)=\infty$ 或 $\lim\limits_{x\to\infty}\varphi(x)=\infty$,$\lim\limits_{u\to a}f(u)=A$ 换成 $\lim\limits_{u\to\infty}f(u)=A$,可得类似定理.

例 1.14 求 $\lim\limits_{x\to3}\sqrt{\dfrac{x-3}{x^2-9}}$.

解 原式 $=\sqrt{\lim\limits_{x\to3}\dfrac{x-3}{x^2-9}}=\sqrt{\lim\limits_{x\to3}\dfrac{x-3}{(x+3)(x-3)}}=\dfrac{\sqrt6}{6}.$

注:一般地,若 $y=f(u)$ 是基本初等函数,a 是 $f(u)$ 定义域内的点,则

$$\lim_{x\to x_0}f[\varphi(x)]=\lim_{u\to a}f(u)=f(a)=f[\lim_{x\to x_0}\varphi(x)].$$

例 1.15 求 $\lim\limits_{x\to0}\dfrac{2x^2}{1-\sqrt{1+x^2}}$.

解 不能直接运用极限的四则运算法则,需将分母有理化,即

$$\frac{2x^2}{1-\sqrt{1+x^2}}=\frac{2x^2(1+\sqrt{1+x^2})}{1-(1+x^2)}=-2(1+\sqrt{1+x^2}),$$

所以

$$原式=\lim_{x\to 0}[-2(1+\sqrt{1+x^2})]=-2(1+\sqrt{1+0})=-4.$$

习题 1.3

1.填空题.

(1) $\lim\limits_{x\to 2}(3x^2-2x+1)=$__________;

(2) $\lim\limits_{n\to\infty}\left(\frac{1}{2n}+\frac{1}{2^n}\right)=$__________;

(3) $\lim\limits_{x\to 3}\frac{x^2-9}{x-3}=$__________;

(4) $\lim\limits_{x\to\infty}\frac{3x^2+3x-1}{x^2+1}=$__________.

2.计算下列极限.

(1) $\lim\limits_{n\to\infty}\left(1+\frac{1}{2}+\frac{1}{2^2}+\cdots+\frac{1}{2^n}\right)$;

(2) $\lim\limits_{n\to\infty}\frac{(n+1)(n+2)(n+3)}{5n^3}$;

(3) $\lim\limits_{x\to -1}\left(\frac{1}{x+1}-\frac{3}{x^3+1}\right)$;

(4) $\lim\limits_{x\to 1}\frac{\sqrt{5x-4}-\sqrt{x}}{x-1}$;

(5) $\lim\limits_{n\to\infty}(\sqrt{n+1}-\sqrt{n})\sqrt{n}$;

(6) $\lim\limits_{n\to\infty}\left(\frac{1}{1\cdot 2}+\frac{1}{2\cdot 3}+\cdots+\frac{1}{n(n+1)}\right)$.

3.若 $\lim\limits_{x\to 4}\frac{x^2-2x+k}{x-4}=6$.求 k 的值.

§1.4 极限存在准则 两个重要极限

本节介绍判定极限存在的两个准则,并利用它们求出以下两个重要极限:

$$\lim_{x\to 0}\frac{\sin x}{x}=1,\quad \lim_{x\to\infty}\left(1+\frac{1}{x}\right)^x=\mathrm{e}.$$

1.4.1 夹逼法则

定理1 在同一变化过程中,如果因变量 $X\leqslant Z\leqslant Y$,且 $\lim X=\lim Y=A$,则极限 $\lim Z$ 存在,且 $\lim Z=A$.

注:这个准则不仅为判定一个函数(数列)极限是否存在提供了依据,同时也给出了一种新的求极限的方法:在直接求某一个函数的极限不方便的情况下,可考虑将其适当地放大、缩小,使其夹在两个已知有同一极限的函数之间,那么这个函数的极限也就求出来了.

例 1.16 证明 $\lim\limits_{x\to 0}\frac{\sin x}{x}=1$(第一个重要极限).

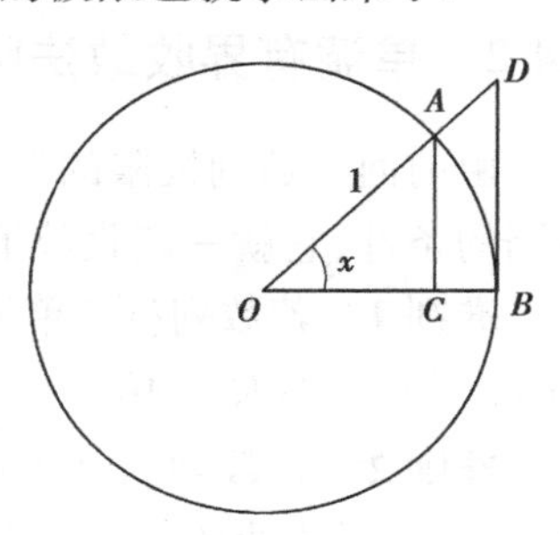

图 1.29

证明 在单位圆作角 $x\in\left(0,\frac{\pi}{2}\right)$,如图 1.29 所示,则

$$S_{\triangle AOB}<S_{扇形AOB}<S_{\triangle BOD},$$

且 $$AC=\sin x,\overparen{AB}=x,BD=\tan x,$$

所以,有 $$\sin x<x<\tan x,$$

从而,有 $$\cot x<\frac{1}{x}<\csc x,$$

即 $$\cos x<\frac{\sin x}{x}<1.$$

由于 $\cos x,\frac{\sin x}{x},1$ 均为偶函数,故 $x\in\left(-\frac{\pi}{2},0\right)$ 时上述不等式也成立.

因为 $$\lim_{x\to 0}\cos x=1,\lim_{x\to 0}1=1,$$

所以 $$\lim_{x\to 0}\frac{\sin x}{x}=1.$$

注:这个极限非常重要,以后将会多次应用. 因此,不要仅仅局限于它的形式,而要记住它的本质特点:

(1)“$\frac{0}{0}$”型;

(2)可形象地表示为 $\lim\limits_{(\quad)\to 0}\frac{\sin(\quad)}{(\quad)}=1$(三位统一).

例 1.17 求下列极限:

(1) $\lim\limits_{x\to 0}\frac{\sin 2x}{x}$; (2) $\lim\limits_{x\to 0}\frac{\tan x}{x}$;

(3) $\lim\limits_{x\to 0}\frac{1-\cos x}{x^2}$; (4) $\lim\limits_{x\to 0}\frac{\arcsin x}{x}$.

解 (1) $\lim\limits_{x\to 0}\frac{\sin 2x}{x}=\lim\limits_{x\to 0}\frac{\sin 2x}{2x}\cdot 2=2$;

(2) $\lim\limits_{x\to 0}\frac{\tan x}{x}=\lim\limits_{x\to 0}\frac{\sin x}{x\cos x}=\lim\limits_{x\to 0}\left(\frac{\sin x}{x}\cdot\frac{1}{\cos x}\right)=1$;

(3) $\lim\limits_{x\to 0}\frac{1-\cos x}{x^2}=\lim\limits_{x\to 0}\frac{2\sin^2\frac{x}{2}}{x^2}=\lim\limits_{x\to 0}\left(\frac{\sin\frac{x}{2}}{\frac{x}{2}}\right)^2\cdot\frac{1}{2}=\frac{1}{2}$;

(4)令 $t=\arcsin x$,则 $x=\sin t$,且当 $x\to 0$ 时,$t\to 0$,于是

$$\lim_{x\to 0}\frac{\arcsin x}{x}=\lim_{t\to 0}\frac{t}{\sin t}=1.$$

1.4.2 单调有界收敛法则

由前面对数列极限的学习知,有界数列不一定收敛. 接下来,要说明有界数列再加一个单调的条件,它就一定收敛了,也就是单调有界收敛准则:

准则 1 若数列$\{x_n\}$单调增加且有上界,即存在常数 M,使 $x_n\leqslant M(n=1,2,3,\cdots)$,则 $\lim\limits_{n\to\infty}x_n$ 存在且不大于 M.

准则 2 若数列$\{x_n\}$单调减少且有下界,即存在常数 m,使 $x_n\geqslant m(n=1,2,3,\cdots)$,则 $\lim\limits_{n\to\infty}x_n$ 存在且不小于 m.

例 1.18 设数列 $x_1=\sqrt{3}$,$x_{n+1}=\sqrt{3+x_n}$.求$\lim\limits_{n\to\infty}x_n$.

解 易知,$x_{n+1}>x_n$,所以数列$\{x_n\}$单调增加;

$x_1=\sqrt{3}<3$,现假定 $x_n<3$,则 $x_{n+1}=\sqrt{3+x_n}<\sqrt{3+3}<3$,所以数列$\{x_n\}$单调有上界,从而 $\lim\limits_{n\to\infty}x_n$ 存在.

记$\lim\limits_{n\to\infty}x_n=A$. $x_{n+1}=\sqrt{3+x_n}$将两边平方,得 $x_{n+1}^2=3+x_n$,两边取极限,注意到$\lim\limits_{n\to\infty}x_n=A$,得 $A^2=A+3$,

解得
$$A=\frac{1\pm\sqrt{13}}{2}.$$

但由 $x_n>\sqrt{3}(n=1,2,3,\cdots)$知$\lim\limits_{n\to\infty}x_n=A>0$,所以 $A=\frac{1+\sqrt{13}}{2}$,

即

$$\lim_{n\to\infty}x_n=\frac{1+\sqrt{13}}{2}.$$

例 1.19 证明$\lim\limits_{n\to\infty}\left(1+\frac{1}{n}\right)^n=\mathrm{e}$.

证明 设 $x_n=\left(1+\frac{1}{n}\right)^n$,下证$\{x_n\}$单调增加且有上界.

由二项式定理,有

$$x_n=\left(1+\frac{1}{n}\right)^n=1+C_n^1\frac{1}{n}+C_n^2\frac{1}{n^2}+\cdots+C_n^n\frac{1}{n^n}$$

$$=1+1+\frac{n(n-1)}{2!}\frac{1}{n^2}+\cdots+\frac{n(n-1)\cdots(n-n+1)}{n!}\cdot\frac{1}{n^n}=1+1+\frac{1}{2!}\cdot\left(1-\frac{1}{n}\right)+\frac{1}{3!}\cdot$$

$$\left(1-\frac{1}{n}\right)\left(1-\frac{2}{n}\right)+\cdots+\frac{1}{n!}\cdot\left(1-\frac{1}{n}\right)\left(1-\frac{2}{n}\right)\cdots\left(1-\frac{n-1}{n}\right)<1+1+\frac{1}{2!}+\frac{1}{3!}+\cdots+\frac{1}{n!}$$

$$<1+1+\frac{1}{1\times2}+\frac{1}{2\times3}+\cdots+\frac{1}{(n-1)\times n}$$

$$=1+1+\left(1-\frac{1}{2}\right)+\left(\frac{1}{2}-\frac{1}{3}\right)+\cdots+\left(\frac{1}{n-1}-\frac{1}{n}\right)$$

$$=1+1+1-\frac{1}{n}=3-\frac{1}{n}<3,$$

即数列$\{x_n\}$有上界.

因为$x_n=\left(1+\frac{1}{n}\right)^n>0$,利用算术平均数不小于几何平均数,可得

$$\frac{\left(1+\frac{1}{n}\right)+\left(1+\frac{1}{n}\right)+\cdots+\left(1+\frac{1}{n}\right)+1}{n+1}\geqslant\sqrt[n+1]{\left(1+\frac{1}{n}\right)^n},$$

整理得

$$\left(1+\frac{1}{n+1}\right)\geqslant\sqrt[n+1]{\left(1+\frac{1}{n}\right)^n}.$$

从而$\left(1+\frac{1}{n+1}\right)^{n+1}\geqslant\left(1+\frac{1}{n}\right)^n$，即$x_{n+1}>x_n$,所以数列$\{x_n\}$单调增加.

由收敛准则知,$\lim\limits_{n\to\infty}\left(1+\frac{1}{n}\right)^n$存在,且经过科学计算得到

$$\lim_{n\to\infty}\left(1+\frac{1}{n}\right)^n=\mathrm{e}(\mathrm{e}=2.718\ 28\cdots).$$

还可以证明,$\lim\limits_{x\to+\infty}\left(1+\frac{1}{x}\right)^x=\mathrm{e}$,$\lim\limits_{x\to-\infty}\left(1+\frac{1}{x}\right)^x=\mathrm{e}$,所以

$$\lim_{x\to\infty}\left(1+\frac{1}{x}\right)^x=\mathrm{e}. \tag{1.1}$$

令$t=\frac{1}{x}$,则$x=\frac{1}{t}$,且当$x\to\infty$时,$t\to0$.故有

$$\lim_{t\to0}(1+t)^{\frac{1}{t}}=\mathrm{e}\quad 或\quad \lim_{x\to0}(1+x)^{\frac{1}{x}}=\mathrm{e} \tag{1.2}$$

式(1.1)、式(1.2)虽然表现形式不一样,但本质相同,称为**第二个重要极限**.

$\lim\limits_{x\to\infty}\left(1+\frac{1}{x}\right)^x=\mathrm{e}$或$\lim\limits_{x\to0}(1+x)^{\frac{1}{x}}=\mathrm{e}$的结构特点:

(1)类型为1^∞;

(2)$\lim\limits_{(\ )\to\infty}\left(1+\frac{1}{(\ \ )}\right)^{(\ )}=\mathrm{e}$或$\lim\limits_{(\ )\to0}(1+(\ \ ))^{\frac{1}{(\ )}}=\mathrm{e}$.

例 1.20 求极限$\lim\limits_{x\to\infty}\left(1-\dfrac{1}{x}\right)^{x}$.

解 1 作代换:令 $t=-x$,则当 $x\to\infty$ 时,$t\to\infty$,于是

$$\lim_{x\to\infty}\left(1-\frac{1}{x}\right)^{x}=\lim_{t\to\infty}\left(1+\frac{1}{t}\right)^{-t}=\lim_{t\to\infty}\frac{1}{\left(1+\dfrac{1}{t}\right)^{t}}=\frac{1}{\lim\limits_{t\to\infty}\left(1+\dfrac{1}{t}\right)^{t}}=\frac{1}{\mathrm{e}}.$$

解 2 适当变形

$$\lim_{x\to\infty}\left(1-\frac{1}{x}\right)^{x}=\left[\left(1+\frac{1}{-x}\right)^{-x}\right]^{-1}=\lim_{x\to\infty}\frac{1}{\left(1+\dfrac{1}{-x}\right)^{-x}}=\frac{1}{\lim\limits_{x\to\infty}\left(1+\dfrac{1}{-x}\right)^{-x}}=\frac{1}{\mathrm{e}}.$$

例 1.21 求极限$\lim\limits_{x\to 0}(1+2x)^{\frac{3}{x}}$.

解 $\lim\limits_{x\to 0}(1+2x)^{\frac{3}{x}}=\lim\limits_{x\to 0}(1+2x)^{\frac{3}{2x}\cdot 2}=[\lim\limits_{x\to 0}(1+2x)^{\frac{1}{2x}}]^{6}=\mathrm{e}^{6}$.

例 1.22 求极限$\lim\limits_{x\to 0}(1+x)^{\frac{5}{\sin x}}$.

解 $\lim\limits_{x\to 0}(1+x)^{\frac{5}{\sin x}}=\lim\limits_{x\to 0}(1+x)^{\frac{1}{x}\cdot\frac{5x}{\sin x}}=\mathrm{e}^{\lim\limits_{x\to 0}\frac{5}{\frac{\sin x}{x}}}=\mathrm{e}^{5}$.

习题 1.4

1.填空题.

(1)$\lim\limits_{x\to 0}\dfrac{\sin 3x}{x}=$__________;

(2)$\lim\limits_{x\to 0}\dfrac{\tan 5x}{x}=$__________;

(3)$\lim\limits_{x\to 0}(1+x)^{\frac{1}{x}}=$__________;

(4)$\lim\limits_{x\to\infty}\left(1-\dfrac{3}{x}\right)^{x+1}=$__________.

2.选择题.

(1)若$\lim\limits_{x\to\infty}\left(1+\dfrac{3}{x}\right)^{kx}=\mathrm{e}^{-2}$,则(　　).

A. $k=\dfrac{2}{3}$　　B. $k=-\dfrac{2}{3}$

C. $k=\dfrac{3}{2}$　　D. $k=-\dfrac{3}{2}$

(2)下列极限中不等于 1 的是(　　).

A. $\lim\limits_{x\to 0}\dfrac{\sin 3x}{3x}$　　B. $\lim\limits_{x\to 0}\dfrac{x}{\arcsin x}$

C. $\lim\limits_{x\to 0}\cos x$　　　　D. $\lim\limits_{x\to\infty}\dfrac{1}{x}$

3.计算下列各极限.

(1) $\lim\limits_{x\to 0}\dfrac{x-\sin x}{x+\sin x}$;　　　　(2) $\lim\limits_{x\to 0}\dfrac{1-\cos 2x}{2x\cdot\sin x}$;

(3) $\lim\limits_{x\to 0}\dfrac{\tan x-\sin x}{x}$;　　　　(4) $\lim\limits_{n\to\infty}\left(n\cdot\sin\dfrac{\pi}{n+1}\right)$.

4.计算下列各极限.

(1) $\lim\limits_{x\to 0}(1-x)^{\frac{1}{x}}$;　　　　(2) $\lim\limits_{x\to\infty}\left(\dfrac{2x}{2x+1}\right)^{2x+3}$;

(3) $\lim\limits_{x\to\infty}\left(1-\dfrac{1}{x^2}\right)^x$;　　　　(4) $\lim\limits_{n\to\infty}\left(\dfrac{n}{1+n}\right)^n$.

5.利用夹逼准则证明.

$$\lim_{n\to\infty}\left(\frac{1}{\sqrt{n^2+1}}+\frac{1}{\sqrt{n^2+2}}+\cdots+\frac{1}{\sqrt{n^2+n}}\right)=1.$$

§1.5　无穷大　无穷小

1.5.1　无穷小

有一类特殊的极限非常重要,也就是在自变量的某一变化过程中,函数以零为极限.

定义1　若在自变量 x 某一变化过程中,因变量 $f(x)$ 以零为极限,则称 $f(x)$ 为该自变量 x 变化过程中的无穷小量(简称**无穷小**).

例如,$\dfrac{1}{n}$是 $n\to\infty$ 时的无穷小;$\sin x$ 是 $x\to 0$ 时的无穷小等.

注:(1)不能把一个绝对值很小的非零常数看成无穷小,因为对于常数 C,有 $\lim C=C\neq 0$ $(C\neq 0)$;

(2)0是唯一可以作为无穷小的常数.

根据无穷小的定义和极限的运算法则,有如下关于无穷小的性质:

性质1　两个无穷小的和或差是无穷小.

性质2　有界函数与无穷小的乘积是无穷小.

推论1　常数与无穷小的乘积是无穷小.

推论2　有限个无穷小的乘积是无穷小.

例 1.23 求极限$\lim\limits_{x\to 0}\left(x\cdot\sin\dfrac{1}{x}\right)$.

解 由$\lim\limits_{x\to 0}x=0$知,x是当$x\to 0$时的无穷小,而$\left|\sin\dfrac{1}{x}\right|\leqslant 1$,说明$\sin\dfrac{1}{x}$是有界函数,根据性质2知,$x\cdot\sin\dfrac{1}{x}$是$x\to 0$时的无穷小,所以

$$\lim_{x\to 0}\left(x\cdot\sin\frac{1}{x}\right)=0.$$

例 1.24 求极限$\lim\limits_{n\to\infty}\dfrac{\sqrt[3]{n^2}\sin n!}{n+1}$.

解 易知,$\dfrac{\sqrt[3]{n^2}}{n+1}$是当$n\to\infty$时的无穷小,而$\sin n!$为有界函数,根据性质2知$\dfrac{\sqrt[3]{n^2}\sin n!}{n+1}$是当$n\to\infty$时的无穷小,所以

$$\lim_{n\to\infty}\frac{\sqrt[3]{n^2}\sin n!}{n+1}=0.$$

定理 1 在自变量的某一变化过程中,$\lim f(x)=A$的充要条件是$f(x)=A+a(x)$,$a(x)$为x在同一变化过程中的无穷小.

1.5.2 无穷大

无穷小以零为极限,可理解为是绝对值无限变小的量,与之相对的是绝对值无限变大的量,称这种量为无穷大量.

定义 2 若在自变量某一变化过程中,变量X的绝对值$|X|$无穷增大,则称X为该自变量变化过程中的**无穷大量**(简称**无穷大**).

变量X为自变量某一变化过程中的无穷大,可记作$\lim X=\infty$,但必须注意这并不代表X有极限,它只是对$|X|$无限增大这种变化趋势的一种记法.

注:(1)说一个量是无穷大时,必须指明自变量变化趋势(如$\lim\limits_{x\to 0}\dfrac{1}{x}=\infty$, $\lim\limits_{x\to 1}\dfrac{1}{x}=1$,所以$f(x)=\dfrac{1}{x}$是$x\to 0$时的无穷大,不是$x\to 1$时的无穷大. 因此,不能简单地说$f(x)=\dfrac{1}{x}$是无穷大).

(2)不能将一个数值很大的确定的常数说成是无穷大.

若$\lim\limits_{x\to x_0^-}f(x)=\infty$或($\lim\limits_{x\to x_0^+}f(x)=\infty$),则称直线$x=x_0$为曲线$y=f(x)$的铅直渐近线.

如$\lim\limits_{x\to\frac{\pi}{2}^-}\tan x=+\infty$,所以$x=\dfrac{\pi}{2}$是正切曲线$y=\tan x$的一条铅直渐近线.

无穷小和无穷大之间的关系可用下面的定理2来描述.

定理 2 在自变量的同一变化过程中:

(1)如果 X 为无穷大,则$\frac{1}{X}$为无穷小;

(2)如果 X 为无穷小,且 $X\neq 0$,则$\frac{1}{X}$为无穷大.

此定理说明,关于无穷大的问题都可转化为无穷小来讨论.

1.5.3　无穷小的比较

由无穷小的性质知,两个无穷小的和、差、积依然是无穷小,两个无穷小的商是否依然是无穷小呢?考虑下面的例子:$x\to 0$ 时,$x,x^2,\sin x$ 都是无穷小,但$\lim\limits_{x\to 0}\frac{x^2}{x}=0$,$\lim\limits_{x\to 0}\frac{\sin x}{x}=1$,$\lim\limits_{x\to 0}\frac{x}{x^2}$不存在.由此知,两个无穷小的商并不能保证依然是无穷小.

一般地,有以下定义:

定义 3　设 α,β 是自变量同一变化过程中的无穷小,且 $\alpha\neq 0$.

(1)如果$\lim\frac{\beta}{\alpha}=0$,则称 β 是 α 的高阶无穷小(或 α 是 β 的低阶无穷小),记作$\beta=o(\alpha)$;

(2)如果$\lim\frac{\beta}{\alpha}=C(C\neq 0)$,则称 β 是 α 的同阶无穷小;

(3)如果$\lim\frac{\beta}{\alpha}=1$,则称 β 是 α 的等价无穷小,记作 $\beta\sim\alpha$ 或 $\alpha\sim\beta$.

例如,由于$\lim\limits_{x\to 0}\frac{\sin x}{x}=1$,$\lim\limits_{x\to 0}\frac{\tan x}{x}=1$,所以当 $x\to 0$ 时,可以记 $\sin x\sim x\sim\tan x$.

两个无穷小阶数的高低,表明两个无穷小趋向于零的速度的快慢程度.

$\lim\limits_{x\to 0}\frac{x^2}{x}=0$ 意味着 x^2 趋向于零的速度比 x 趋向于零的速度快,$\lim\limits_{x\to 0}\frac{\sin x}{x}=1$ 意味着 $\sin x$ 趋向于零的速度与 x 趋向于零的速度相当.

等价无穷小在理论和应用上都极为重要,等价无穷小有下列性质:

定理 3(等价无穷小替换原理)　在自变量的同一变化过程中,$\alpha,\alpha',\beta,\beta'$都是无穷小,且 $\alpha\sim\alpha'$,$\beta\sim\beta'$,$\lim\frac{\beta'}{\alpha'}$存在,则有$\lim\frac{\beta}{\alpha}=\lim\frac{\beta'}{\alpha'}$.

证明

$$\lim\frac{\beta}{\alpha}=\lim\frac{\beta}{\beta'}\cdot\frac{\beta'}{\alpha'}\cdot\frac{\alpha'}{\alpha}$$
$$=\lim\frac{\beta}{\beta'}\cdot\lim\frac{\beta'}{\alpha'}\cdot\lim\frac{\alpha'}{\alpha}$$
$$=\lim\frac{\beta'}{\alpha'}.$$

由定理 3 可知,在求两个无穷小之比$\left(记作\frac{0}{0}\right)$的极限时,分子、分母均可用适当的等价无穷小代替,从而简化计算.

例 1.25 证明 $x\to0$ 时,$1-\cos x\sim\frac{1}{2}x^2$.

证明 $\lim\limits_{x\to0}\frac{1-\cos x}{\frac{1}{2}x^2}=\lim\limits_{x\to0}\frac{2\sin^2\frac{x}{2}}{\frac{1}{2}x^2}=\lim\limits_{x\to0}\frac{2\left(\frac{x}{2}\right)^2}{\frac{1}{2}x^2}=1$,

所以 $x\to0$ 时,$1-\cos x\sim\frac{1}{2}x^2$.

例 1.26 求极限$\lim\limits_{x\to0}\frac{(x+2)\sin x}{\arcsin 2x}$.

解 因为 $x\to0$ 时,$\sin x\sim x$,$\arcsin 2x\sim2x$,所以$\lim\limits_{x\to0}\frac{(x+2)\sin x}{\arcsin 2x}=\lim\limits_{x\to0}\frac{(x+2)x}{2x}=\lim\limits_{x\to0}\frac{x+2}{2}=1$.

注:显然,无穷小替换原理给求极限带来了方便,但必须注意它只能适用于无穷小因子,否则会导致错误的结果,如 $n\to\infty$ 时,$\frac{1}{n+1}\sim\frac{1}{n}$,若在下列极限中错误地用$\frac{1}{n}$代替$\frac{1}{n+1}$,有

$$\lim_{n\to\infty}\frac{\frac{1}{n+1}-\frac{1}{n}}{\frac{1}{n^2}}=\lim_{n\to\infty}\frac{\frac{1}{n}-\frac{1}{n}}{\frac{1}{n^2}}=0.$$

而实际上

$$\lim_{n\to\infty}\frac{\frac{1}{n+1}-\frac{1}{n}}{\frac{1}{n^2}}=\lim_{n\to\infty}\frac{\frac{-1}{(n+1)n}}{\frac{1}{n^2}}=\lim_{n\to\infty}\frac{-n^2}{n^2+n}=-1.$$

例 1.27 求极限$\lim\limits_{x\to0}\frac{\tan x-\sin x}{x^3}$.

解 $\lim\limits_{x\to0}\frac{\tan x-\sin x}{x^3}=\lim\limits_{x\to0}\frac{\tan x(1-\cos x)}{x^3}=\lim\limits_{x\to0}\frac{x\cdot\frac{1}{2}x^2}{x^3}=\frac{1}{2}$.

例 1.28 求极限$\lim\limits_{x\to0}\frac{\ln(1+x)}{x}$.

解 $\lim\limits_{x\to0}\frac{\ln(1+x)}{x}=\lim\limits_{x\to0}\frac{1}{x}\ln(1+x)=\lim\limits_{x\to0}\ln(1+x)^{\frac{1}{x}}=\ln\left[\lim\limits_{x\to0}(1+x)^{\frac{1}{x}}\right]=1$.

例 1.29 求极限$\lim\limits_{x\to0}\frac{e^x-1}{x}$.

解 令 $e^x-1=t$,则 $x=\ln(1+t)$,且当 $x\to0$ 时,$t\to0$. 所以

$$\lim_{x\to 0}\frac{e^x-1}{x}=\lim_{t\to 0}\frac{t}{\ln(1+t)}=1.$$

由例 1.28、例 1.29，有 $x\to 0$ 时，$x\sim\ln(1+x)\sim e^x-1$.

例 1.30 求极限$\lim\limits_{x\to 0}\frac{(1+x)^a-1}{x}$($a\neq 0$，$a$ 是常数).

解 令$(1+x)^a-1=t$，则当 $x\to 0$ 时，$t\to 0$. 且 $a\ln(1+x)=\ln(1+t)$，即 $\ln(1+x)=\frac{1}{a}\ln(1+t)$. 又 $x\to 0$ 时，$\ln(1+x)\sim x$，所以

$$\lim_{x\to 0}\frac{(1+x)^a-1}{x}=\lim_{x\to 0}\frac{(1+x)^a-1}{\ln(1+x)}=\lim_{t\to 0}\frac{t}{\frac{1}{a}\ln(1+t)}=a.$$

为了便于记忆，将一些常见的 $x\to 0$ 时的等价无穷小集中列出：

当 $x\to 0$ 时，$x\sim\ln(1+x)\sim e^x-1\sim\sin x\sim\tan x\sim\arcsin x\sim\arctan x$；$1-\cos x\sim\frac{1}{2}x^2$；$(1+x)^\alpha-1\sim\alpha x(\alpha\neq 0)$.

这些等价无穷小在以后的运算中经常用到.

例 1.31 求极限$\lim\limits_{x\to a}\frac{\ln x-\ln a}{x-a}$.

解 $\lim\limits_{x\to a}\frac{\ln x-\ln a}{x-a}=\lim\limits_{x\to a}\frac{\ln(a+x-a)-\ln a}{x-a}=\lim\limits_{x\to a}\frac{\ln\left(1+\frac{x-a}{a}\right)}{x-a}$

令$\frac{x-a}{a}=t$，则当 $x\to a$ 时，$t\to 0$. 所以

$$\lim_{x\to a}\frac{\ln x-\ln a}{x-a}=\lim_{t\to 0}\frac{\ln(1+t)}{at}=\frac{1}{a}.$$

习题 1.5

1.填空题.

(1)曲线 $y=e^{-x}$有__________渐近线，且渐近线方程为__________；

(2)曲线 $y=\frac{1}{x-2}$有铅直渐近线__________；

(3)当 $x\to a$ 时，$\sin(x-a)$是 $x-a$ 的__________无穷小；

(4)当 $x\to 0$ 时，$2x+x^2$ 是 x^2+x^3 的__________阶无穷小；

(5)当 $x\to$__________时，e^x 是无穷大；

(6) $\lim\limits_{x\to 0}\dfrac{\sin 3x}{\tan 5x}=$__________;

(7) $\lim\limits_{x\to 0}\dfrac{\sqrt[3]{1+x}-1}{2x}=$__________;

(8) $\lim\limits_{x\to 0}\dfrac{e^{x^2}-1}{\cos 2x-1}=$__________;

(9) $\lim\limits_{x\to -1}(x+1)\cos\dfrac{1}{x+1}=$__________.

2.选择题.

(1)下列变量在自变量给定变化趋势下不是无穷小的是(　　).

A. $\ln x(x\to 0^+)$　　B. $x\sin\dfrac{1}{x}(x\to 0)$　　C. $(x^2-1)x(x\to 1)$　　D. $e^{\frac{1}{x}}(x\to 0^-)$

(2)曲线 $f(x)=\dfrac{x-1}{x^2-1}$(　　).

A. 只有水平渐近线　　B. 只有铅直渐近线

C. 没有渐近线　　D. 有铅直渐近线和水平渐近线

(3)当 $n\to\infty$ 时,与 $\sin^2\dfrac{1}{n^2}$ 等价的无穷小为(　　).

A. $\ln\dfrac{1}{n^2}$　　B. $\ln\left(1+\dfrac{1}{n^2}\right)$

C. $\ln\left(1+\dfrac{1}{n^4}\right)$　　D. $\ln\left(1+\dfrac{1}{n^2}\right)^2$

3.求下列极限:

(1) $\lim\limits_{x\to 0}\dfrac{\tan x-\sin x}{\ln(1-x^3)}$;　　(2) $\lim\limits_{x\to 0}\dfrac{(e^x-1)\sin x}{1-\cos x}$;

(3) $\lim\limits_{\Delta x\to 0}\dfrac{\ln(x+\Delta x)-\ln x}{\Delta x}$;　　(4) $\lim\limits_{x\to 0}\dfrac{\sqrt[3]{1-2x^3}-1}{\arctan x^3}$;

(5) $\lim\limits_{x\to a}\dfrac{e^x-e^a}{x-a}$.

§ 1.6　函数的连续性

函数是物质世界中各种变量之间依存关系的具体反映. 函数的连续性在自然界中体现为实物的连续变化,如气温的变化、河水的流动、植物的生长等.

1.6.1　函数连续性的概念

定义 1　设函数 $y=f(x)$ 在点 x_0 的某一邻域 $U(x_0)$ 内有定义,如果

$$\lim_{x \to x_0} f(x) = f(x_0),$$

则称函数 $y=f(x)$ 在点 x_0 处**连续**,称 x_0 为函数 $f(x)$ 的连续点.

例 1.32 判断函数 $y=f(x)=\begin{cases} x-1, & x<0 \\ 3, & x=0 \\ x+3, & x>0 \end{cases}$ 在点 $x=0$ 处的连续性.

解 函数 $y=f(x)$ 在 $x=0$ 处及其邻域内有定义,且 $f(0)=3$,

$f(0^-)=\lim\limits_{x\to 0^-} f(x)=\lim\limits_{x\to 0^-}(x-1)=-1$,$f(0^+)=\lim\limits_{x\to 0^+} f(x)=\lim\limits_{x\to 0^+}(x+3)=3$,

因为 $f(0^-)\neq f(0^+)$,所以 $\lim\limits_{x\to 0} f(x)$ 不存在,因此函数 $f(x)$ 在点 $x=0$ 处不连续.

在例 1.32 中,虽然 $f(0^-)\neq f(0^+)$,但有 $f(0^+)=f(0)$.一般地,可给出函数 $y=f(x)$ 在点 x_0 左右连续的概念.

如果 $f(x_0^-)=f(x_0)$,则称函数 $y=f(x)$ 在点 x_0 **左连续**;如果 $f(x_0^+)=f(x_0)$,则称函数 $y=f(x)$ 在点 x_0 **右连续**.

根据函数 $y=f(x)$ 在点 x_0 连续的条件,可得函数 $f(x)$ 在点 x_0 连续的充要条件是函数 $f(x)$ 在 x_0 既左连续又右连续,即 $f(x_0^-)=f(x_0^+)=f(x_0)$.

另外,函数 $f(x)$ 在点 x_0 的连续性,还可以利用增量的概念来研究.

变量 u 的增量:变量 u 的值从 u_1 变到 u_2 时,差值 u_2-u_1 称为变量 u 的**增量**(或**改变量**),记作 Δu,即 $\Delta u=u_2-u_1$.

注:Δu 的值可正可负;Δu 是一个整体符号,不可分.

设函数 $y=f(x)$ 在点 x_0 的某一邻域内有定义,当自变量 x 在该邻域内从 x_0 变到 $x_0+\Delta x$ 产生增量 Δx 时,函数 $y=f(x)$ 相应地从 $f(x_0)$ 变到 $f(x_0+\Delta x)$,产生函数增量 $\Delta y=f(x_0+\Delta x)-f(x_0)$,如图 1.30 所示.

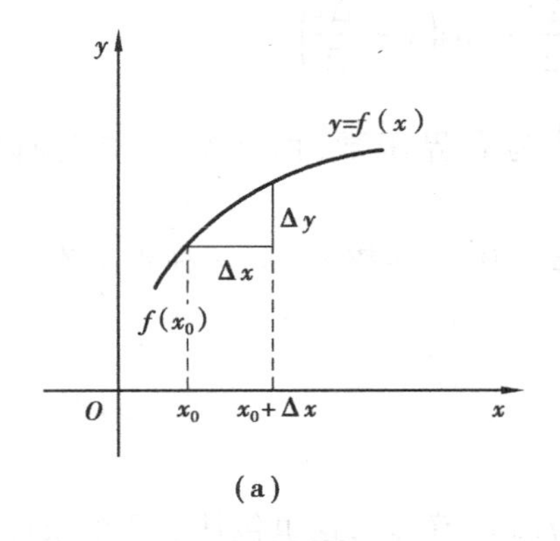

(a)

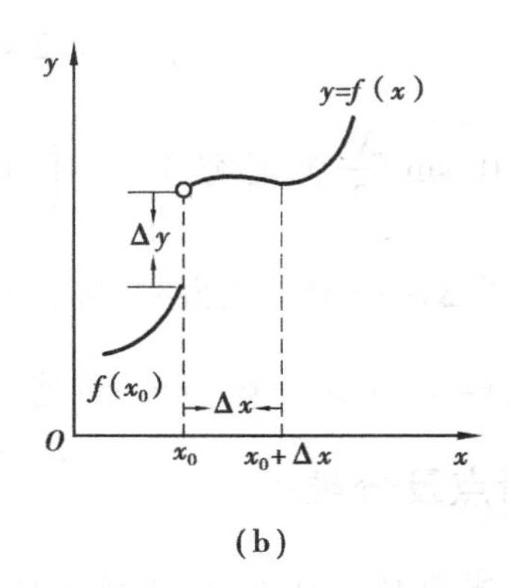

(b)

图 1.30

在图 1.30(a)中,当 $\Delta x\to 0$ 时,增量 $\Delta y=f(x_0+\Delta x)-f(x_0)$ 趋于零,在图 1.30(b)中则不然.

定义 2 设函数 $y=f(x)$ 在点 x_0 的某一邻域内有定义，如果当自变量 Δx 趋于零时，对应的函数增量 $\Delta y=f(x_0+\Delta x)-f(x_0)$ 也趋于零，即

$$\lim_{\Delta x\to 0}\Delta y=0$$

则称函数 $y=f(x)$ 在点 x_0 连续.

因为在 $\Delta x\to 0$ 的过程中，$x_0+\Delta x$ 也随着发生变化，即 $x_0+\Delta x$ 是一变量，令 $x=x_0+\Delta x$，则 $\Delta x\to 0$ 时，$x\to x_0$. 此时，由

$$\lim_{\Delta x\to 0}\Delta y=\lim_{\Delta x\to 0}[f(x_0+\Delta x)-f(x_0)]=\lim_{x\to x_0}[f(x)-f(x_0)]=\lim_{x\to x_0}f(x)-f(x_0)=0$$

得到 $\lim\limits_{x\to x_0}f(x)=f(x_0)$，即定义 1 中连续的条件.

可见，定义 1 和定义 2 只是从不同角度出发讨论同一问题，其实质是完全一样的.

下面讨论函数在区间上的连续性.

若函数 $f(x)$ 在开区间 (a,b) 内的每一点都连续，则称函数 $f(x)$ 在区间 (a,b) 内连续，此时称函数 $f(x)$ 为区间 (a,b) 内的连续函数.

若函数 $f(x)$ 在开区间 (a,b) 内连续，且在左端点 a 处右连续，在右端点 b 处左连续，则称函数 $f(x)$ 在闭区间 $[a,b]$ 上连续，函数 $f(x)$ 为闭区间 $[a,b]$ 上的连续函数.

连续函数的图像是一条连续而不间断的曲线.

基本初等函数在其定义域内连续；多项式函数 $f(x)$ 在区间 $(-\infty,+\infty)$ 内连续；有理分式函数 $\dfrac{P(x)}{Q(x)}$，只要 $Q(x_0)\neq 0$，就有 $\lim\limits_{x\to x_0}\dfrac{P(x)}{Q(x)}=\dfrac{P(x_0)}{Q(x_0)}$，即在其定义域内连续.

例 1.33 用定义 2 证明函数 $y=\sin x$ 在 $(-\infty,+\infty)$ 内连续.

证明 任取 $x\in(-\infty,+\infty)$，当 x 有增量 Δx 时，对应的函数增量为

$$\begin{aligned}\Delta y&=\sin(x+\Delta x)-\sin x\\&=2\sin\frac{\Delta x}{2}\cdot\cos\left(x+\frac{\Delta x}{2}\right)\end{aligned}$$

当 $\Delta x\to 0$，$\sin\dfrac{\Delta x}{2}$ 为无穷小，$\cos\left(x+\dfrac{\Delta x}{2}\right)$ 为有界函数，由无穷小的性质知，$\sin\dfrac{\Delta x}{2}\cdot\cos\left(x+\dfrac{\Delta x}{2}\right)$ 是当 $\Delta x\to 0$ 时的无穷小，从而 $\lim\limits_{\Delta x\to 0}\Delta y=0$，即函数 $y=\sin x$ 在点 x 连续，由 x 的任意性，可得函数 $y=\sin x$ 在 $(-\infty,+\infty)$ 内连续.

1.6.2 间断点及分类

定义 3 函数 $f(x)$ 在 $x=x_0$ 连续是指 $\lim\limits_{x\to x_0}f(x)=f(x_0)$，这里包括了 3 个条件：

(1) 函数 $y=f(x)$ 在点 $x=x_0$ 处有定义（即 $f(x_0)$ 存在）；

(2) 极限 $\lim\limits_{x\to x_0}f(x)$ 存在；

(3) 极限 $\lim\limits_{x\to x_0}f(x)$ 恰好等于 $f(x_0)$.

这3个条件中任何一个不满足,函数$f(x)$在点x_0处都是间断的.

一般地,把间断点分为两类:

设x_0为$f(x)$的间断点,若函数$f(x)$的左极限$f(x_0^-)$和右极限$f(x_0^+)$都存在,则称x_0为$f(x)$的**第一类间断点**;

若$f(x_0^-)$与$f(x_0^+)$至少有一个不存在,则称x_0为$f(x)$的**第二类间断点**.

通常,第一类间断点又包括可去间断点和跳跃间断点,第二类间断点常见的有无穷间断点和振荡间断点.下面举例说明.

若$\lim\limits_{x\to x_0} f(x)$存在,但不等于$f(x_0)$或者$f(x)$在$x=x_0$点处没有定义,这时$x_0$称为$f(x)$的**可去间断点**.

例1.34 讨论函数

$$f(x)=\begin{cases} x, & x\neq 2 \\ \dfrac{1}{2}, & x=2 \end{cases}$$ 在点$x=2$处的连续性.

解 由于$\lim\limits_{x\to 2} f(x)=\lim\limits_{x\to 2} x=2$,而$f(2)=\dfrac{1}{2}$,所以

$$\lim_{x\to 2} f(x)\neq f(2).$$

因此,点$x=2$是函数$f(x)$的可去间断点,但若改变函数$f(x)$在$x=2$处的定义,令$f(2)=2$,则点$x=2$就是$f(x)$的连续点.

例1.35 讨论函数$y=f(x)=\dfrac{\sin x}{x}$在点$x=0$处的连续性.

解 因为$f(x)$在点$x=0$处没有定义,而$\lim\limits_{x\to 0}\dfrac{\sin x}{x}=1$,在点$x=0$处,函数极限存在,所以$x=0$是$f(x)$的可去间断点. 但若补充定义$f(0)=1$,即令

$$y=f(x)=\begin{cases} \dfrac{\sin x}{x}, & x\neq 0 \\ 1, & x=0 \end{cases}$$

则点$x=0$就是$f(x)$的连续点.

由例1.34、例1.35可知,这种情形的间断点是非本质的,因为只要改变(或补充定义)$f(x_0)$,间断点变成连续点.

若函数$f(x)$在x_0处左右极限都存在但不相等,即$\lim\limits_{x\to x_0^-} f(x)\neq\lim\limits_{x\to x_0^+} f(x)$,称$x_0$为$f(x)$的**跳跃间断点**.

考虑例1.32中的函数,有$\lim\limits_{x\to 0^-} f(x)=-1$,$\lim\limits_{x\to 0^+} f(x)=3$,所以$f(x)$在点$x=0$处间断,$x=0$为$f(x)$的跳跃间断点.

如图 1.31 所示，自变量 x 由点 0 的左侧变到右侧，有一个“跳跃”.

若函数 $y=f(x)$ 在 $x=x_0$ 处左右极限至少有一个不存在，称 x_0 为 $f(x)$ 的无穷间断点或振荡间断点.

例 1.36 讨论函数 $y=f(x)=\dfrac{1}{x-1}$ 在点 $x=1$ 处连续.

解 由于

$$\lim_{x\to1^-}f(x)=\lim_{x\to1^-}\frac{1}{x-1}=-\infty,$$

$$\lim_{x\to1^+}f(x)=\lim_{x\to1^+}\frac{1}{x-1}=+\infty.$$

所以 $\lim\limits_{x\to1}f(x)$ 不存在，函数 $f(x)$ 在点 $x=1$ 间断. 这种间断点称为无穷间断点. 其图形如图 1.32 所示.

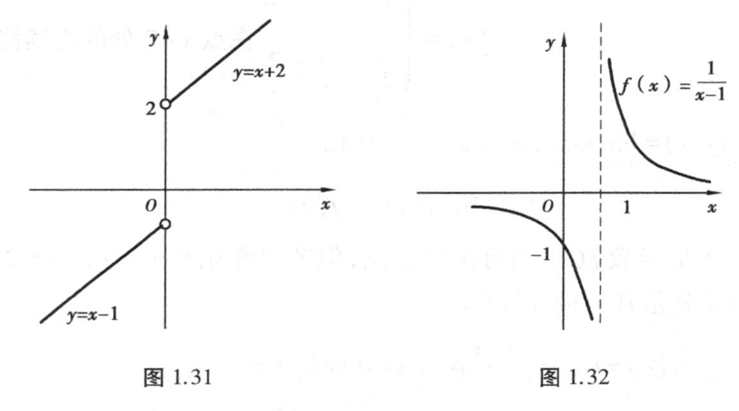

图 1.31　　图 1.32

例 1.37 讨论函数 $y=f(x)=\sin\dfrac{1}{x}$ 在点 $x=0$ 处的连续性.

解 函数 $y=f(x)=\sin\dfrac{1}{x}$ 在点 $x=0$ 处没有定义，当 $x\to0$ 时，函数 $f(x)$ 在 1 与 -1 之间做无限次振动致使 $\lim\limits_{x\to0}f(x)$ 不存在（图 1.33），所以 $f(x)$ 在点 $x=0$ 处间断，这种间断点称为振荡间断点.

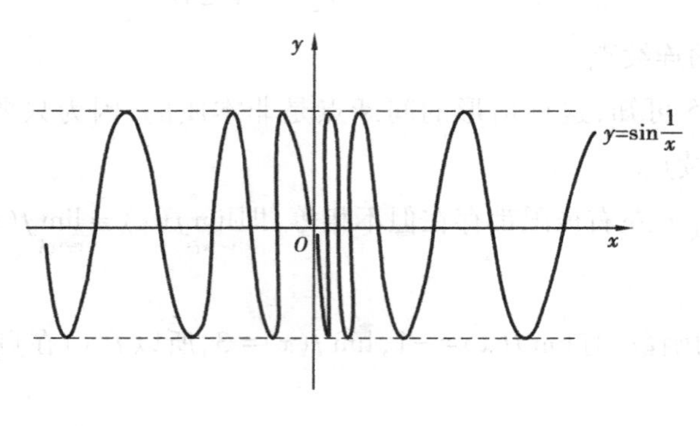

图 1.33

1.6.3　连续函数的运算法则和初等函数的连续性

1)连续函数的四则运算

结合函数在点 x_0 处连续的定义及极限的四则运算法则,不难得到如下定理:

定理1　设函数 $f(x)$ 与 $g(x)$ 在点 x_0 处连续,则函数 $f(x)\pm g(x)$, $f(x)g(x)$, $\frac{f(x)}{g(x)}$ $(g(x_0)\neq 0)$ 在点 x_0 处连续.

推论　若函数 $f(x)$ 与 $g(x)$ 在点 x_0 处连续,则对 $\forall\alpha,\beta\in\mathbf{R}$,函数 $\alpha f(x)\pm\beta g(x)$ 在点 x_0 处连续.

2)复合函数的连续性

定理2　设函数 $y=f(u)$ 在点 $u=u_0$ 处连续,函数 $u=\varphi(x)$ 在点 $x=x_0$ 处连续,且 $u_0=\varphi(x_0)$,则复合函数 $y=f[\varphi(x)]$ 在点 $x=x_0$ 处连续.

推论　设 $\lim\limits_{x\to x_0}\varphi(x)=u_0$, $y=f(u)$ 在点 $u=u_0$ 处连续,则 $\lim\limits_{x\to x_0}f[\varphi(x)]=f[\lim\limits_{x\to x_0}\varphi(x)]$.

推论表明,如果函数 $u=\varphi(x)$ 在 x_0 的极限为 u_0,而函数 $y=f(u)$ 在点 $u=u_0$ 连续,则求极限 $\lim\limits_{x\to x_0}f[\varphi(x)]$ 时,可将极限符号 $\lim\limits_{x\to x_0}$ 与函数符号 f 进行运算次序上的交换.

3)反函数的连续性

定理3　如果函数 $y=f(x)$ 在区间 I_x 上单调增加(或减少)且连续,则它的反函数 $x=f^{-1}(y)$ 也在对应区间 $I_y=\{y\mid y=f(x),x\in I_x\}$ 上单调增加(或减少)且连续.

如正弦函数 $y=\sin x$ 在区间 $\left[-\frac{\pi}{2},\frac{\pi}{2}\right]$ 上单调增加且连续,反正弦函数 $y=\arcsin x$ 在区间 $[-1,1]$ 上同样单调增加且连续.

4)初等函数的连续性

一切初等函数在其定义区间内都是连续的.

若 $f(x)$ 是初等函数,且 x_0 是 $f(x)$ 定义区间内的点,则 $\lim\limits_{x\to x_0}f(x)=f(x_0)$. 即要求极限 $\lim\limits_{x\to x_0}f(x)$ 的值,只需计算函数值 $f(x_0)$.

例如, $x=\frac{\pi}{2}$ 是函数 $y=\ln\sin x$ 定义区间内的点,所以

$$\lim_{x\to\frac{\pi}{2}}\ln\sin x=\ln\lim_{x\to\frac{\pi}{2}}\sin x=0.$$

1.6.4　闭区间上连续函数的性质

1)最大值、最小值定理

定理4(最大值、最小值定理)　如果函数 $f(x)$ 在闭区间 $[a,b]$ 上连续,则它在 $[a,b]$ 上一定有最大值和最小值.

注:"闭区间"和"连续"这两个条件不满足,函数也可能有最大值或最小值. 如

$f(x)=\begin{cases} x, & 0<x\leqslant 1 \\ -1-x, & -1<x\leqslant 0 \end{cases}$在$(-1,1]$上不连续,但有最大值1和最小值-1.

推论(有界性定理)　如果函数$f(x)$在闭区间$[a,b]$上连续,则它在$[a,b]$上有界.即存在常数$K>0$,使$|f(x)|\leqslant K, x\in[a,b]$.

2)零点定理、介值定理

若$f(x_0)=0$,则称x_0为函数$f(x)$的零点.

定理5(零点定理)　如果函数$f(x)$在闭区间$[a,b]$上连续,且$f(a)\cdot f(b)<0$,则一定存在零点$\xi\in(a,b)$,使$f(\xi)=0$.

例1.38　证明方程$x^5-5x-1=0$在$(1,2)$内至少有一个根.

证明　设$f(x)=x^5-5x-1$,则$f(x)$在$(1,2)$上连续,因为$f(1)=-5, f(2)=21$,故$f(1)\cdot f(2)<0$,由零点定理知,存在$\xi\in(1,2)$,使$f(\xi)=0$,即$\xi^5-5\xi-1=0$,说明方程$x^5-5x-1=0$在$(1,2)$内至少有一个根.

定理6(介值定理)　如果函数$f(x)$在闭区间$[a,b]$上连续,且在此区间的端点处取不同的函数值:$f(a)=A, f(b)=B$,则对于A,B之间的任意数C,至少存在一点$\xi\in(a,b)$,使$f(\xi)=C$.

推论　闭区间上的连续函数一定能取到介于最大值和最小值之间的任何值.

习题1.6

1.填空题.

(1)函数$y=f(x)$在点x_0有定义是函数$y=f(x)$在点x_0连续的________条件;

(2)$x=1$是函数$y=\dfrac{x^2-1}{x^2-3x+2}$的第________类间断点,$x=2$是该函数的第________类间断点.

2.下列函数在$x=0$处是否连续?为什么?

(1)$f(x)=\begin{cases} x^2\sin\dfrac{1}{x}, x\neq 0 \\ 0, x=0 \end{cases}$;　　(2)$f(x)=\begin{cases} e^x, x\leqslant 0 \\ \dfrac{\sin x}{x}, x>0 \end{cases}$.

3.求下列极限.

(1)$\lim\limits_{x\to 0} e^{\sin x}$;　　(2)$\lim\limits_{x\to 0}\ln\dfrac{\sin x}{x}$;

(3)$\lim\limits_{x\to 0}\ln\dfrac{\sqrt{x+1}-1}{x}$.

4.证明方程$x^3+3x^2-1=0$在区间$(0,1)$内至少有一个根.

5.设函数$f(x)=\begin{cases} 2-e^{-x}, x<0 \\ a+x, x\geqslant 0 \end{cases}$在定义域内连续,试确定$a$的值.

§1.7　应用实例

极限的思想方法是微积分的基础，是高等数学中必不可少的重要方法.在实际应用中，许多问题的研究也经常用到极限思想.

例 1.39(连续复利问题)　经济学中"连续复利"的概念是借助了极限的思想，下面做一简单介绍.

设一笔贷款 A_0(成为本金)，年利率 r，则一年后本利和为

$$A_1=A_0(1+r),$$

两年后本利和为

$$A_2=A_1(1+r)=A_0(1+r)^2,$$

K 年后本利和为

$$A_k=A_0(1+r)^k.$$

如果一年分 n 期计息，年利率为 r，则每期利率为$\frac{r}{n}$，于是一年后的本利和为

$$A_1=A_0\left(1+\frac{r}{n}\right)^n,$$

K 年后的本利和为

$$A_k=A_0\left(1+\frac{r}{n}\right)^{nk}.$$

若计息期数 $n\to\infty$，即每时每刻计算复利(称为连续复利)，则 K 年后的本利和为

$$\begin{aligned}A_k&=\lim_{n\to\infty}A_0\left(1+\frac{r}{n}\right)^{nk}\\&=\lim_{n\to\infty}A_0\left[\left(1+\frac{1}{n/r}\right)^{\frac{n}{r}}\right]^{rk}\\&=A_0\mathrm{e}^{rk}\end{aligned}$$

式中，$A_k=A_0\mathrm{e}^{rk}$在经济学中就称为连续复利公式.

注:(1)连续复利公式与 e 有关.事实上，在许多关于连续增长或衰退的模型中总会发现 e 的踪影. 如生物增长模型 $P(t)=P_0\mathrm{e}^{(m-n)t}$，其中，$P_0$ 为初始生物数量，m 为出生率，n 为死亡率，$P(t)$为时刻 t 的生物数量.

物理学中放射性物质的衰变，物质在介质(空气、水等)中冷却时物体的温度，化学反应中生成浓度，也都随时间变化，并满足形如 $U(t)=a+b\mathrm{e}^{-kt}$的模型.

(2)连续复利是一个理论公式，在作理论分析时被经常采用，并且，当 n 很大而 r 又较小时，可作为复利的一种近似估计.

例 1.40　某人在银行存入 1 000 元，复利率为每年 10%，以连续复利计息，那么，10 年后

这个人在银行的存款额为多少？

解 由题意可知，10年后这个人在银行的存款额为

$$A_{10}=1\ 000\cdot e^{10\cdot 10\%}\approx 2\ 718.28\text{ 元}.$$

习题1.7

现有本金1万元，假设银行年利率是5%，采用连续复利计息，经过多少年，本利和能达到2万元？

单元检测1

1.填空题.

(1)设 $f\left(x+\dfrac{1}{x}\right)=x^2+\dfrac{1}{x^2}+1$，则 $f(x)=$__________；

(2)设 $\lim\limits_{x\to\infty}\left(1-\dfrac{a}{x}\right)^x=e^{-1}$，则 $a=$__________；

(3)当 $x\to 0$ 时，$\sin^2 x$ 是 x^2 的__________无穷小；

(4)函数 $f(x)=\dfrac{x+2}{x^2-1}$ 的连续区间是__________；

(5)数列 $\{x_n\}$ 收敛是 $\{x_n\}$ 有界的__________条件；

(6)极限 $\lim\limits_{x\to x_0}f(x)$ 存在是函数 $f(x)$ 在点 x_0 连续的__________条件.

2.选择题.

(1)函数 $y=\sqrt[4]{1-x}+\arcsin\dfrac{x+1}{2}$ 的定义域是(　　).

A. $x\leqslant 1$　　B. $-3\leqslant x\leqslant 1$　　C. $(-3,1)$　　D. $[-3,1)$

(2)设 $f(x)=\begin{cases}x-1, & -1<x\leqslant 0\\ x, & 0<x\leqslant 1\end{cases}$，则 $\lim\limits_{x\to 0}f(x)=$(　　).

A. -1　　B. 1　　C. 0　　D. 不存在

(3)函数 $f(x)=\dfrac{x}{|x|}$ 在 $x=0$ 点处的左极限为(　　).

A. 1　　B. -1　　C. 0　　D. 不存在

3.讨论下列函数的连续性.

(1) $f(x)=\begin{cases}e^{\frac{1}{x}}, & x<0\\ 1, & x=0\\ x, & x>0\end{cases}$；　　(2) $f(x)=\begin{cases}\sin\dfrac{1}{x}, & x<0\\ x, & x\geqslant 0\end{cases}$.

4.验证方程 $x\cdot 4^x=2$ 在区间 $(0,1)$ 内至少有一个根.

第 2 章　导数与微分

微分学是微积分的重要组成部分,它最基本的概念就是导数和微分.导数反映函数相对于自变量变化的快慢程度,微分反映当自变量有微小变化时函数变化的近似值.本章将在极限的基础上介绍这两个概念及其计算方法,并简要介绍微分在近似计算上的应用.

§2.1　导数的概念

在实际问题中,除了需要了解变量之间的函数关系之外,经常要考虑一个函数的因变量随自变量变化的快慢情况,如城市人口增长速度、劳动生产率以及国民经济增长速度等.导数概念就是从这类问题中抽象出来的.

1)变速直线运动的瞬时速度问题

设做变速直线运动的质点的运动规律为 $s=f(t)$,则从时刻 t_0 到 t 这段时间内,质点从位置 $s_0=f(t_0)$ 移动到 $s_t=f(t)$,平均速度为

$$\bar{v}=\frac{s_t-s_0}{t-t_0}=\frac{f(t)-f(t_0)}{t-t_0}, \tag{2.1}$$

显然时间间隔越短,该比值式(2.1)就越能比较准确地反映出质点在时刻 t_0 运动的快慢程度,因此,质点在 t_0 时刻的瞬时速度 $v(t_0)$ 应该是 $t\to t_0$ 时平均速度 $\bar{v}$ 的极限,即

$$v(t_0)=\lim_{t\to t_0}\frac{f(t)-f(t_0)}{t-t_0}.$$

2)切线问题

设有曲线 C,在 C 上取一定点 M,再取不同于点 M 的一点 N,作割线 MN.当点 N 沿曲线 C 趋于点 M 时,割线 MN 会趋于某一极限位置 MT,故将直线 MT 称为曲线 C 在点 M 处的切线.

现在就曲线 C 作为函数 $y=f(x)$ 的图形来讨论切线的斜率.设 $M(x_0,y_0)$ 是曲线 C 上的一个点(图 2.1),在点 M 外另取 C 上的一点 $N(x,y)$,于是割线 MN 的斜率为

$$\tan\varphi=\frac{y-y_0}{x-x_0}=\frac{f(x)-f(x_0)}{x-x_0}.$$

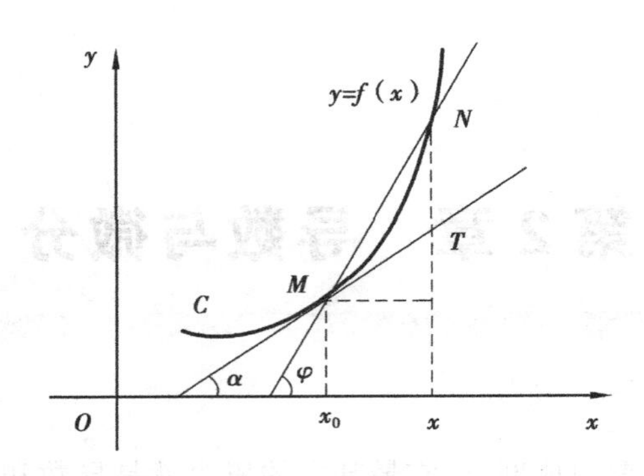

图 2.1

式中 φ 为 MN 的倾角，当点 N 沿曲线 C 趋于点 M 时，$x\to x_0$.

如果当 $x\to x_0$ 时，上式的极限存在，设为 K，即

$$K=\lim_{x\to x_0}\frac{f(x)-f(x_0)}{x-x_0}.$$

则此极限 K 就是切线的斜率，这里 $K=\tan\alpha$，其中 α 为切线 MT 的倾角，于是通过点 $M(x_0, f(x_0))$ 且以 K 为斜率的直线 MT 便是曲线 C 在点 M 处的切线.

2.1.1 导数的概念

1) 函数在一点处的导数与导函数

上面所讨论的两个问题，变速运动的瞬时速度和切线的斜率都归结为如下的极限，即

$$\lim_{x\to x_0}\frac{f(x)-f(x_0)}{x-x_0}.$$

令 $x=x_0+\Delta x$，则 $x\to x_0$ 相当于 $\Delta x\to 0$，

$$\Delta y=f(x)-f(x_0)=f(x_0+\Delta x)-f(x_0).$$

于是

$$\lim_{x\to x_0}\frac{f(x)-f(x_0)}{x-x_0}=\lim_{\Delta x\to 0}\frac{\Delta y}{\Delta x}=\lim_{\Delta x\to 0}\frac{f(x_0+\Delta x)-f(x_0)}{\Delta x},\tag{2.2}$$

式(2.2)反映了函数 $f(x)$ 在点 x_0 处的变化率.

在自然科学、工程技术领域、经济领域及社会科学的研究中，有许多关于变化率的问题都可归结为形如式(2.2)的数学形式.抛开这些量的实际意义，抓住它们在数量关系上的共性，就可抽象出函数导数的概念.

定义 1 设函数 $y=f(x)$ 在点 x_0 的某个邻域内有定义，当自变量 x 在 x_0 处取得增量 Δx($x_0+\Delta x$ 仍在该邻域内)时，函数 y 取得增量 $\Delta y=f(x_0+\Delta x)-f(x_0)$，如果 Δy 与 Δx 之比当 $\Delta x\to 0$ 时的极限存在，则称函数 $y=f(x)$ 点 x_0 处可导，并称这个极限为函数 $y=f(x)$ 在点 x_0 处的导数，记为

$$y'\big|_{x=x_0},\ f'(x_0),\ \frac{\mathrm{d}y}{\mathrm{d}x}\bigg|_{x=x_0},\ \frac{\mathrm{d}f(x)}{\mathrm{d}x}\bigg|_{x=x_0},$$

且

$$f'(x_0)=\lim_{\Delta x\to 0}\frac{\Delta y}{\Delta x}=\lim_{\Delta x\to 0}\frac{f(x_0+\Delta x)-f(x_0)}{\Delta x}. \tag{2.3}$$

此时也称 $y=f(x)$ 在点 x_0 处具有导数或导数存在，如果极限式(2.3)不存在，则称函数 $y=f(x)$ 在点 x_0 处不可导，如果不可导的原因是 $\Delta x\to 0$ 时 $\frac{\Delta y}{\Delta x}\to\infty$，这时称 $y=f(x)$ 在点 x_0 处的导数为无穷大.

注：导数的定义式(2.3)也可以取其他不同的形式，常见的有

$$f'(x_0)=\lim_{h\to 0}\frac{f(x+h)-f(x)}{h}$$

或

$$f'(x_0)=\lim_{x\to x_0}\frac{f(x)-f(x_0)}{x-x_0}.$$

从导数的定义可知，导数形式上就是 $\frac{\Delta y}{\Delta x}$ 当 $\Delta x\to 0$ 时的极限，而本质上，它反映了因变量相对于自变量的变化快慢(大小)程度，是函数变化率的本质. 以上给出的是函数在一点处可导的概念，如果函数 $y=f(x)$ 在开区间 (a,b) 内每一点处都可导，那么就称函数 $y=f(x)$ 在开区间 (a,b) 内可导，或称函数 $y=f(x)$ 是开区间 (a,b) 内的可导函数. 这时，对于任一 $x\in(a,b)$ 都对应着 $f(x)$ 的一个确定的导数值，这样就构成了一个新的函数，称这个函数为 $y=f(x)$ 在区间 (a,b) 内的导函数，记作 y'，$f'(x)$，$\frac{\mathrm{d}y}{\mathrm{d}x}$，或 $\frac{\mathrm{d}f(x)}{\mathrm{d}x}$. 这时

$$f'(x)=\lim_{\Delta x\to 0}\frac{f(x+\Delta x)-f(x)}{\Delta x}.$$

显然，函数 $y=f(x)$ 在点 x_0 处的导数 $f'(x_0)$ 就是导函数 $f'(x)$ 在点 $x=x_0$ 处的函数值，即

$$f'(x_0)=f'(x)\big|_{x=x_0}.$$

2)左导数与右导数

定义 2 设函数 $f(x)$ 在点 x_0 及左侧附近有定义，任给自变量的增量 $\Delta x<0$，记相应函数的增量为 $\Delta y=f(x_0+\Delta x)-f(x_0)$，如果极限

$$\lim_{\Delta x\to 0^-}\frac{\Delta y}{\Delta x}=\lim_{\Delta x\to 0^-}\frac{f(x_0+\Delta x)-f(x_0)}{\Delta x}=\lim_{x\to x_0^-}\frac{f(x)-f(x_0)}{x-x_0}$$

存在，则其极限值称为函数 $y=f(x)$ 在点 x_0 处的左导数，记为 $f'_-(x_0)$. 类似地，可定义右导数.

设函数 $f(x)$ 在点 x_0 及右侧附近有定义，任给自变量的增量 $\Delta x>0$，记相应函数的增量为 $\Delta y=f(x_0+\Delta x)-f(x_0)$，如果极限

$$\lim_{\Delta x\to 0^+}\frac{\Delta y}{\Delta x}=\lim_{\Delta x\to 0^+}\frac{f(x_0+\Delta x)-f(x_0)}{\Delta x}=\lim_{x\to x_0^+}\frac{f(x)-f(x_0)}{x-x_0}$$

存在，则其极限值称为函数 $y=f(x)$ 在点 x_0 处的右导数，记为 $f'_+(x_0)$.

另外，有下面的定理：

定理1 函数在点 x_0 处可导的充要条件是函数在点 x_0 处左、右导数都存在且相等.

下面根据导数的定义求一些简单函数的导数.

例2.1 求函数 $f(x)=C$(C 为常数)的导数.

解 $f'(x)=\lim\limits_{\Delta x\to 0}\dfrac{f(x+\Delta x)-f(x)}{\Delta x}=\lim\limits_{\Delta x\to 0}\dfrac{C-C}{\Delta x}=0$,

所以

$$C'=0.$$

即常数的导数等于零.

例2.2 求函数 $f(x)=x^3$ 的导数.

解
$$f'(x)=\lim_{\Delta x\to 0}\frac{f(x+\Delta x)-f(x)}{\Delta x}=\lim_{\Delta x\to 0}\frac{(x+\Delta x)^3-x^3}{\Delta x}$$
$$=\lim_{\Delta x\to 0}(3x^2+3x\Delta x+(\Delta x)^2)=3x^2.$$

即

$$(x^3)'=3x^2.$$

对于幂函数,一般有

$$(x^\alpha)'=ax^{\alpha-1},\alpha \text{ 为实数}.$$

例2.3 求函数 $f(x)=\sin x$ 的导数.

解
$$f'(x)=\lim_{\Delta x\to 0}\frac{f(x+\Delta x)-f(x)}{\Delta x}=\lim_{\Delta x\to 0}\frac{\sin(x+\Delta x)-\sin x}{\Delta x}$$
$$=\lim_{\Delta x\to 0}\frac{2\cos\left(x+\dfrac{\Delta x}{2}\right)\sin\dfrac{\Delta x}{2}}{\Delta x}=\lim_{\Delta x\to 0}\cos\left(x+\frac{\Delta x}{2}\right)\frac{\sin\dfrac{\Delta x}{2}}{\dfrac{\Delta x}{2}}=\cos x,$$

即

$$(\sin x)'=\cos x.$$

用类似的方法,可求得 $(\cos x)'=-\sin x$.

例2.4 求函数 $f(x)=a^x(a>0,a\neq 1)$ 的导数.

解
$$f'(x)=\lim_{h\to 0}\frac{f(x+h)-f(x)}{h}=\lim_{h\to 0}\frac{a^{x+h}-a^x}{h}=a^x\lim_{h\to 0}\frac{a^h-1}{h}$$
$$=a^x\lim_{h\to 0}\frac{e^{h\ln a}-1}{h}=a^x\lim_{h\to 0}\frac{h\ln a}{h}=a^x\ln a.$$

即

$$(a^x)'=a^x\ln a.$$

特别地,当 $a=\mathrm{e}$ 时,有

$$(\mathrm{e}^x)'=\mathrm{e}^x.$$

例2.5 求函数 $f(x)=|x|$ 在 $x=0$ 处的导数.

解 $\lim\limits_{h\to 0}\dfrac{f(x+h)-f(x)}{h}=\lim\limits_{h\to 0}\dfrac{|h|}{h}$,

当 $h>0$ 时,$|h|=h$;当 $h<0$ 时,$|h|=-h$,于是

$$\lim_{h\to 0^-}\frac{|h|}{h}=\lim_{h\to 0^-}(-1)=-1,\quad \lim_{h\to 0^+}\frac{|h|}{h}=\lim_{h\to 0^+}1=1.$$

所以极限$\lim\limits_{h\to 0}\dfrac{|h|}{h}$不存在,即函数$f(x)=|x|$在$x=0$处不可导.

3) **导数的几何意义**

由切线问题的讨论及导数的定义可知,函数$f(x)$在点x_0处的导数$f'(x_0)$在几何上表示曲线$f(x)$在点$M(x_0,f(x_0))$处的切线的斜率,即

$$f'(x_0)=\tan\alpha.$$

其中,α是切线的倾角.

由直线的点斜式方程可知,曲线$f(x)$在点$M(x_0,f(x_0))$处的切线方程为

$$y-f(x_0)=f'(x_0)(x-x_0).$$

过切点$M(x_0,f(x_0))$且与切线垂直的直线称为曲线$f(x)$在点M处的法线.

如果$f'(x_0)\neq 0$,法线的斜率为$-\dfrac{1}{f'(x_0)}$,从而法线方程为

$$y-f(x_0)=-\frac{1}{f'(x_0)}(x-x_0).$$

例 2.6　求曲线$y=\dfrac{1}{x}$在点$\left(\dfrac{1}{2},2\right)$处的切线方程与法线方程.

解　由导数的几何意义知,所求切线的斜率为

$$y'\Big|_{x=\frac{1}{2}}=-\frac{1}{x^2}\Big|_{x=\frac{1}{2}}=-4,$$

所以切线方程为

$$y-2=-4\left(x-\frac{1}{2}\right),$$

即

$$4x+y-4=0.$$

法线方程为

$$y-2=\frac{1}{4}\left(x-\frac{1}{2}\right),$$

即

$$2x-8y+15=0.$$

2.1.2　函数的可导性与连续性的关系

设函数$y=f(x)$在点x处可导,即

$$\lim_{\Delta x\to 0}\frac{\Delta y}{\Delta x}$$

存在,由极限的运算法则知,有

$$\lim_{\Delta x\to 0}\Delta y=\lim_{\Delta x\to 0}\Delta x\cdot\frac{\Delta y}{\Delta x}=\lim_{\Delta x\to 0}\Delta x\cdot\lim_{\Delta x\to 0}\frac{\Delta y}{\Delta x}=0.$$

说明函数$y=f(x)$在点x处是连续的,于是有如下定理:

定理 2　如果函数$y=f(x)$在点x处可导,那么函数$y=f(x)$在该点x必连续.反之,一个函数在某点连续,不一定在该点可导.

例 2.7 函数$f(x)=\sqrt[3]{x}$在区间$(-\infty,+\infty)$内连续,但在点$x=0$处不可导,这是因为函数在$x=0$处有

$$\lim_{\Delta x\to 0}\frac{f(0+\Delta x)-f(0)}{\Delta x}=\lim_{\Delta x\to 0}\frac{\sqrt[3]{\Delta x}-0}{\Delta x}=\infty,$$

即导数为无穷大(导数不存在).从函数图像上可知,它在该点处有垂直于x轴的切线$x=0$(图 2.2).

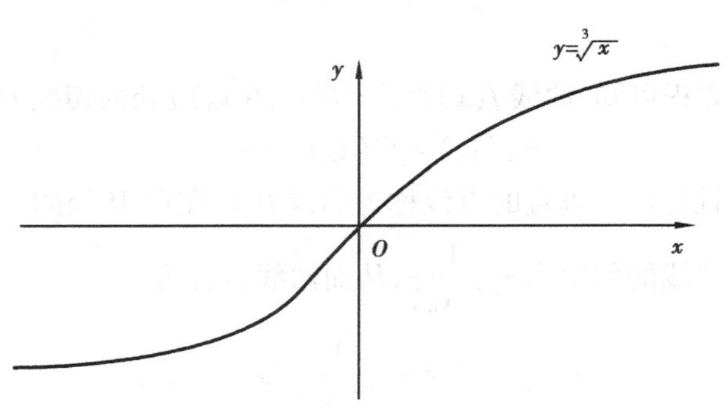

图 2.2

例 2.8 讨论$f(x)=\begin{cases}x^2+1, & x<1\\ 2x, & x\geqslant 1\end{cases}$在点$x=1$处连续性与可导性.

解 函数$y=f(x)$在点$x=1$处的左导数为

$$f'_-(1)=\lim_{x\to 1^-}\frac{f(x)-f(1)}{x-1}=\lim_{x\to 1^-}\frac{x^2+1-2}{x-1}=2,$$

右导数为

$$f'_+(1)=\lim_{x\to 1^+}\frac{f(x)-f(1)}{x-1}=\lim_{x\to 1^+}\frac{2x-2}{x-1}=2,$$

所以$f'_+(1)=f'_-(1)$,故$f'(1)=2$,$f(x)$在$x=1$可导且连续.

习题 2.1

1.填空题.

(1)设函数$f(x)$在点x_0处可导,则$\lim\limits_{h\to 0}\dfrac{f(x_0-h)-f(x_0)}{h}=$__________;

(2)设$f(x)=\begin{cases}1-x^2, & |x|<1\\ 0, & |x|\geqslant 1\end{cases}$,则$f'_-(1)=$__________;

(3)三次抛物线$y=x^3$在点M_1__________和点M_2__________处的切线斜率都等于 3.

2.求下列函数的导数.

(1)$y=x^5$;　　(2)$y=x^3\sqrt{x}$;

(3)$y=\dfrac{1}{\sqrt{x}}$;　　(4)$y=x^{1.8}$.

3.求曲线 $y=\mathrm{e}^x$ 在点(0,1)处的切线方程和法线方程.

4.设函数 $f(x)=\begin{cases}x^2, & x\leqslant 1\\ ax+b, & x>1\end{cases}$,为使 $f(x)$ 在 $x=1$ 处连续且可导,a,b 取何值?

5.证明:双曲线 $xy=a^2$ 上任一点处的切线与两坐标轴构成的三角形的面积都等于 $2a^2$.

§2.2 函数的求导法则

本章2.1节根据导数的定义考察了一些简单函数的导数,对于更多的可导的函数,直接用定义来求它们的导数往往很困难.本节将介绍求导数的几个基本法则和基本初等函数的求导公式,利用它们就能方便地求出常见函数——初等函数的导数.

2.2.1 四则运算法则

定理1 如果函数 $u(x)$,$v(x)$ 在点 x 处可导,则它们的和、差、积、商(分母不为零)在点 x 处也可导,并且

(1)$[u(x)\pm v(x)]'=u'(x)\pm v'(x)$;

(2)$[u(x)v(x)]'=u'(x)v(x)+u(x)v'(x)$;

(3)$\left[\dfrac{u(x)}{v(x)}\right]'=\dfrac{u'(x)v(x)-u(x)v'(x)}{v^2(x)}\ (v(x)\neq 0)$.

例2.9 求 $y=x^3-2x^2+\sin x$ 的导数.

解 $y'=3x^2-4x+\cos x$.

例2.10 设 $y=2\sqrt{x}\cdot\sin x$,求 y'.

解 $y'=(2\sqrt{x})'\sin x+2\sqrt{x}(\sin x)'=\dfrac{\sin x}{\sqrt{x}}+2\sqrt{x}\cos x$.

例2.11 设 $y=\tan x$,求 y'.

解 $y'=(\tan x)'=\left(\dfrac{\sin x}{\cos x}\right)'=\dfrac{(\sin x)'\cos x-\sin x(\cos x)'}{\cos^2 x}$

$=\dfrac{\cos^2 x+\sin^2 x}{\cos^2 x}=\dfrac{1}{\cos^2 x}=\sec^2 x$,

即

$$(\tan x)'=\sec^2 x.$$

这就是正切函数的导数公式.

类似地,可得余切函数 $\cot x$、正割函数 $\sec x$ 与余割函数 $\csc x$ 的导数公式为

$$(\cot x)'=-\csc^2 x,\ (\sec x)'=\sec x\tan x,(\csc x)'=-\csc x\cot x.$$

2.2.2 反函数的求导法则

定理 2 设单调连续函数 $x=\varphi(y)$ 在点 y 处可导,且 $\varphi'(y)\neq 0$,则其反函数 $y=f(x)$ 在对应点 x 处可导,且 $f'(x)=\dfrac{1}{\varphi'(y)}$.也就是说,反函数的导数等于直接函数导数的倒数.

例 2.12 求反正弦函数 $y=\arcsin x$ 的导数.

解 $y=\arcsin x, x\in(-1,1)$ 是 $x=\sin y, y\in\left(-\dfrac{\pi}{2},\dfrac{\pi}{2}\right)$ 的反函数,而函数 $x=\sin y$ 在开区间 $\left(-\dfrac{\pi}{2},\dfrac{\pi}{2}\right)$ 内单调、可导,且 $(\sin y)'=\cos y>0$.

因此,$y=\arcsin x$ 在 $(-1,1)$ 内每一点可导,并有

$$(\arcsin x)'=\frac{1}{(\sin y)'}=\frac{1}{\cos y}=\frac{1}{\sqrt{1-x^2}},\quad -1<x<1.$$

类似地,可求得

$$(\arccos x)'=-\frac{1}{\sqrt{1-x^2}},(\arctan x)'=\frac{1}{1+x^2},(\operatorname{arccot} x)'=-\frac{1}{1+x^2}.$$

例 2.13 求对数函数 $y=\log_a x(a>0,a\neq 1)$ 的导数.

解 因为 $x=a^y$ 在 $y\in(-\infty,+\infty)$ 内单调,可导,且 $(a^y)'=a^y\ln a\neq 0$,所以在 $x\in(0,+\infty)$ 内有

$$(\log_a x)'=\frac{1}{(a^y)'}=\frac{1}{a^y\ln a}=\frac{1}{x\ln a}.$$

特别地,有

$$(\ln x)'=\frac{1}{x}.$$

2.2.3 复合函数求导法则

定理 3 如果 $u=\varphi(x)$ 在点 x 处可导,而 $y=f(u)$ 在对应点 u 处可导,则复合函数 $y=f[\varphi(x)]$ 在点 x 处可导,且其导数为

$$\frac{dy}{dx}=f'(u)\cdot\varphi'(x)=f'[\varphi(x)]\varphi'(x).$$

复合函数的求导法则也可称为**链式法则**,可推广到多个中间变量的情形.

假设 $y=f(u),u=\varphi(v),v=\varphi(x)$,那么复合函数 $y=f(\varphi(\phi(x)))$ 的导数为

$$\frac{dy}{dx}=\frac{dy}{du}\cdot\frac{du}{dv}\cdot\frac{dv}{dx}=f'(u)\cdot\varphi'(v)\cdot\phi'(x).$$

例 2.14 设 $y=e^{x^5}$,求 $\dfrac{dy}{dx}$.

解 $y=\mathrm{e}^{x^5}$是由 $y=\mathrm{e}^u$,$u=x^5$ 复合而成,所以

$$\frac{\mathrm{d}y}{\mathrm{d}x}=\frac{\mathrm{d}y}{\mathrm{d}u}\cdot\frac{\mathrm{d}u}{\mathrm{d}x}=\mathrm{e}^u\cdot 5x^4=5x^4\mathrm{e}^{x^5}.$$

例 2.15 设 $y=\ln\tan x$,求$\frac{\mathrm{d}y}{\mathrm{d}x}$.

解 $y=\ln\tan x$ 是由 $y=\ln u$,$u=\tan x$ 复合而成,所以

$$\frac{\mathrm{d}y}{\mathrm{d}x}=\frac{\mathrm{d}y}{\mathrm{d}u}\cdot\frac{\mathrm{d}u}{\mathrm{d}x}=\frac{1}{u}\cdot\sec^2x=\cot x\cdot\sec^2x.$$

从以上几例可知,一般来说,求复合函数的导数的关键是分析所给函数是由哪些函数复合而成,或者函数能分解成哪些简单的函数.如果所给函数能分解成比较简单的函数,而这些简单函数的导数已经会求,那么应用复合函数求导法则就可以求出所给函数的导数.初学时,应把中间变量写出来,当对复合函数求导比较熟练后,可把中间变量记在心里,不再写出来,而可采用下列例题的方式来计算.

例 2.16 设 $y=\ln\cos x$,求$\frac{\mathrm{d}y}{\mathrm{d}x}$.

解 $\frac{\mathrm{d}y}{\mathrm{d}x}=(\ln\cos x)'=\frac{1}{\cos x}(\cos x)'=-\tan x.$

例 2.17 设 $y=\mathrm{e}^{\sin\frac{1}{x}}$,求$\frac{\mathrm{d}y}{\mathrm{d}x}$.

解 $\frac{\mathrm{d}y}{\mathrm{d}x}=(\mathrm{e}^{\sin\frac{1}{x}})'=\mathrm{e}^{\sin\frac{1}{x}}\cdot\left(\sin\frac{1}{x}\right)'=\mathrm{e}^{\sin\frac{1}{x}}\cdot\cos\frac{1}{x}\cdot\left(\frac{1}{x}\right)'=-\frac{1}{x^2}\cdot\mathrm{e}^{\sin\frac{1}{x}}\cdot\cos\frac{1}{x}.$

2.2.4 初等函数的导数

前面已经求出了所有基本初等函数的导数,而且还推出了函数四则运算的求导法则及复合函数的求导法则.到此为止,可通过有限的演算和推导步骤,将一切初等函数的求导问题解决,而且容易证明,初等函数的导数仍为初等函数.

基本初等函数的导数公式和上述求导法则在初等函数的求导运算中是非常重要的,必须熟练掌握.为了便于查阅,把这些导数公式和求导法则归纳如下:

1)常数和基本初等函数的导数公式

(1)$(C)'=0$;

(2)$(x^\mu)'=\mu x^{\mu-1}$;

(3)$(a^x)'=a^x\ln a$,$(\mathrm{e}^x)'=\mathrm{e}^x$;

(4)$(\log_a x)'=\frac{1}{x\ln a}$,$(\ln x)'=\frac{1}{x}$;

(5)$(\sin x)'=\cos x$;

(6)$(\cos x)'=-\sin x$;

(7)$(\tan x)'=\sec^2x$;

(8)$(\cot x)'=-\csc^2x$;

(9)$(\sec x)'=\sec x\tan x$;

(10)$(\csc x)'=-\csc x\cot x$;

(11)$(\arcsin x)'=\frac{1}{\sqrt{1-x^2}}$;

(12)$(\arccos x)'=-\frac{1}{\sqrt{1-x^2}}$;

(13) $(\arctan x)'=\frac{1}{1+x^2}$; (14) $(\operatorname{arccot} x)'=\frac{-1}{1+x^2}$.

2) 函数的和、差、积、商的求导法则

设 $u=u(x)$, $v=v(x)$ 是可导函数. C 是常数,则

(1) $(u\pm v)'=u'\pm v'$;

(2) $(uv)'=u'v+uv'$, $(Cu)'=Cu'$;

(3) $\left(\frac{u}{v}\right)'=\frac{u'v-uv'}{v^2}(v\neq 0)$.

3) 反函数的求导法则

设 $y=f(x)$ 是 $x=\varphi(y)$ 的反函数,则

$$f'(x)=\frac{1}{\varphi'(y)},\qquad \varphi'(y)\neq 0.$$

4) 复合函数的求导法则

设 $y=f(u)$, $u=\varphi(x)$ 都是可导函数,则复合函数 $y=f(\varphi(x))$ 的导数为

$$\frac{\mathrm{d}y}{\mathrm{d}x}=\frac{\mathrm{d}y}{\mathrm{d}u}\cdot\frac{\mathrm{d}u}{\mathrm{d}x} \text{ 或 } y'=f'(u)\varphi'(x).$$

习题 2.2

1. 填空题.

(1) 设函数 $y=x(x-1)(x-2)(x-3)$, 则 $y'(0)=$________;

(2) 设 $f(x)=a_0x^n+a_1x^{n-1}+\cdots+a_{n-1}x+a_n$, 则 $y'(0)=$________;

(3) 过曲线 $y=\frac{x+4}{4-x}$ 上点 $(2,3)$ 处切线斜率为________;

(4) 设 $f(x)=\sin(x+\sin x)$, 则 $f'(x)=$________;

(5) 一物体按规律 $s(t)=3t-t^2$ 做直线运动,速度 $v\left(\frac{3}{2}\right)=$________.

2. 求下列函数的导数.

(1) $y=x^2\cos x$; (2) $y=\frac{x\sin x}{1+\tan x}$;

(3) $y=2^{\frac{x}{\ln x}}$; (4) $y=\log_a(x^2+x+1)$;

(5) $y=\ln\tan\frac{x}{2}$; (6) $y=x\arcsin(\ln x)$;

(7) $y=\mathrm{e}^{\arctan\sqrt{x}}$; (8) $y=\ln(\ln(\ln x))$;

(9) $y=x\arccos x-\sqrt{1-x^2}$.

3.设$f(x)$可导.求下列函数的导数$\frac{dy}{dx}$.

(1)$y=f(e^{x^2})$；　　　　(2)$y=f(\sin^2x)+f(\cos^2x)$.

4.设$f(x)$，$g(x)$可导，$f^2(x)+g^2(x)\neq 0$，求函数$y=\sqrt{f^2(x)+g^2(x)}$的导数.

5.曲线$y=xe^{-x}$上哪一点的切线平行于x轴？并求出切线方程.

§2.3　隐函数及参数方程所确定的函数的导数

2.3.1　隐函数的导数

函数$y=f(x)$表示两个变量y与x之间的对应关系，这种对应关系可以用各种不同方式表达，可用显函数（$y=f(x)$的形式）表示，也可用隐函数（由方程$f(x,y)=0$确定的函数）表示.把一个隐函数化成显函数，称为函数的显化.隐函数的显化有时是困难的，甚至是不可能的.例如，$x^2+y^2=1$，$xy-e^x+e^y=0$都是隐函数，其中，$xy-e^x+e^y=0$就不能化成显函数.但是，在实际问题中，有时需要计算隐函数的导数.下面介绍不用将隐函数显化即可求出隐函数的导数的方法.

例 2.18　求方程$xy-e^x+e^y=0$所确定的隐函数$y=f(x)$的导数$\frac{dy}{dx}$.

解　因为y是x的函数，所以e^y是x的复合函数.应用复合函数求导法则，把方程两边同时对x求导，可得

$$y+x\frac{dy}{dx}-e^x+e^y\frac{dy}{dx}=0.$$

由上式解出$\frac{dy}{dx}$，便得隐函数的导数为

$$\frac{dy}{dx}=\frac{e^x-y}{x+e^y}.$$

例 2.19　求由方程$y^5+2y-x-3x^7=0$所确定的隐函数$y=y(x)$在$x=0$处的导数$y'|_{x=0}$.

解　把方程两边同时对x求导，可得

$$5y^4\cdot y'+2y'-1-21x^6=0,$$

整理得

$$y'=\frac{1+21x^6}{2+5y^4},$$

因为当$x=0$时，从原方程得$y=0$，所以

$$y'|_{x=0}=\frac{1}{2}.$$

由以上两个例题可以总结出以下求隐函数的导数的方法：

①方程两端同时对自变量 x 求导,注意把 y 当作复合函数求导的中间变量来看待.

②从求导后的方程中解出 y'.

③隐函数求导允许其结果中含有 y,但求一点的导数时不但要把 x 值代进去,还要把对应的 y 值代进去.

例 2.20 设 $y=\operatorname{arccot}(x^2+y)$.求 y'.

解 方程两边同时对 x 求导,有

$$y'=-\frac{1}{1+(x^2+y)^2}(2x+y'),$$

于是得

$$y'=-\frac{2x}{2+(x^2+y)^2}.$$

例 2.21 求 $y=x^{\sin x}(x>0)$的导数.

解 这是幂指函数,两边取对数,得

$$\ln y=\sin x\cdot\ln x,$$

方程两边同时对 x 求导,有

$$\frac{1}{y}y'=\cos x\cdot\ln x+\sin x\cdot\frac{1}{x},$$

于是得

$$y'=y\left(\cos x\cdot\ln x+\frac{\sin x}{x}\right)=x^{\sin x}\left(\cos x\cdot\ln x+\frac{\sin x}{x}\right).$$

由于对数具有化积商为和差的性质,因此可把多因子乘积开方的求导运算,通过取对数进行化简.

例 2.22 求 $y=\sqrt{\frac{(x-1)(x-2)}{(x-3)(x-4)}}$的导数.

解 等式两边取对数(假定 $x>4$),得

$$\ln y=\frac{1}{2}[\ln(x-1)+\ln(x-2)-\ln(x-3)-\ln(x-4)],$$

上式两边对 x 求导,注意到 y 是 x 的函数,得

$$\frac{1}{y}y'=\frac{1}{2}\left(\frac{1}{x-1}+\frac{1}{x-2}-\frac{1}{x-3}-\frac{1}{x-4}\right),$$

于是得

$$\begin{aligned}y'&=\frac{y}{2}\left(\frac{1}{x-1}+\frac{1}{x-2}-\frac{1}{x-3}-\frac{1}{x-4}\right)\\&=\frac{1}{2}\sqrt{\frac{(x-1)(x-2)}{(x-3)(x-4)}}\left(\frac{1}{x-1}+\frac{1}{x-2}-\frac{1}{x-3}-\frac{1}{x-4}\right).\end{aligned}$$

当 $x<1$ 时, $y=\sqrt{\frac{(1-x)(2-x)}{(3-x)(4-x)}}$;当 $2<x<3$ 时,$y=\sqrt{\frac{(x-1)(x-2)}{(3-x)(4-x)}}$,用同样的方法可得与上面相同的结果.

2.3.2 参数方程所确定的函数的导数

平面解析几何的参数方程,它一般表示一条曲线,如参数方程

$$\begin{cases}x = a\cos\theta \\ y = a\sin\theta\end{cases},\theta \in [0,2\pi],a > 0$$

表示中心在原点、半径为 a 的圆周曲线.

一般,如果参数方程

$$\begin{cases}x = \varphi(t) \\ y = \psi(t)\end{cases},t \in (a,\beta)$$

确定 y 与 x 之间的函数关系,则称此函数关系所表达的函数为由参数方程所确定的函数.

对于由参数方程所确定的函数的导数有以下的求法:

如果函数 $x=\varphi(t)$,$y=\psi(t)$ 都可导,而且 $\varphi'(t)\neq 0$,则 $y=f(x)$ 可导,且 $\frac{\mathrm{d}y}{\mathrm{d}x}=\frac{\psi'(t)}{\varphi'(t)}$.

例 2.23 求由下列参数方程所确定的函数的导数.

(1) $\begin{cases}x=1+\sin t \\ y=t\cos t\end{cases}$; (2) $\begin{cases}x=\ln(1+t^2)+1 \\ y=2\arctan t-(1+t)^2\end{cases}$.

解 (1) $\frac{\mathrm{d}x}{\mathrm{d}t}=\cos t$,$\frac{\mathrm{d}y}{\mathrm{d}t}=\cos t-t\sin t$,得

$$\frac{\mathrm{d}y}{\mathrm{d}x}=\frac{\frac{\mathrm{d}y}{\mathrm{d}t}}{\frac{\mathrm{d}x}{\mathrm{d}t}}=1-t\tan t.$$

(2) $\frac{\mathrm{d}x}{\mathrm{d}t}=\frac{2t}{1+t^2}$,$\frac{\mathrm{d}y}{\mathrm{d}t}=\frac{2}{1+t^2}-2(t+1)=\frac{-2(t^3+t^2+t)}{1+t^2}$.于是得

$$\frac{\mathrm{d}y}{\mathrm{d}x}=\frac{\frac{\mathrm{d}y}{\mathrm{d}t}}{\frac{\mathrm{d}x}{\mathrm{d}t}}=-(t^2+t+1).$$

习题 2.3

1.填空题.

(1)设 $y=y(x)$ 是由方程 $y=\sin(x+y)$ 所确定的隐函数,则 $y'=$ ________;

(2)曲线方程为 $3y^2=x^2(x+1)$,则在点(2,2)处的切线斜率 $k=$________;

(3)设 $y=x^x$,则 $y'=$ ________.

2.求下列方程所确定的隐函数 $y=y(x)$ 的导数 $\frac{\mathrm{d}y}{\mathrm{d}x}$.

(1) $xy=e^{x+y}$;　　(2) $\arctan \dfrac{y}{x}=\ln\sqrt{x^2+y^2}$;

(3) $y^2+2\ln y=x^4$;　　(4) $y=\tan(x+y)$;

(5) $x^y=y^x$;　　(6) $x\cos y=\sin(x+y)$.

3.用对数求导法求下列函数的导数.

(1) $y=\sqrt[3]{\dfrac{x(x^2+1)}{(x^2-1)^2}}(x>1)$;　　(2) $y=\sqrt{x\sin x\cdot\sqrt{1-e^x}}$.

4.求由参数方程 $\begin{cases} x=\dfrac{1}{1+t} \\ y=\dfrac{t}{1+t} \end{cases}$ 所确定的函数 $y(x)$ 的导数 $\dfrac{dy}{dx}$.

5.求星形线 $x^{\frac{2}{3}}+y^{\frac{2}{3}}=a^{\frac{2}{3}}(a>0)$ 在点 $M_0\left(\dfrac{\sqrt{2}}{4}a,\dfrac{\sqrt{2}}{4}a\right)$ 处的切线方程.

§2.4　高阶导数

在很多问题中,有时不仅要研究 $y=f(x)$ 的导数,而且要研究导数 $f'(x)$ 的导数,例如,已知变速直线运动的速度 $v(t)$ 是位置 $s(t)$ 对时间的导数,即 $v=\dfrac{ds}{dt}$,而加速度 a 又是速度对时间的变化率,即 $a=\dfrac{dv}{dt}$,故 $a=\dfrac{dv}{dt}=\dfrac{d}{dt}\left(\dfrac{ds}{dt}\right)$,这种导数 $\dfrac{d}{dt}\left(\dfrac{ds}{dt}\right)$ 称为 $s(t)$ 对 t 的二阶导数.

一般,如果函数 $y=f(x)$ 的导数 $f'(x)$ 仍是 x 的函数,则称 $f'(x)$ 的导数为函数 $f(x)$ 的二阶导数,记作

$$f''(x)\ 或\ \frac{d^2y}{dx^2},$$

即

$$y''=(y')'\ 或\ \frac{d^2y}{dx^2}=\frac{d}{dx}\left(\frac{dy}{dx}\right).$$

相应地,$f'(x)$ 称为函数 $y=f(x)$ 的一阶导数,一阶导数的导数为二阶导数,二阶导数的导数称为三阶导数,…,$(n-1)$ 阶导数的导数称为 n 阶导数.分别记作 y'',y''',$y^{(4)}$,…,$y^{(n)}$ 或 $\dfrac{d^2y}{dx^2}$,$\dfrac{d^3y}{dx^3}$,$\dfrac{d^4y}{dx^4}$,…,$\dfrac{d^ny}{dx^n}$.

二阶及二阶以上的导数统称为高阶导数.显然,求高阶导数就是多次连续地求导数,所以仍可用前面学过的求导方法计算高阶导数.二阶导数有明显的物理意义,当质点做变速运动时,路程函数 $s=s(t)$ 的一阶导数 s' 是瞬时速度 $v(t)$,加速度是速度 $v(t)$ 对时间 t 的变化率,等于 $v'(t)$,即路程函数 $s=s(t)$ 的二阶导 $s''(t)$ 为变速直线运动的加速度 $a(t)$.

例 2.24　求指数函数 $y=\mathrm{e}^x$ 的 n 阶导数.

解　$y'=\mathrm{e}^x,y''=\mathrm{e}^x,y'''=\mathrm{e}^x,\cdots,y^{(n-1)}=\mathrm{e}^x$,得

$$y^{(n)}=\mathrm{e}^x.$$

例 2.25　已知 $y=a_0x^n+a_1x^{n-1}+\cdots+a_{n-1}x+a_n$,且 $a_0,a_1,\cdots,a_n$ 为常数,求 $y',y'',y''',\cdots,y^{(n)}$.

解　$y'=na_0x^{n-1}+(n-1)a_1x^{n-2}+\cdots+2a_{n-2}x+a_{n-1}$,

$y''=n(n-1)a_0x^{n-2}+(n-1)(n-2)a_1x^{n-3}+\cdots+2a_{n-2}$,

…

$y^{(n)}=n!\ a_0$.

例 2.26　求正弦函数 $y=\sin x$ 的 n 阶导数.

解　$y'=\cos x=\sin\left(x+\dfrac{\pi}{2}\right)$,

$y''=\cos\left(x+\dfrac{\pi}{2}\right)=\sin\left(x+\dfrac{\pi}{2}+\dfrac{\pi}{2}\right)=\sin\left(x+2\cdot\dfrac{\pi}{2}\right)$,

$y'''=\cos\left(x+\dfrac{\pi}{2}\right)=\sin\left(x+3\cdot\dfrac{\pi}{2}\right)$,

$y^{(4)}=\cos\left(x+3\cdot\dfrac{\pi}{2}\right)=\sin\left(x+4\cdot\dfrac{\pi}{2}\right)$.

以此类推,可得

$$y^{(n)}=(\sin x)^{(n)}=\sin\left(x+n\cdot\frac{\pi}{2}\right),n=1,2,\cdots,$$

同理可得

$$(\cos x)^{(n)}=\cos\left(x+n\cdot\frac{\pi}{2}\right),n=1,2,\cdots.$$

例 2.27　求函数 $y=\ln(1+x)$ 的 n 阶导数.

解　$y'=\dfrac{1}{1+x}=(1+x)^{-1}$,

$y''=\dfrac{-1}{(1+x)^2}=-(1+x)^{-2}$,

$y'''=(-1)(-2)(1+x)^{-3}$.

以此类推,可得

$$y^{(n)}=(-1)^{n-1}\frac{(n-1)!}{(1+x)^n}\quad x>-1.$$

观察例 2.27 的结果可得公式

$$\left(\frac{1}{x}\right)^n=(-1)^n\frac{n!}{x^{n+1}}.$$

例 2.28　求由参数方程 $\begin{cases}x=a\cos^3t\\y=a\sin^3t\end{cases}$ 所确定的函数 $y=y(x)$ 的二阶导数 $\dfrac{\mathrm{d}^2y}{\mathrm{d}x^2}$.

解 $\dfrac{dy}{dx}=\dfrac{(a\sin^3 t)'}{(a\cos^3 t)'}=\dfrac{3a\sin^2 t\cos t}{-3a\cos^2 t\sin t}=-\tan t.$

注意到$\dfrac{dy}{dx}$仍然是 t 的函数,要计算 y 关于 x 的二阶导数,实际上就是$\dfrac{dy}{dx}$对 x 求导.因此,由复合函数和反函数的求导法则,得

$$\frac{d^2y}{dx^2}=\frac{d}{dx}\left(\frac{dy}{dx}\right)=\frac{d}{dt}\left(\frac{dy}{dx}\right)\cdot\frac{dt}{dx}=\frac{\dfrac{d}{dt}\left(\dfrac{dy}{dx}\right)}{\dfrac{dx}{dt}}=\frac{(-\tan t)'}{(a\cos^3 t)'}=\frac{1}{3a}\sec^4 t\cdot\csc t.$$

1.求下列函数的二阶导数:

(1) $y=xe^{x^2}$;　　(2) $y=x\cos x$;

(3) $y=\dfrac{x}{1+x^2}$;

(4) 由方程 $y=1+xe^y$ 确定的隐函数 $y(x)$;

(5) 由参数方程$\begin{cases}x=a\cos t\\y=b\sin t\end{cases}$确定的函数 $y(x)$;

(6) 由参数方程$\begin{cases}x=t+t^2\\y=t+t^3\end{cases}$确定的函数 $y(x)$.

2.求函数 $y=(\cos\ln x)^2$ 在点 $x=e$ 处的二阶导数.

3.验证函数 $y=\sqrt{2x-x^2}$满足关系式 $y^3y''+1=0$.

4.求下列函数的 n 阶导数.

(1) $y=(1+2x)^n$;　　(2) $y=3^{2x+1}$;

(3) $y=e^{2x}+e^{-x}$;　　(4) $y=\sin^2 x$;

(5) $y=\ln(1+2x)$;　　(6) $y=\dfrac{1}{x^2-3x+2}$.

§2.5　微分及其应用

2.5.1　微分定义及几何意义

在实际问题中,有时要考虑当自变量的值有较小的改变时,函数值相应地改变多少,如

果函数很复杂,计算函数的改变量也是很复杂的,能不能找一个计算函数改变量的近似方法,使得方法既简便而结果又具有较好的精确度呢?先看一个具体的例子.

例 2.29 一块正方形金属薄片受温度变化的影响,其边长由 x_0 变到 $x_0+\Delta x$(图 2.3),问此薄片的面积改变了多少?

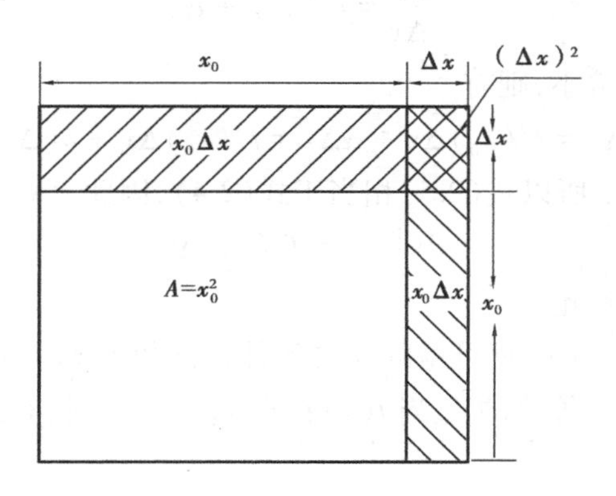

图 2.3

解 设此薄片的边长为 x,面积为 S,则 S 是 x 的函数 $S=x^2$,当自变量 x 在 x_0 取得增量 Δx 时,函数 S 相应有增量 ΔS,且

$$\Delta S=(x_0+\Delta x)^2-(x_0)^2=2x_0\Delta x+(\Delta x)^2.$$

ΔS 可分成两部分,第一部分 $2x_0\Delta x$ 是 Δx 的线性函数.第二部分 $(\Delta x)^2$ 是当 $\Delta x\to 0$ 时比 Δx 高阶的无穷小,即 $(\Delta x)^2=o(\Delta x)$.由此可知,当 $|\Delta x|$ 很小时,面积的改变量 ΔS 可近似地用第一部分 $2x_0\Delta x$ 来代替,且 $|\Delta x|$ 越小,近似程度越高,即 $\Delta S\approx 2x_0\Delta x$.

在实际中还有许多类似的问题,都可抽象为如下问题:给自变量的取值 x_0 以增量 Δx,相应的函数得一个增量 $\Delta y=f(x_0+\Delta x)-f(x_0)$,它可被分为 Δx 的线性函数 $A\Delta x$(其中 A 不依赖于 Δx)与当 $\Delta x\to 0$ 时比 Δx 高阶的无穷小两部分之和,从而引出微分的概念.

定义 1 设函数 $y=f(x)$ 在点 x_0 的某邻域 $U(x_0)$ 内有定义,$x_0+\Delta x\in U(x_0)$,如果相应的函数增量 $\Delta y=f(x_0+\Delta x)-f(x_0)$ 可表示为

$$\Delta y=A\Delta x+o(\Delta x), \tag{2.4}$$

式(2.4)中,A 是不依赖于 Δx 的常数,$o(\Delta x)$ 是 Δx 的高阶无穷小($\Delta x\to 0$),则称函数 $y=f(x)$ 在 x_0 点可微,$A\Delta x$ 称为函数 $y=f(x)$ 在 x_0 处的微分,记作

$$\mathrm{d}y\big|_{x=x_0},\text{即}\mathrm{d}y\big|_{x=x_0}=A\Delta x.$$

下面讨论函数可微的条件以及式(2.4)中 A 等于什么.假设函数 $y=f(x)$ 在点 x_0 可微,由式(2.4)有 $\dfrac{\Delta y}{\Delta x}=A+\dfrac{o(\Delta x)}{\Delta x}$,$\Delta x\to 0$ 时,得

$$A=\lim_{\Delta x\to 0}\frac{\Delta y}{\Delta x}-\lim_{\Delta x\to 0}\frac{o(\Delta x)}{\Delta x}=\lim_{\Delta x\to 0}\frac{\Delta y}{\Delta x}=f'(x_0).$$

这就是说,如果函数 $f(x)$ 在点 x_0 处可微,那么函数 $f(x)$ 在点 x_0 处也一定可导,且 $A=f'(x_0)$;反之,如果函数 $f(x)$ 在点 x_0 可导,即

$$\lim_{\Delta x \to 0} \frac{\Delta y}{\Delta x} = f'(x_0)$$

存在,那么由极限与无穷小的关系,上式可写为

$$\frac{\Delta y}{\Delta x} = f'(x_0) + \alpha,$$

式中,α 为 $\Delta x \to 0$ 时的无穷小,则有

$$\Delta y = f'(x_0)\Delta x + \alpha\Delta x = f'(x_0)\Delta x + o(\Delta x). \tag{2.5}$$

因为$f'(x_0)$不依赖于 Δx, 所以式(2.5)相当于式(2.4),因此$f(x)$在点 x_0 可微,且

$$\mathrm{d}y\big|_{x=x_0} = f'(x_0)\Delta x. \tag{2.6}$$

综上所述,可得以下结论:

定理 1 函数$f(x)$在点 x_0 处可微的充要条件是函数$f(x)$在点 x_0 可导,即可微必可导,可导必可微,可微与可导是等价的.且当$f(x)$在点 x_0 处可微时,有式(2.6)成立.

当$f'(x_0) \neq 0$ 时,有

$$\lim_{\Delta x \to 0} \frac{\Delta y - \mathrm{d}y}{\Delta y} = \lim_{\Delta x \to 0} \frac{\Delta y - f'(x_0)\Delta x}{\Delta y} = \lim_{\Delta x \to 0}\left[1 - \frac{f'(x_0)}{\frac{\Delta y}{\Delta x}}\right] = 0.$$

这说明:当 $\Delta x \to 0$ 时,$\Delta y - \mathrm{d}y$ 不仅是 Δx 的高阶无穷小,而且也是 Δy 的高阶无穷小.从而 $|\Delta x|$很小时,有 $\Delta y \approx \mathrm{d}y$.

如果函数$f(x)$在区间(a,b)内每一点都可微,则称$f(x)$是(a,b)内的可微函数,函数$f(x)$在区间(a,b)内任意一点 x 处的微分就称为函数的微分,记为 $\mathrm{d}y$,即有

$$\mathrm{d}y = f'(x)\Delta x.$$

若函数$f(x)=x$,则 $\mathrm{d}y=\mathrm{d}x=\Delta x$,于是函数的微分又可记为

$$\mathrm{d}y = f'(x)\mathrm{d}x.$$

从而有

$$\frac{\mathrm{d}y}{\mathrm{d}x} = f'(x).$$

即函数的微分与自变量的微分之商就等于函数的导数,因此函数的导数又称为微商.所以导数的记号又可以看成一个分式.

为了对微分有直观的了解,下面说明微分的几何意义.如图 2.4 所示,函数 $y=f(x)$ 的图形是一条曲线,对于某一个固定的 x_0 值,曲线上有一点 $M(x_0,y_0)$当自变量 x 有微小的增量 Δx 时,得到曲线上另一点 $N(x_0+\Delta x, y_0+\Delta y)$,$MT$ 为 M 处的切线,则有

$$MQ = \Delta x, \quad NQ = \Delta y,$$

$$QP = MQ \cdot \tan\alpha = \Delta x \cdot f'(x_0) = \mathrm{d}y.$$

由此可知,当 Δy 是曲线 $y=f(x)$ 上的点的纵坐标增量时,$\mathrm{d}y$ 就是曲线的切线上的点的纵坐标的相应增量.当 Δx 很小时,$|\Delta y - \mathrm{d}y|$比$|\Delta x|$小得多.因此,在点 M 的周围,可用切线段来近似代替曲线段.

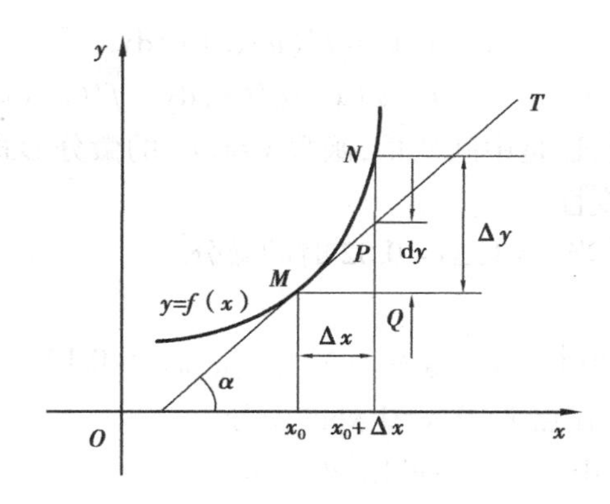

图 2.4

2.5.2 微分公式及运算法则

从微分的表达式 $\mathrm{d}y=f'(x)\mathrm{d}x$ 可知,函数的微分等于 $f'(x)$ 乘以 $\mathrm{d}x$,根据导数公式及导数运算法则,就能得到相应的微分公式和微分运算法则.为了便于学习,列表如下:

1)微分公式

(1) $\mathrm{d}(C)=0$;

(2) $\mathrm{d}(x^\mu)=\mu x^{\mu-1}\mathrm{d}x$;

(3) $\mathrm{d}(a^x)=a^x\ln a\mathrm{d}x$;

(4) $\mathrm{d}(\log_a x)=\dfrac{1}{x\ln a}\mathrm{d}x$;

(5) $\mathrm{d}(\sin x)=\cos x\mathrm{d}x$;

(6) $\mathrm{d}(\cos x)=-\sin x\mathrm{d}x$;

(7) $\mathrm{d}(\tan x)=\sec^2 x\mathrm{d}x$;

(8) $\mathrm{d}(\cot x)=-\csc^2 x\mathrm{d}x$;

(9) $\mathrm{d}(\sec x)=\sec x\tan x\mathrm{d}x$;

(10) $\mathrm{d}(\csc x)=-\csc x\cot x\mathrm{d}x$;

(11) $\mathrm{d}(\arcsin x)=\dfrac{1}{\sqrt{1-x^2}}\mathrm{d}x$;

(12) $\mathrm{d}(\arccos x)=-\dfrac{1}{\sqrt{1-x^2}}\mathrm{d}x$;

(13) $\mathrm{d}(\arctan x)=\dfrac{1}{1+x^2}\mathrm{d}x$;

(14) $\mathrm{d}(\mathrm{arccot}\, x)=-\dfrac{1}{1+x^2}\mathrm{d}x$.

2)微分运算法则

函数和差的微分法则

$$\mathrm{d}(u\pm v)=\mathrm{d}u\pm\mathrm{d}v.$$

函数积的微分法则

$$\mathrm{d}(uv)=v\mathrm{d}u+u\mathrm{d}v.$$

函数商的微分法则

$$\mathrm{d}\left(\frac{u}{v}\right)=\frac{v\mathrm{d}u-u\mathrm{d}v}{v^2}(v\neq 0).$$

3)复合函数的微分法则

设 $y=f(u)$ 及 $u=\varphi(x)$ 都可导,则复合函数 $y=f[\varphi(x)]$ 的微分为

$$dy=y'dx=f'(u)\varphi'(x)dx$$
$$=f'(\varphi(x))\varphi'(x)dx=f'(u)du.$$

可知,无论 u 是自变量,还是中间变量,函数 $y=f(u)$ 的微分形式总是 $dy=f'(u)du$,这一性质称为一阶微分形式不变性.

例 2.30 求函数 $y=x^2$ 当 $x=3,\Delta x=0.02$ 时的微分.

解 $dy=y'\Delta x=2x\Delta x$.

所以
$$dy\big|_{x=3,\Delta x=0.02}=2x\Delta x\big|_{x=3,\Delta x=0.02}=0.12.$$

例 2.31 求函数 $y=e^x$ 在点 $x=0,x=1$ 处的微分.

解 $dy\big|_{x=0}=e^x\big|_{x=0}dx=dx,dy\big|_{x=1}=e^x\big|_{x=1}dx=edx$.

例 2.32 设 $y=\cos\sqrt{x}$,求 dy.

解 由微分形式不变性得

$$dy=d(\cos\sqrt{x})=-\sin\sqrt{x}\,d(\sqrt{x})=-\frac{1}{2\sqrt{x}}\sin\sqrt{x}\,dx.$$

例 2.33 设 $y=e^{1-3x}\cdot\cos x$. 求 dy.

解 $dy=d(e^{1-3x}\cdot\cos x)=\cos x\,d(e^{1-3x})+e^{1-3x}d(\cos x)$

$=\cos x\cdot e^{1-3x}(-3)dx+e^{1-3x}(-\sin x)dx=-e^{1-3x}(3\cos x+\sin x)dx$.

例 2.34 求由方程 $y=e^{\frac{x}{y}}$ 所确定的隐函数 $y=y(x)$ 的微分.

解 方程两边同时求微分,有

$$dy=d(e^{\frac{x}{y}})=e^{\frac{x}{y}}d\left(\frac{x}{y}\right)=y\cdot\frac{ydx-xdy}{y^2}=dx-\frac{x}{y}dy,$$

所以
$$dy=\frac{dx}{\frac{x}{y}+1}=\frac{y}{x+y}dx.$$

2.5.3 微分在近似计算中的应用

在工程问题中,经常会遇到一些复杂的计算公式,可利用微分把这些复杂的计算式改用简单的近似公式来代替.

当函数 $y=f(x_0)$ 在点 x_0 处的导数 $f'(x_0)\neq0$,且 $|\Delta x|$ 很小时,有

$$\Delta y=f(x_0+\Delta x)-f(x_0)\approx dy=f'(x_0)\Delta x.$$

即

$$f(x_0+\Delta x)\approx f(x_0)+f'(x_0)\Delta x,\tag{2.7}$$

式(2.7)中,令 $x_0+\Delta x=x$,则有

$$f(x)\approx f(x_0)+f'(x_0)(x-x_0).\tag{2.8}$$

式(2.8)中,当 $x_0=0$,有

$$f(x)\approx f(0)+f'(0)x.\tag{2.9}$$

由式(2.9),当 $x\to0$ 时,可推出下面一些常用的近似公式:

(1) $\sqrt[n]{1+x}\approx 1+\frac{x}{n}$；　(2) $e^x\approx 1+x$；

(3) $\ln(1+x)\approx x$；　(4) $\sin x\approx x$；

(5) $\tan x\approx x$.(其中式(4),式(5)中 x 用弧度作单位)

例 2.35　计算 arctan 1.05 的近似值.

解　设 $f(x)=\arctan x$,则

$$f'(x)=\frac{1}{1+x^2}.$$

取 $x_0=1,\Delta x=0.05$,由 $f(x_0+\Delta x)\approx f(x_0)+f'(x_0)\Delta x$,有

$$\arctan 1.05\approx\arctan 1+\left.\frac{1}{1+x^2}\right|_{x=1}\times 0.05=\frac{\pi}{4}+0.025\approx 0.810\ 4.$$

例 2.36　计算$\sqrt{1.05}$的近似值.

解　由近似公式$\sqrt[n]{1+x}\approx 1+\frac{x}{n}$,取 $x=0.05,n=2$,得$\sqrt{1.05}\approx 1.025$.

通过上面的结果,可见这样的近似计算对于一般的应用已经足够精确了.如果开方的次数较高,就更能体现这种近似计算的优越性.

习题 2.5

1.填空题.

(1)函数 $y=\sin x$ 在 $x=\frac{\pi}{3}$处的微分为__________；

(2)函数 $y=x^3$ 当自变量 x 由 1 变到 1.01 时的微分为__________；

(3) d__________$=\frac{1}{x}dx$, d__________$=\sec^2 x dx$, d__________$=e^{-2x}dx$；

(4)设函数 $y=f(-x^2)$,则 $dy=$__________；

(5)用微分近似计算公式计算 $\arcsin 0.003\approx$__________, $e^{1.01}\approx$__________.

2.求下列函数的微分.

(1) $y=x\sin 2x$；　(2) $y=x^2e^{2x}$；

(3) $y=5^{\ln\tan x}$；　(4) $y=\arcsin\sqrt{x}$；

(5) $y=\log_2\tan(x^2-1)$；　(6) $y=x\arccos x-\sqrt{1-x^2}$；

(7) $y=\sqrt{x+\sqrt{x+\sqrt{x}}}$；　(8) $y=\operatorname{arccot}\frac{1}{x}$；

(9) $y=\cos(xy)-x$；　(10) $y^2+\ln y=x^4$.

3.当 $|x|$ 很小时,证明:

(1) $\ln(1+x)\approx x$；　(2) $\tan x\approx x$.

§2.6 应用实例

由本章2.1节已知,导数概念的产生与变速直线运动的瞬时速度问题和曲线的切线问题有着十分密切的关系.事实上,关于导数的类似问题在自然科学和其他学科中也会经常遇到.

例 2.37 设有一根细棒,从一端点出发,到棒上离该端点为 x(单位:cm)时,这段棒的质量为 $3x^2+2x$(单位:g).求从 $x=3$ cm 到 $x=5$ cm 这段棒的平均线密度以及在 $x=4$ cm 处的线密度.

解 记棒的质量为 $m=f(x)=3x^2+2x$,则从 $x=3$ cm 到 $x=5$ cm 这段棒的平均线密度为

$$\frac{\Delta m}{\Delta x}=\frac{f(5)-f(3)}{5-3}=\frac{(3\times 5^2+2\times 5)-(3\times 3^2+2\times 3)}{2}\text{g/cm}=26\text{ g/cm}.$$

对于在 $x=4$ cm 处的线密度,可以这样考虑:由题意,这根细棒并不均匀,也就是说每一点处的线密度并不是不变的.如同求变速直线运动的速度一样,当 $\Delta x\to 0$ 时,平均线密度 $\frac{\Delta m}{\Delta x}$ 的极限便是棒的线密度,所以这段棒在 $x=4$ cm 处的线密度是导数 m' 在 $x=4$ 时的值,

$$m'\big|_{x=4}=\left.\frac{\mathrm{d}m}{\mathrm{d}x}\right|_{x=4}=f'(x)\big|_{x=4}=(3x^2+2x)'\big|_{x=4}=(6x+2)\big|_{x=4}=26\text{ g/cm}.$$

例 2.38 考虑在某种均匀营养介质中的细菌总数的变化情况,假设通过对某些时刻的抽样确定出细菌总数以每小时加倍的速度增长.记初始时刻的总数为 n_0,t 的单位用小时(h),求细菌总数的增长率.

解 由题意,细菌总数以每小时加倍的速度增长,设 $f(t)$ 为 t 时刻的细菌总数,则

$$f(1)=2n_0,$$
$$f(2)=2f(1)=2^2n_0,$$
$$f(3)=2f(2)=2^3n_0,$$
$$\vdots$$

一般,有

$$f(t)=2^t n_0,$$

那么,细菌总数的增长率为

$$f'(t)=n_0\cdot 2^t\ln 2.$$

例 2.39 假设 $C=C(x)$ 是某公司在生产 x 件产品时的总成本,这个函数 C 称为成本函数.成本的平均变化率为 $\frac{\Delta C}{\Delta x}=\frac{C(x_0+\Delta x)-C(x_0)}{\Delta x}$,这个量在当 $\Delta x\to 0$ 时的极限,即成本关于产品件数的瞬时变化率,经济学家称为边际成本,即边际成本 $=\lim\limits_{\Delta x\to 0}\frac{\Delta C}{\Delta x}=\frac{\mathrm{d}C}{\mathrm{d}x}$.设某个公司的产品

成本(单位:元)为 $C(x)=10\,000+5x+0.01x^2$.求其生产 500 件产品时的边际成本.

解　由于 $C(x)=10\,000+5x+0.01x^2$,则边际成本函数为

$$C'(x)=5+0.02x,$$

生产 500 件产品时的边际成本为

$$C'(500)=5+0.02\times 500=15\text{ 元/件}.$$

注:对于边际成本 $C'(n)=\lim\limits_{\Delta x\to 0}\dfrac{\Delta C}{\Delta x}=\lim\limits_{\Delta x\to 0}\dfrac{C(n+\Delta x)-C(n)}{\Delta x}$,当 n 充分大时,取 $\Delta x=1$,则 $C'(n)\approx C(n+1)-C(n)$.这说明生产 n 件产品的边际成本近似等于多生产一件产品(第 $(n+1)$ 件产品)的成本.因此,如果边际成本小于平均成本 $\dfrac{C(n)}{n}$,则要考虑增加产量以降低单件产品的成本,否则就要考虑削减产量以降低单件产品的成本.上例中有

$$\frac{C(500)}{500}=\frac{10\,000+5\times 500+0.01\times 500^2}{500}=30,$$

则 $C'(500)<\dfrac{C(500)}{500}$,就可考虑增加产量以降低单件产品的成本.

在经济学中,还有边际需求、边际收益、边际利润,它们分别是需求、收益、利润函数的导数.在这里,就不一一详述了.

关于导数问题的例子还有很多,如人口增长率、经济增长率、能源增长率、气体分子的扩散率、电流强度等.因此,对导数的研究,是各门学科的共同需要.

已知某种商品的成本函数为 $C(x)=420+1.5x+0.002x^2$(单位:元).求边际成本,并将生产 100 件产品时的边际成本与生产 101 件产品的成本进行比较.

单元检测 2

1.填空题.

(1)已知 $f'(x_0)=3$,则 $\lim\limits_{x\to x_0}\dfrac{f(x)-f(x_0)}{x-x_0}=$__________;

(2)已知通过某导体横截面的电量 Q 与时间 t 的函数关系为 $Q=t^2+2t$(库仑),则 3 s 时电流强度为__________;

(3)已知函数 $f(x)=\sin\dfrac{1}{x}$,则 $f'\left(\dfrac{1}{\pi}\right)=$__________;

(4)设 $y=\ln\sin x$,则 $y''=$__________;

(5)设 $f(x)$ 是可微的,则 $\mathrm{d}(\mathrm{e}^{f(x)})=$__________.

2.选择题.

(1)已知函数$f(x)=\begin{cases}1-x, & x\leqslant 0\\ e^{-x}, & x>0\end{cases}$,则$f(x)$在$x=0$处(　　).

A. 间断　　B. 连续但不可导

C. $f'(0)=-1$　　D. $f'(0)=1$

(2)若$f(u)$可导,且$y=f(\ln^2 x)$,则$\dfrac{dy}{dx}=$(　　).

A. $f'(\ln^2 x)$　　B. $2\ln x\cdot f'(\ln^2 x)$

C. $\dfrac{2\ln x}{x}[f(\ln^2 x)]'$　　D. $\dfrac{2\ln x}{x}f'(\ln^2 x)$

(3)$y=\ln(1+x)$,则$y^{(5)}=$ (　　).

A. $\dfrac{4!}{(1+x)^5}$　　B. $-\dfrac{4!}{(1+x)^5}$

C. $\dfrac{5!}{(1+x)^5}$　　D. $-\dfrac{5!}{(1+x)^5}$

(4)两条曲线$y=\dfrac{1}{x}$和$y=ax^2+b$在点$\left(2,\dfrac{1}{2}\right)$处相切,则常数$a,b$为(　　).

A. $a=\dfrac{1}{16},b=\dfrac{3}{4}$　　B. $a=-\dfrac{1}{16},b=\dfrac{3}{4}$

C. $a=\dfrac{1}{16},b=\dfrac{1}{4}$　　D. $a=-\dfrac{1}{16},b=\dfrac{1}{4}$

(5)设以10 m^2/s的速率将气体注入球形气球中,当气球半径为4 m时,气球表面积的变化速率是(　　).

A. 2π m^2/s　　B. 4π m^2/s

C. 5 m^2/s　　D. 10 m^2/s

3.计算下列函数的导数.

(1)$f(x)=\sin x\cdot\ln x^2$;　　(2)$y=\dfrac{\sqrt{1+x}-\sqrt{1-x}}{\sqrt{1+x}+\sqrt{1-x}}$;

(3)$y=(1+x^2)^{\sin x}$;　　(4)$y=\dfrac{\sqrt{x+2}(3-x)^4}{x^3(x+1)^5}(x>3)$;

(5)由方程$x-y^2+xe^y=10$确定的隐函数.

4.计算$\sqrt[3]{9.02}$的近似值.

5.设曲线$y=2x^2+3x-26$在点M处的切线斜率为15.求点M的坐标.

6.假设长方形两边之长分别用x和y表示.如果x以0.01 m/s的速度减少,y以0.02 m/s的速度增加.试问当$x=20$(单位:m),$y=15$(单位:m)时,长方形面积S的变化速率和对角线l的变化速率各是多少?

第 3 章　导数的应用

本章首先介绍微分中值定理,然后以此为基础应用导数来研究函数以及曲线的某些性态,并利用这些知识解决一些实际问题.

§ 3.1　中值定理

3.1.1　罗尔(Rolle)定理

定理 1(罗尔定理)　如果函数 $f(x)$ 满足条件:

(1)在闭区间 $[a,b]$ 上连续;

(2)在开区间 (a,b) 内可导;

(3)$f(a)=f(b)$;

则在开区间 (a,b) 内至少存在一点 $\xi\in(a,b)$,使得 $f'(\xi)=0$.

先来考虑定理的几何意义,函数 $f(x)(a\leqslant x\leqslant b)$ 在几何上表示一段曲线弧 AB,定理中第一个条件表示曲线弧 AB 是连续的,第二个条件表示曲线弧 AB 除端点外处处有不垂直于 x 轴的切线,第三个条件表示弦 AB 是水平的,如图 3.1 所示.

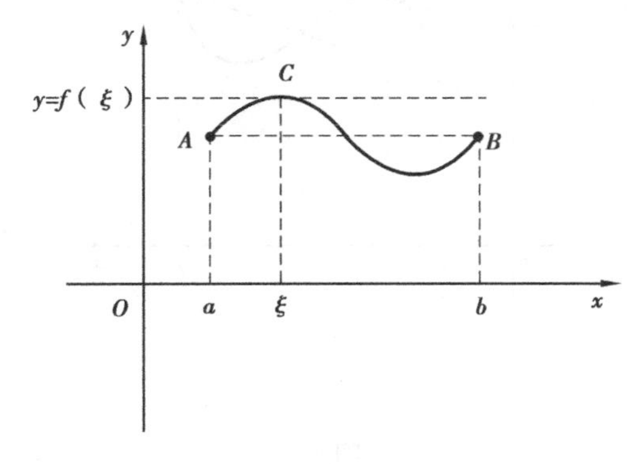

图 3.1

结论表明,在弧 AB 上至少存在一点 $C(\xi,f(\xi))$,在该点处曲线的切线是水平的,即切线平行于弦.

下面证明罗尔定理.

证明 先在区间(a,b)内找出函数$f(x)$的最大(小)值点ξ,再证明$f'(\xi)=0$.

由于$f(x)$在$[a,b]$上连续,故$f(x)$在$[a,b]$上一定存在最大值M和最小值m.

(1)若$m=M$,则$f(x)$在$[a,b]$上恒为常数.那么,$f(x)$在(a,b)内任意一点ξ,都有$f'(\xi)=0$.

(2)若$m\neq M$,则有$f(a)>m$或$f(a)<M$,不妨设$f(a)<M$,于是(a,b)内必存在一点ξ,使得$f(\xi)=M$,所以由$f(x)$在开区间(a,b)内可导及极限的保号性可得

$$f'_-(\xi)=\lim_{x\to\xi^-}\frac{f(x)-f(\xi)}{x-\xi}\geqslant 0,$$

$$f'_+(\xi)=\lim_{x\to\xi^+}\frac{f(x)-f(\xi)}{x-\xi}\leqslant 0.$$

所以

$$f'(\xi)=0.$$

注:定理中的3个条件是充分的,但不必要.例如,函数$f(x)=x^3$在$[-1,1]$上不满足条件$f(-1)=f(1)$,但$\xi=0\in(-1,1)$,满足$f'(\xi)=0$.

3.1.2 拉格朗日(Lagrange)中值定理

定理2(拉格朗日中值定理) 如果函数$f(x)$满足:

(1)在闭区间$[a,b]$上连续;

(2)在开区间(a,b)内可导;

则在开区间(a,b)内至少存在一点$\xi\in(a,b)$,使得

$$f(b)-f(a)=f'(\xi)(b-a).$$

该定理的**几何解释**为:在函数$f(x)$所对应的曲线弧AB上至少有一点$C(\xi,f(\xi))$,使该点处的切线平行于弦AB,如图3.2所示.

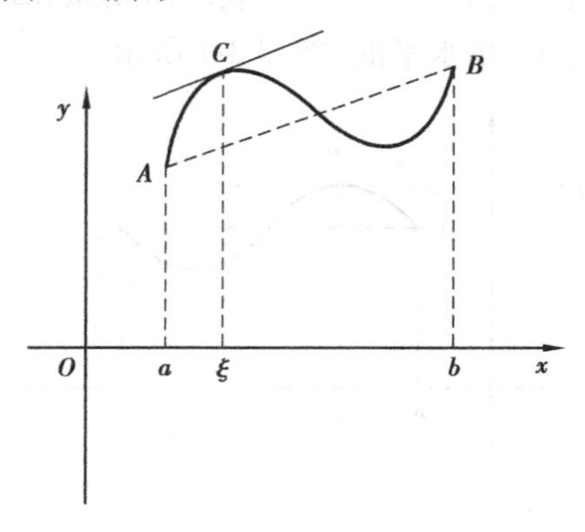

图3.2

证明 作辅助函数$\varphi(x)=f(x)-g(x)$,其中

$$g(x)=f(a)+\frac{f(b)-f(a)}{b-a}\cdot(x-a)$$

为弦 AB 所在直线方程,所以

$$\varphi(x)=f(x)-f(a)-\frac{f(b)-f(a)}{b-a}\cdot(x-a),$$

显然 $\varphi(x)$ 满足罗尔定理条件,故存在 $\xi\in(a,b)$,使 $\varphi'(\xi)=0$.

又 $\varphi'(x)=f'(x)-\dfrac{f(b)-f(a)}{b-a}$,故 $f'(\xi)=\dfrac{f(b)-f(a)}{b-a}$,

所以

$$f(b)-f(a)=f'(\xi)(b-a).$$

推论1 如果函数 $f(x)$ 在开区间 (a,b) 内任意一点的导数 $f'(x)$ 都等于0,则函数 $f(x)$ 在 (a,b) 内是一个常数.

推论2 如果函数 $f(x)$ 与 $g(x)$ 在开区间 (a,b) 内每一点的导数 $f'(x)$ 与 $g'(x)$ 都相等,则这两个函数在区间 (a,b) 内至多相差一个常数.

例3.1 证明方程 $x^5-5x+1=0$ 有且仅有一个小于1的正实根.

证明 先证存在性:

设 $f(x)=x^5-5x+1$,则 $f(x)$ 在 $[0,1]$ 上连续且在 $(0,1)$ 内可导,且 $f(0)=1$,$f(1)=-3$.所以由零点定理,$\exists x_0\in(0,1)$,使 $f(x_0)=0$,即方程有小于1的正实根.

再证唯一性:

假设 $\exists x_1\in(0,1)$,且 $x_1\neq x_0$,也满足 $f(x_1)=0$,不妨设 $x_0<x_1$,则在 $[x_0,x_1]$ 上 $f(x)$ 满足罗尔定理的条件.

所以至少 $\exists\xi\in(x_0,x_1)$,使 $f'(\xi)=0$.

但是 $f'(x)=5(x^4-1)<0$,$x\in(0,1)$,这与 $f'(\xi)=0$ 矛盾.

所以方程有唯一的小于1的正实根.

例3.2 证明当 $x>0$ 时,$\dfrac{x}{1+x}<\ln(1+x)<x$.

证明 函数 $f(t)=\ln(1+t)$ 在区间 $[0,x]$ 上满足拉格朗日中值定理的条件,$f'(t)=\dfrac{1}{1+t}$,所以存在 $\xi\in(0,x)$,使得

$$\ln(1+x)-\ln 1=\frac{1}{1+\xi}(x-0),$$

即

$$\ln(1+x)=\frac{x}{1+\xi},0<\xi<x,$$

因为 $0<\xi<x$,所以

$$\frac{x}{1+x}<\frac{x}{1+\xi}<x,$$

即得不等式

$$\frac{x}{1+x}<\ln(1+x)<x.$$

3.1.3 柯西(Cauchy)中值定理

定理3(柯西中值定理) 若函数$f(x)$,$g(x)$满足:

(1)在闭区间$[a,b]$上连续;

(2)在开区间(a,b)内可导,且$g'(x)\neq 0$;

则至少存在一点$\xi\in(a,b)$,使得

$$\frac{f(b)-f(a)}{g(b)-g(a)}=\frac{f'(\xi)}{g'(\xi)}.$$

1.验证函数$y=\frac{1}{3}x^3-x$在闭区间$[-\sqrt{3},\sqrt{3}]$上满足罗尔定理的条件,并求出定理结论中的ξ.

2.已知函数$f(x)=\ln\sin x$在闭区间$\left[\frac{\pi}{6},\frac{5\pi}{6}\right]$上满足拉格朗日中值定理的条件,求$\xi$.

3.利用拉格朗日中值定理证明不等式:

(1)当$x>1$时,$e^x>e\cdot x$;

(2)当$x>0$时,$\ln\left(1+\frac{1}{x}\right)>\frac{1}{1+x}$.

4.证明方程$x^3-3x+1=0$在$(0,1)$内只有一个实根.

5.证明当$-1\leqslant x\leqslant 1$时,有$\arcsin x+\arccos x=\frac{\pi}{2}$.

§3.2 洛必达法则

在第1章求函数的极限时,较困难的是求两个无穷小或两个无穷大之比的极限,这种极限可能存在,也可能不存在.当两个函数都是无穷小时,称为$\frac{0}{0}$型未定式,如$\lim\limits_{x\to 0}\frac{\sin x}{x}$就是$\frac{0}{0}$型未定式.当两个函数都是无穷大时,称为$\frac{\infty}{\infty}$型未定式,本节介绍一种求这类极限的方法——洛必达法则.

3.2.1 $\frac{0}{0}$型和$\frac{\infty}{\infty}$型未定式

定理 设函数$f(x)$,$g(x)$满足:

(1) $\lim\limits_{x \to x_0} f(x) = 0, \lim\limits_{x \to x_0} g(x) = 0$;

(2) 在点 x_0 的某去心邻域 $\mathring{U}(x_0,\delta)$ 内, $f'(x)$ 和 $g'(x)$ 都存在, 且 $g'(x) \neq 0$;

(3) $\lim\limits_{x \to x_0} \dfrac{f'(x)}{g'(x)}$ 存在或为无穷大.

则极限 $\lim\limits_{x \to x_0} \dfrac{f(x)}{g(x)}$ 存在或为无穷大, 且

$$\lim_{x \to x_0} \frac{f(x)}{g(x)} = \lim_{x \to x_0} \frac{f'(x)}{g'(x)}.$$

证明 由条件(2)知, $f(x)$ 与 $g(x)$ 在 $\mathring{U}(x_0,\delta)$ 上连续, 若令 $f(x_0)=g(x_0)=0$, 则 $f(x)$ 与 $g(x)$ 在 $U(x_0,\delta)$ 上连续, 在 $U(x_0,\delta)$ 内任取点 x, 不妨设 $x<x_0$, 在区间 $[x,x_0]$ 上, 函数 $f(x)$ 与 $g(x)$ 满足柯西中值定理条件, 故

$$\frac{f(x)}{g(x)} = \frac{f(x) - f(x_0)}{g(x) - g(x_0)} = \frac{f'(\xi)}{g'(\xi)}, \xi \text{ 在 } x_0 \text{ 与 } x \text{ 之间}.$$

因为 ξ 在 x_0 与 x 之间, 所以 $x \to x_0$ 时 $\xi \to x_0$, 且由条件(3)得

$$\lim_{x \to x_0} \frac{f(x)}{g(x)} = \lim_{\xi \to x_0} \frac{f'(\xi)}{g'(\xi)} = \lim_{x \to x_0} \frac{f'(x)}{g'(x)}.$$

利用以上定理求 $\dfrac{0}{0}$ 型未定式的极限的方法, 称为洛必达法则. 如果 $\dfrac{f'(x)}{g'(x)}$ 当 $x \to x_0$ 时, 仍为 $\dfrac{0}{0}$ 型未定式, 且 $f'(x)$ 与 $g'(x)$ 仍满足定理1, 可继续使用洛必达法则.

注: 其中极限的变化过程 $x \to x_0$ 换为 $x \to \infty$, $x \to +\infty$, $x \to -\infty$, 或 $x \to x_0^+$, $x \to x_0^-$ 中的任何一个时, 可以证明相应的结论仍成立, 又条件(1)改为 $\lim\limits_{x \to x_0} f(x) = \infty$, $\lim\limits_{x \to x_0} g(x) = \infty$, 结论也成立, 所有这些结论统称为洛必达法则.

例 3.3 求 $\lim\limits_{x \to 0} \dfrac{\tan x}{x}$.

解 这是 $\dfrac{0}{0}$ 型未定式, 则可用洛必达法则, 得

$$\lim_{x \to 0} \frac{\tan x}{x} = \lim_{x \to 0} \frac{\sec^2 x}{1} = 1.$$

例 3.4 求 $\lim\limits_{x \to 1} \dfrac{x^3-3x+2}{x^3-x^2-x+1}$.

解 这是 $\dfrac{0}{0}$ 型未定式, 所以

$$\lim_{x \to 1} \frac{x^3 - 3x + 2}{x^3 - x^2 - x + 1} = \lim_{x \to 1} \frac{3x^2 - 3}{3x^2 - 2x - 1},$$

此式仍是 $\dfrac{0}{0}$ 型未定式, 继续使用洛必达法则, 得

$$\lim_{x\to 1}\frac{x^3-3x+2}{x^3-x^2-x+1}=\lim_{x\to 1}\frac{3x^2-3}{3x^2-2x-1}=\lim_{x\to 1}\frac{6x}{6x-2}=\frac{3}{2}.$$

例 3.5 求 $\lim\limits_{x\to+\infty}\dfrac{\frac{\pi}{2}-\arctan x}{\frac{1}{x}}$.

解 这是 $x\to+\infty$ 时的 $\dfrac{0}{0}$ 型未定式,用洛必达法则,得

$$\lim_{x\to+\infty}\frac{\frac{\pi}{2}-\arctan x}{\frac{1}{x}}=\lim_{x\to+\infty}\frac{-\frac{1}{1+x^2}}{-\frac{1}{x^2}}=\lim_{x\to+\infty}\frac{x^2}{1+x^2}=1.$$

例 3.6 求 $\lim\limits_{x\to+\infty}\dfrac{\ln x}{x^n}(n>0)$.

解 这是 $\dfrac{0}{0}$ 型未定式,用洛必达法则,得

$$\lim_{x\to+\infty}\frac{\ln x}{x^n}=\lim_{x\to+\infty}\frac{\frac{1}{x}}{nx^{n-1}}=\lim_{x\to+\infty}\frac{1}{nx^n}=0.$$

例 3.7 求 $\lim\limits_{x\to0^+}\dfrac{\ln\sin x}{\ln x}$.

解 $\lim\limits_{x\to0^+}\dfrac{\ln\sin x}{\ln x}=\lim\limits_{x\to0^+}\dfrac{\frac{\cos x}{\sin x}}{\frac{1}{x}}=\lim\limits_{x\to0^+}\dfrac{x}{\sin x}\cdot\cos x=1.$

3.2.2 其他类型的未定式

除上述 $\dfrac{0}{0}$ 型、$\dfrac{\infty}{\infty}$ 型未定式以外,还有其他类型的未定式,如 $0\cdot\infty$, $\infty-\infty$, 0^0, ∞^0, 1^∞ 等.求这些未定式的极限,通常要将它们转化为 $\dfrac{0}{0}$ 型或 $\dfrac{\infty}{\infty}$ 型未定式,再用洛必达法则计算.下面以例题说明.

例 3.8 求 $\lim\limits_{x\to0^+}x^2\cdot\ln x$.

解 这是 $0\cdot\infty$ 型未定式,可改成

$$\lim_{x\to0^+}x^2\cdot\ln x=\lim_{x\to0^+}\frac{\ln x}{\frac{1}{x^2}},$$

则等式右侧是 $\dfrac{\infty}{\infty}$ 型未定式,用洛必达法则,得

$$\lim_{x\to0^+}x^2\cdot\ln x=\lim_{x\to0^+}\frac{\ln x}{\frac{1}{x^2}}=\lim_{x\to0^+}\frac{\frac{1}{x}}{-\frac{2}{x^3}}=\lim_{x\to0^+}\left(-\frac{x^2}{2}\right)=0.$$

例 3.9　求$\lim\limits_{x\to0}\left(\frac{1}{\sin x}-\frac{1}{x}\right)$.

解　这是$\infty-\infty$型未定式,可改写为

$$\lim_{x\to0}\left(\frac{1}{\sin x}-\frac{1}{x}\right)=\lim_{x\to0}\frac{x-\sin x}{x\sin x}.$$

等式右端为$\frac{0}{0}$型未定式,由于$x\to0$时,$\sin x$与x是等价无穷小,可先把分母的$\sin x$用等价无穷小替换,再用洛必达法则,得

$$\lim_{x\to0}\left(\frac{1}{\sin x}-\frac{1}{x}\right)=\lim_{x\to0}\frac{x-\sin x}{x\sin x}=\lim_{x\to0}\frac{x-\sin x}{x^2}$$

$$=\lim_{x\to0}\frac{1-\cos x}{2x}=\lim_{x\to0}\frac{\sin x}{2}=0.$$

例 3.10　求$\lim\limits_{x\to1}x^{\frac{1}{1-x}}$.

解　这是1^∞型未定式.设$y=x^{\frac{1}{1-x}}$,两边取对数得$\ln y=\frac{\ln x}{1-x}$,所以$y=e^{\frac{\ln x}{1-x}}$,又$\lim\limits_{x\to1}\frac{\ln x}{1-x}$是$\frac{0}{0}$型未定式,用洛必达法则,得

$$\lim_{x\to1}\frac{\ln x}{1-x}=\lim_{x\to1}\frac{\frac{1}{x}}{-1}=-1,$$

所以

$$\lim_{x\to1}x^{\frac{1}{1-x}}=\lim_{x\to1}e^{\frac{\ln x}{1-x}}=e^{\lim\limits_{x\to1}\frac{\ln x}{1-x}}=e^{-1}.$$

例 3.11　求$\lim\limits_{x\to0^+}x^{\sin x}$.

解　这是0^0型未定式.因为

$$x^{\sin x}=e^{\sin x\cdot\ln x},$$

而$\lim\limits_{x\to0^+}\sin x\ln x=\lim\limits_{x\to0^+}\frac{\ln x}{\csc x}$,等式右端是$\frac{\infty}{\infty}$型未定式,用洛必达法则,得

$$\lim_{x\to0^+}\sin x\ln x=\lim_{x\to0^+}\frac{\ln x}{\csc x}=\lim_{x\to0^+}\frac{1}{-x\csc x\cot x}$$

$$=\lim_{x\to0^+}\left(-\frac{\sin x}{x}\cdot\frac{\sin x}{\cos x}\right)=0.$$

所以

$$\lim_{x\to0^+}x^{\sin x}=\lim_{x\to0^+}e^{\sin x\ln x}=e^{\lim\limits_{x\to0^+}\sin x\ln x}=e^0=1.$$

例 3.12 求$\lim\limits_{x\to 0^+}(\cot x)^{\sin x}$.

解 这是∞^0型未定式.因为

$$(\cot x)^{\sin x}=e^{\sin x\ln\cot x},$$

又

$$\lim_{x\to 0^+}\sin x\ln\cot x=\lim_{x\to 0^+}\frac{\ln\cot x}{\csc x}=\lim_{x\to 0^+}\frac{\tan x\cdot(-\csc^2 x)}{-\csc x\cdot\cot x}$$
$$=\lim_{x\to 0^+}\frac{\sin x}{\cos^2 x}=0,$$

所以

$$\lim_{x\to 0^+}(\cot x)^{\sin x}=e^0=1.$$

通过上面的例题可见,运用洛必达法则求极限是十分方便的.但是必须注意以下两点:

(1)只有$\frac{0}{0}$型和$\frac{\infty}{\infty}$型时才能使用洛必达法则.在连续使用该法则时,每一次都要检查所求极限是不是$\frac{0}{0}$型和$\frac{\infty}{\infty}$型未定式.

(2)用洛必达法则求未定式的值时,适当应用等价无穷小的代换可使极限简单化.

例 3.13 求$\lim\limits_{x\to 0}\frac{\tan x-x}{x^2\sin x}$.

解 这是$\frac{0}{0}$型未定式,可以用洛必达法则,但考虑到分母的导数比较烦琐,设法简化计算.

由于当$x\to 0$时,$\sin x$与x是等价无穷小,可进行替换,于是得

$$\lim_{x\to 0}\frac{\tan x-x}{x^2\sin x}=\lim_{x\to 0}\frac{\tan x-x}{x^3}.$$

再利用洛必达法则,得

$$\lim_{x\to 0}\frac{\tan x-x}{x^3}=\lim_{x\to 0}\frac{\sec^2 x-1}{3x^2}=\lim_{x\to 0}\frac{\tan^2 x}{x^2}\cdot\frac{1}{3}=\frac{1}{3}.$$

1.选择题.

(1)下列极限问题能使用洛必达法则的是(　　).

A. $\lim\limits_{x\to 0}\frac{x^2\sin\frac{1}{x}}{\sin x}$　　B. $\lim\limits_{x\to\infty}\frac{x-\sin x}{x}$

C. $\lim\limits_{x\to\frac{\pi}{2}}\frac{\tan x}{\sin 3x}$　　D. $\lim\limits_{x\to\frac{\pi}{2}}\frac{\tan x}{\tan 3x}$

(2)下列极限计算正确的是(   ).

A. $\lim\limits_{x\to\infty}\dfrac{x-\sin x}{x+\sin x}=\lim\limits_{x\to\infty}\dfrac{x-\cos x}{x+\cos x}=1$

B. $\lim\limits_{x\to\infty}\dfrac{x-\sin x}{x+\sin x}=\lim\limits_{x\to\infty}\dfrac{1-\dfrac{\sin x}{x}}{1+\dfrac{\sin x}{x}}=0$

C. $\lim\limits_{x\to\infty}\dfrac{x-\sin x}{x+\sin x}=\lim\limits_{x\to\infty}\dfrac{1-\dfrac{\sin x}{x}}{1+\dfrac{\sin x}{x}}=1$

D. $\lim\limits_{x\to\infty}\dfrac{x-\sin x}{x+\sin x}=\lim\limits_{x\to\infty}\dfrac{1-\cos x}{1+\cos x}=\lim\limits_{x\to\infty}\dfrac{\sin x}{-\sin x}=-1$

2.利用洛必达法则求下列极限:

(1) $\lim\limits_{x\to 0}\dfrac{e^x-e^{-x}}{x}$;

(2) $\lim\limits_{x\to 0}\dfrac{\ln(1+x)}{x}$;

(3) $\lim\limits_{x\to 0}\dfrac{\tan x-x}{x-\sin x}$;

(4) $\lim\limits_{x\to 0^+}\dfrac{\ln\cot x}{\ln x}$;

(5) $\lim\limits_{x\to\frac{\pi}{2}}\dfrac{\tan x}{\tan 3x}$;

(6) $\lim\limits_{x\to+\infty}\dfrac{\ln\left(1+\dfrac{1}{x}\right)}{\operatorname{arccot} x}$;

(7) $\lim\limits_{x\to 1}\left(\dfrac{x}{x-1}-\dfrac{1}{\ln x}\right)$;

(8) $\lim\limits_{x\to 0}x\cot 2x$;

(9) $\lim\limits_{x\to 0}\left(\dfrac{2}{\pi}\arccos x\right)^{\frac{1}{x}}$;

(10) $\lim\limits_{x\to 0^+}\left(\dfrac{1}{x}\right)^{\tan x}$.

§3.3 函数的单调性与极值

从本节开始,通过中值定理,利用导数来研究函数 $f(x)$ 或曲线 $y=f(x)$ 的性态,其中,包括利用一阶导数研究函数的单调性与极值;利用二阶导数研究曲线的凹凸性与拐点;最后画出函数 $y=f(x)$ 的图形.本节先来研究函数的单调性、极值以及最值问题.

3.3.1 函数单调性的判别法

函数单调性的概念在第1章中已引入,现在利用导数来判断它.从几何图形上看,若在曲线段上每一点的切线斜率均为正(或负),则沿着 x 增加的方向,此曲线是上升的(或下降

的),如图 3.3 所示.也就是说,它对应的函数在相应的区间内是单调增加(或减少)的,即有如下定理:

定理 1 设函数 $f(x)$ 在 $[a,b]$ 上连续,在 (a,b) 内可导.

(1)如果在 (a,b) 内,有 $f'(x)>0$,则 $f(x)$ 在 $[a,b]$ 上单调增加;

(2)如果在 (a,b) 内,有 $f'(x)<0$,则 $f(x)$ 在 $[a,b]$ 上单调减少.

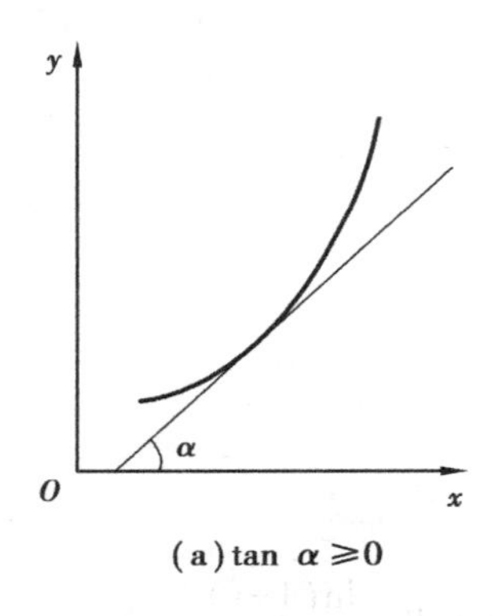

(a) $\tan\alpha \geqslant 0$

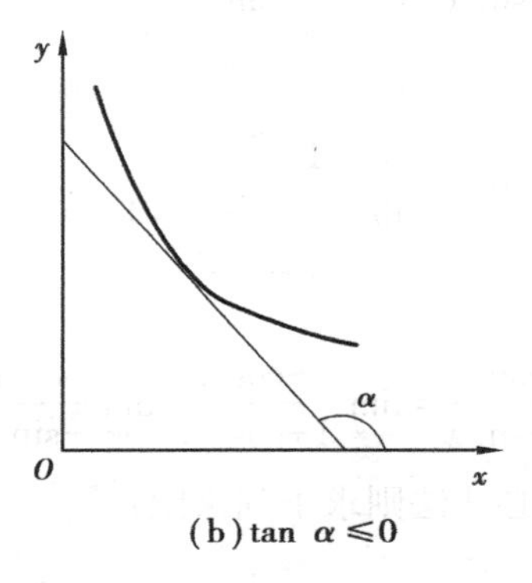

(b) $\tan\alpha \leqslant 0$

图 3.3

证明 任取 $x_1<x_2\in[a,b]$,则 $f(x)$ 在 $[x_1,x_2]$ 上满足拉格朗日中值定理的条件.

故存在 $\xi\in(x_1,x_2)$,使

$$f(x_2)-f(x_1)=f'(\xi)\cdot(x_2-x_1).$$

当 $f'(x)>0$ 时,有 $f'(\xi)>0$,于是

$$f(x_2)-f(x_1)=f'(\xi)\cdot(x_2-x_1)>0.$$

则 $f(x_2)>f(x_1)$,所以函数 $f(x)$ 在 $[a,b]$ 上单调增加;同理可得,$f'(x)<0$ 时,函数 $f(x)$ 在 $[a,b]$ 上单调减少.

注:闭区间 $[a,b]$ 改为开区间、半开区间、无穷区间时定理仍成立.

例 3.14 讨论函数 $f(x)=x^3-6x^2-15x+2$ 的单调性.

解 函数 $f(x)$ 的定义域为 $(-\infty,+\infty)$,

$$f'(x)=3x^2-12x-15=3(x-5)(x+1).$$

令 $f'(x)=0$,得 $x_1=-1$,$x_2=5$. 这两点将定义域分为 3 个区间:$(-\infty,-1]$,$[-1,5]$,$[5,+\infty)$.

在区间 $(-\infty,-1)$ 及 $(5,+\infty)$ 内,$f'(x)>0$;在区间 $(-1,5)$ 内,$f'(x)<0$.所以函数在区间 $(-\infty,-1]$,$[5,+\infty)$ 上单调增加,在区间 $[-1,5]$ 上单调减少.

例 3.15 讨论函数 $f(x)=\dfrac{\ln x}{x}$ 的增减性.

解 函数 $f(x)$ 的定义域为 $(0,+\infty)$,则

$$f'(x)=\frac{1-\ln x}{x^2}.$$

令 $f'(x)=0$,得 $x=\mathrm{e}$.在区间 $(0,\mathrm{e})$ 内 $\ln x<1$,$f'(x)>0$.在区间 $(\mathrm{e},+\infty)$ 内 $\ln x>1$,$f'(x)<$

0.所以函数$f(x)=\frac{\ln x}{x}$在$(0,e]$上单调增加,在$[e,+\infty)$上单调减少.

例 3.16 判断函数$f(x)=x^{\frac{2}{3}}$的单调性.

解 函数$f(x)$的定义域为$(-\infty,+\infty)$,则

$$f'(x)=\frac{2}{3\sqrt[3]{x}}.$$

没有使导数等于零的点,但在$x=0$处导数不存在.点$x=0$将定义域分为两个区间$(-\infty,0)$,$(0,+\infty)$.在$(-\infty,0)$内,$f'(x)<0$,故在$(-\infty,0)$上函数单调减少.在$(0,+\infty)$内,$f'(x)>0$,故在$(0,+\infty)$上函数单调增加.

例 3.17 证明当$x>0$时,$e^x>1+x$.

证明 设$f(x)=e^x-1-x,x\in(0,+\infty)$,则

$$f'(x)=e^x-1>0,x\in(0,+\infty).$$

所以$f(x)$在$[0,+\infty)$内单调增加,又$f(0)=0$,所以,当$x>0$时,有

$$f(x)>f(0)=0.$$

当$x>0$时,有

$$e^x>1+x.$$

例 3.18 证明方程$x-\frac{1}{2}\sin x=0$有唯一实根.

证明 显然$x=0$是方程的一个根.设$f(x)=x-\frac{1}{2}\sin x$,则

$$f'(x)=1-\frac{1}{2}\cos x>0.$$

所以$f(x)$在$(-\infty,+\infty)$上单调增加,故$f(x)$最多只有一个零点,因此方程有唯一实根.

3.3.2 函数的极值及其求法

定义 1 设函数$f(x)$在点x_0的某邻域内有定义,如果对该邻域内任意点$x(x\neq x_0)$,恒有$f(x)<f(x_0)$ $(f(x)>f(x_0))$,则称$f(x_0)$为函数$f(x)$的极大(小)值.

函数的极大值和极小值统称为极值.使函数取得极值的点称为函数的极值点.

由函数极值的定义可以看出,函数的极值点一定是取在区间的内部,且函数的极值概念是局部性概念.$f(x_0)$是$f(x)$的极值是仅就x_0的邻域而言的,应该与函数的最大值和最小值区分开.如图3.4所示,函数$f(x)$在区间$[a,b]$上有3个极大值$f(x_1)$、$f(x_4)$、$f(x_6)$,有两个极小值$f(x_2)$、$f(x_5)$,其中极小值$f(x_5)$大于极大值$f(x_1)$,因此,函数的极大值不一定大于极小值.

由图3.4还可知,在函数$f(x)$取得极值的点处,曲线$y=f(x)$的切线是水平的,由此可知函数取得极值的必要条件.

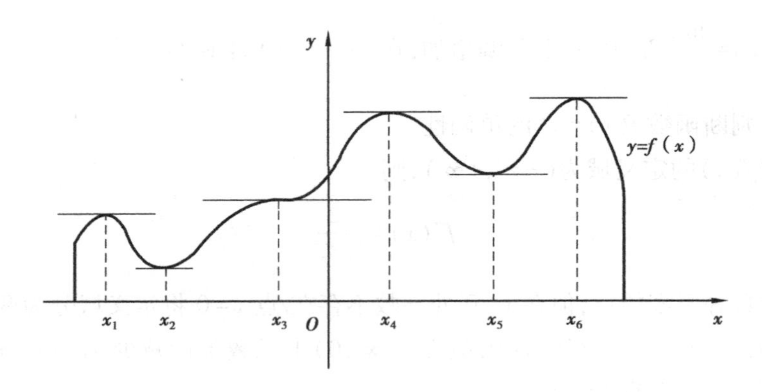

图 3.4

定理 2(必要条件)　若函数 $f(x)$ 在点 x_0 处可导,且 $f(x)$ 在点 x_0 处取得极值,则 $f'(x_0)=0$.

现在考虑使 $f'(x)$ 等于零的点是否为 $f(x)$ 的极值点.由图 3.4 可知,使得 $f'(x)$ 等于零的点未必是 $f(x)$ 的极值点.称使得 $f'(x)$ 等于零的点为函数 $f(x)$ 的**驻点**,所以函数 $f(x)$ 的驻点不一定是极值点,只有驻点为函数单调增加和单调减少区间的分界点时,驻点才是极值点.

定理 3(第一充分条件)　若函数 $f(x)$ 在点 x_0 的邻域内可导,且 $f'(x_0)=0$(或 $f(x)$ 在点 x_0 的邻域内除点 x_0 外处处可导,且 $f(x)$ 在点 x_0 连续).若在 x_0 的邻域内:

(1)当 $x<x_0$ 时,$f'(x)>0(<0)$;当 $x>x_0$ 时,$f'(x)<0(>0)$,则函数 $f(x)$ 在点 x_0 取得极大(小)值.

(2)除点 x_0 外 $f'(x)$ 恒为正(负),$f(x_0)$ 不是极值.

证明从略.

另外,从例 3.16 可知,$f(x)=x^{\frac{2}{3}}$ 在 $x=0$ 处不可导,但连续,且在点 $x=0$ 两侧函数单调性不同,故 $x=0$ 为极值点.即极值点可以取在函数的不可导点上.

通过该定理可得求函数极值的一般步骤如下:

(1)求导数 $f'(x)$.

(2)求 $f'(x)=0$ 的点及 $f'(x)$ 不存在的点.

(3)考察所求各点两侧 $f'(x)$ 的符号,确定极值点.

(4)求出各极值点处的函数值,即得函数的极值.

例 3.19　求函数 $f(x)=x^4-4x^3-8x^2+1$ 的极值.

解　$f(x)$ 的定义域是 $(-\infty,+\infty)$.

(1)$f'(x)=4x^3-12x^2-16x=4x(x+1)(x-4)$.

(2)令 $f'(x)=0$,得驻点 $x_1=-1,x_2=0,x_3=4$.

(3)依次判断驻点两侧 $f'(x)$ 的符号.

在 $x_1=-1$ 的左侧邻域上,$f'(x)<0$;在 $x_1=-1$ 的右侧邻域上,$f'(x)>0$.

由定理 3 知,$f(x)$ 在 $x_1=-1$ 处取极小值.

类似可得,$f(x)$ 在 $x_2=0$ 处取得极大值,$f(x)$ 在 $x_3=4$ 处取得极小值.

(4)计算出相应的函数值:极大值$f(0)=1$;极小值$f(-1)=-2$,$f(4)=-127$.

例 3.20　求函数$f(x)=x-3(x-1)^{\frac{2}{3}}$的极值.

解　$f(x)$的定义域是$(-\infty,+\infty)$,则

$$f'(x)=1-\frac{2}{(x-1)^{\frac{1}{3}}}=\frac{(x-1)^{\frac{1}{3}}-2}{(x-1)^{\frac{1}{3}}}.$$

令$f'(x)=0$,即$\sqrt[3]{x-1}=2$,得驻点$x=9$.

在点$x=1$处,导数不存在,但函数$f(x)$在该点连续.

点$x=1$及$x=9$将定义域分为3个区间:$(-\infty,1)$,$(1,9)$,$(9,+\infty)$.在区间$(-\infty,1)$内,$f'(x)>0$;在区间$(1,9)$内,$f'(x)<0$;在区间$(9,+\infty)$内,$f'(x)>0$.

所以$f(x)$在$x=1$处取得极大值$f(1)=1$,在$x=9$处取得极小值$f(9)=-3$.

极值存在的第一充分条件也适用于在点x_0处不可导的函数.若函数$f(x)$在驻点x_0的二阶导数存在且不为零,则可利用以下所给的第二充分条件来判断函数的极值.

定理 4(第二充分条件)　设函数$f(x)$在点x_0处具有二阶导数,且$f'(x_0)=0$,$f''(x_0)\neq 0$,则:

(1)当$f''(x_0)>0$时,$f(x_0)$为极小值;

(2)当$f''(x_0)<0$时,$f(x_0)$为极大值.

证明　只证$f''(x_0)>0$的情形,由导数的定义得

$$f''(x_0)=\lim_{x\to x_0}\frac{f'(x)-f'(x_0)}{x-x_0}.$$

因为$f'(x_0)=0$,故

$$f''(x_0)=\lim_{x\to x_0}\frac{f'(x)}{x-x_0}>0.$$

由极限的局部保号性,当$x\in\mathring{U}(x_0,\delta)$时,有$\dfrac{f'(x)}{x-x_0}>0$.故当$x>x_0$时,有$f'(x)>0$;当$x<x_0$时,有$f'(x)<0$.即$f(x)$在点$x_0$处取得极小值$f(x_0)$.

例 3.21　求函数$f(x)=e^x\cdot\cos x$在$[0,2\pi]$的极值.

解　$f'(x)=e^x(\cos x-\sin x)$,$f''(x)=-2e^x\sin x$.

令$f'(x)=0$,得驻点$x_1=\dfrac{\pi}{4}$,$x_2=\dfrac{5\pi}{4}$.易知

$$f''\left(\frac{\pi}{4}\right)<0,f''\left(\frac{5\pi}{4}\right)>0.$$

故$f(x)$在$x_1=\dfrac{\pi}{4}$处取得极大值$f\left(\dfrac{\pi}{4}\right)=\dfrac{1}{\sqrt{2}}e^{\frac{\pi}{4}}$,在$x_2=\dfrac{5\pi}{4}$处取得极小值$f\left(\dfrac{5\pi}{4}\right)=-\dfrac{1}{\sqrt{2}}e^{\frac{5\pi}{4}}$.

在判断驻点x_0是否为极值点时,若在驻点x_0处$f''(x_0)=0$,则第二充分条件失效,此时仍需用第一充分条件.

例 3.22　求$f(x)=3x^4-8x^3+6x^2+1$的极值.

解　$f'(x)=12x^3-24x^2+12x=12x(x-1)^2$,$f''(x)=12(3x-1)(x-1)$.

令 $f'(x)=0$,得驻点 $x=0,x=1$,且

$$f''(0)>0,f''(1)=0.$$

由第二充分条件知,$f(0)=1$ 是函数 $f(x)$ 的极小值.

因为 $f''(1)=0$,用第一充分条件判断驻点 $x=1$ 的情形,由于在 $x=1$ 的两侧,皆有 $f'(x)>0$,故 $x=1$ 不是极值点.

3.3.3 函数的最值

由闭区间上连续函数的性质知,若函数 $f(x)$ 在 $[a,b]$ 上连续,则 $f(x)$ 在 $[a,b]$ 上一定存在最大值和最小值.$f(x)$ 的最值可能在区间 $[a,b]$ 内部取得,也可能在区间的端点 $x=a$ 或 $x=b$ 取得.若 $f(x)$ 在区间 (a,b) 内 x_0 处取得最值,则 $f(x_0)$ 必是函数 $f(x)$ 的极值.故 $x=x_0$ 必为函数 $f(x)$ 的驻点或导数不存在的点.由此可知,函数 $f(x)$ 在闭区间 $[a,b]$ 上的最值一定取在 $f(x)$ 的驻点、导数不存在的点或区间端点处.于是,在求 $f(x)$ 在闭区间 $[a,b]$ 上的最值时,只需找出这些点,然后比较函数 $f(x)$ 在这些点处的函数值,其中最大的就是 $f(x)$ 在闭区间 $[a,b]$ 上的最大值,最小的就是 $f(x)$ 在闭区间 $[a,b]$ 上的最小值.

例 3.23 求函数 $f(x)=2x^3-6x^2-18x+4$ 在 $[-4,4]$ 上的最小值.

解 $f'(x)=6x^2-12x-18=6(x-3)(x+1)$.

令 $f'(x)=0$,得驻点 $x_1=-1,x_2=3$. 在 $(-4,4)$ 内没有使 $f'(x)$ 不存在的点.

因为 $f(-1)=14,f(3)=-50,f(-4)=-148,f(4)=-36$,所以函数 $f(x)$ 在 $[-4,4]$ 上的最大值为 $f(-1)=14$,最小值为 $f(-4)=-148$.

在科学技术和生产实践中常常会遇到最值问题,比如"产量最高""成本最低""材料最省"等问题.下面来看两个实例.

例 3.24 有一块宽为 $2a$ 的长方形铁片,将它的两个边缘向上折起成一开口水槽,使其横截面为一矩形,矩形高为 x(图 3.5).问 x 取何值时水槽的截面积最大?

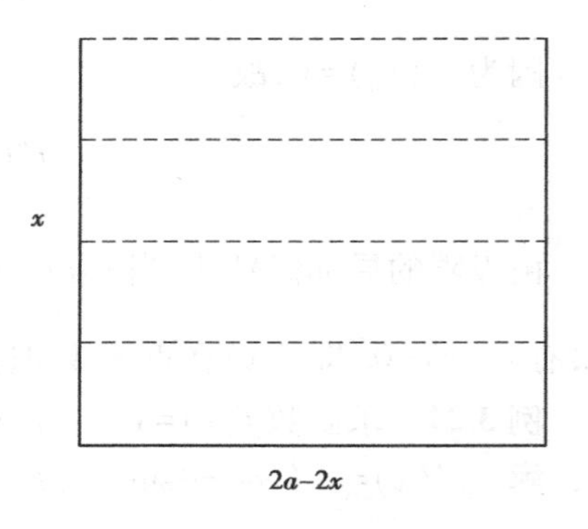

图 3.5

解 水槽截面积 S 是 x 的函数.

$$S(x)=x(2a-2x),\ 0<x<a$$

$$S'(x)=2a-4x.$$

令 $S'(x)=0$,得唯一驻点 $x=\frac{a}{2}$.

当 $0<x<\frac{a}{2}$ 时,$S'(x)>0$,$S(x)$ 单调增加;当 $\frac{a}{2}<x<a$ 时,$S'(x)<0$,$S(x)$ 单调减少,所以 $S\left(\frac{a}{2}\right)$ 是函数 $S(x)$ 的最大值,即当两边缘各折起 $\frac{a}{2}$ 时,水槽的截面积最大.

在求函数的最值时,若在一个区间(有限或无限)内连续函数 $f(x)$ 只有唯一一个驻点或不可导点 x_0,那么当 $f(x_0)$ 是 $f(x)$ 的极大(小)值时,$f(x_0)$ 必定也是 $f(x)$ 在该区间的最大

(小)值. 此外,在实际问题中可根据问题的实际意义断定所讨论的函数必定在定义区间内取得最值,若此时函数在相应的区间内仅有1个驻点或不可导点,则可以断言在该点函数必取得最大(小)值.

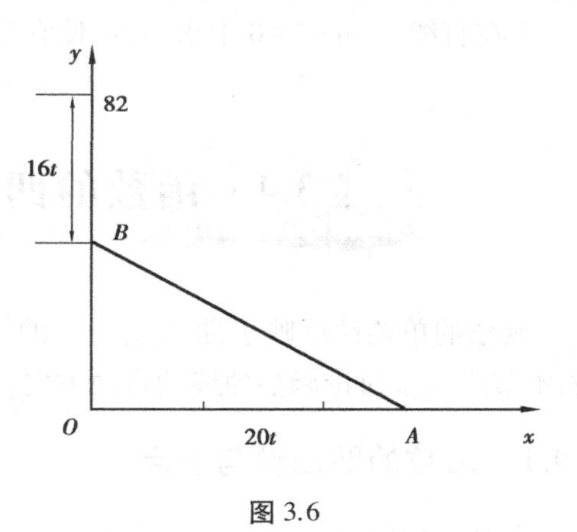

图3.6

例3.25 甲船以20 n mile/h速度向东行驶,同一时间乙船在甲船正北82 n mile处以16 n mile/h的速度向南行.问经过多少时间,甲乙两船相距最近?

解 依题意,设在$t=0$时,甲船位于O点,乙船位于甲船正北82 n mile处,在时刻t(单位:h)甲船由点O出发向东行驶了$20t$(单位:海里n mile)至A点,乙船向南行驶了$16t$(单位:n mile)至B点(图3.6).甲乙两船的距离为

$$l=|AB|=\sqrt{(OA)^2+(OB)^2}=\sqrt{(20t)^2+(82-16t)^2},t\geqslant 0.$$

只需求l的最小值,即

$$l'=\frac{400t-16(82-16t)}{\sqrt{(20t)^2+(82-16t)^2}}.$$

令$l'=0$,得$t=2$(单位:h)是函数l的唯一驻点. 由实际问题知,两船的最近距离一定存在,故当$t=2$ h时两船相距最近,且最近距离为$l|_{t=2}\approx 64$(单位: n mile).

习题3.3

1.填空题.

(1)函数$f(x)=2x^3-6x^2-18x-7$的单调增区间是__________;

(2)已知函数$f(x)=ax^2+bx$在$x=1$处取得极大值2,则a,b的值分别为__________;

(3)函数$y=2x^3-3x^2,x\in[-1,4]$的最大值为__________;最小值为__________.

2.求下列函数的单调区间和极值.

(1)$f(x)=\frac{1}{3}x^3-x^2-3x+9$; (2)$f(x)=x-\ln(1+x)$;

(3)$f(x)=x^2e^{-x}$; (4)$f(x)=x-\frac{3}{2}x^{\frac{2}{3}}$.

3.证明下列不等式.

(1)当$x>0$时, $\sin x>x-\frac{1}{6}x^3$.

(2)当$x>4$时,$2^x>x^2$.

(3)当$x>0$时,$1+x\ln(x+\sqrt{1+x^2})>\sqrt{1+x^2}$.

4. 要造一圆柱形油罐，体积为 V. 问底半径 r 和高 h 等于多少时，才能使表面积最小？

5. 在直线 $3x-y-3=0$ 上求一点，使它与点 $A(1,1)$ 和 $B(6,4)$ 的距离平方和最小.

§3.4 函数的凹凸性、拐点与函数作图

函数的单调性反映了曲线是上升的还是下降的，但这对于描述函数的图形来说还不够. 本节进一步讨论函数曲线的弯曲方向，以便更准确地描述函数的曲线.

3.4.1 函数的凹凸性与拐点

定义 设曲线 $y=f(x)$ 在区间 (a,b) 内各点都有切线，在切点附近如果曲线弧总是位于切线上方，则称曲线 $y=f(x)$ 在 (a,b) 上是凹的或称为**凹弧**，如图 3.7 所示，称 (a,b) 为曲线 $y=f(x)$ 的凹区间；如果曲线弧总是位于切线的下方，则称曲线 $y=f(x)$ 在 (a,b) 上是**凸**的或称为**凸弧**，如图 3.8 所示，称 (a,b) 为曲线 $y=f(x)$ 的凸区间.

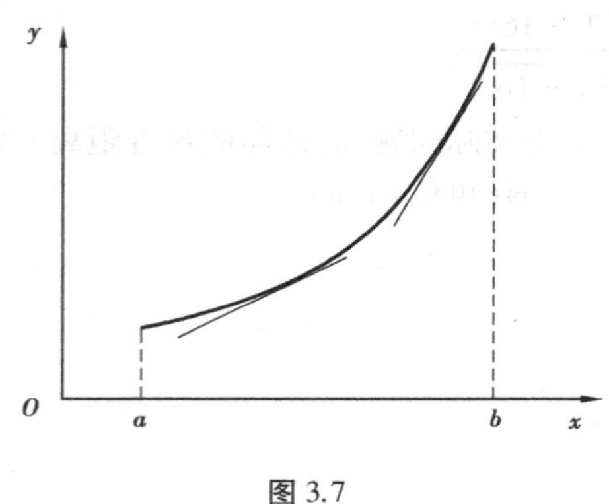

图 3.7

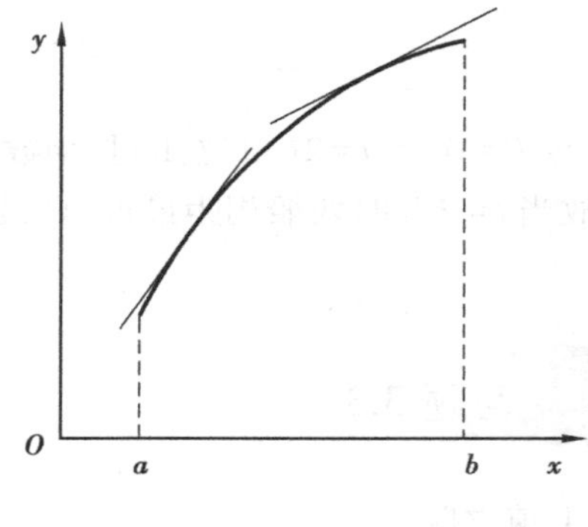

图 3.8

从图 3.7、图 3.8 容易看出，随着坐标 x 的增加，凹弧上各点的切线斜率逐渐增大，即 $f'(x)$ 单调增加；而凸弧上各点的切线斜率逐渐减少，即 $f'(x)$ 的单调性可由 $f''(x)$ 的正负来判断，由此可得曲线凹凸性的判别方法.

定理 设函数 $f(x)$ 在区间 (a,b) 上具有二阶导数.

(1) 如果在 (a,b) 上 $f''(x)>0$，则曲线 $y=f(x)$ 在 (a,b) 上为凹弧；

(2) 如果在 (a,b) 上 $f''(x)<0$，则曲线 $y=f(x)$ 在 (a,b) 上为凸弧.

例 3.26 判断曲线 $y=\ln x$ 的凹凸性.

解 $y'=\dfrac{1}{x}, y''=-\dfrac{1}{x^2}$.

在函数 $y=\ln x$ 的定义域 $(0,+\infty)$ 上恒有 $y''<0$，所以曲线 $y=\ln x$ 在 $(0,+\infty)$ 为凸弧.

例 3.27 判断曲线 $y=x^3$ 的凹凸性.

解 $y'=3x^2, y''=6x$.

当 $x<0$ 时，$y''<0$；当 $x>0$ 时，$y''>0$. 所以在 $(-\infty,0)$ 上，曲线 $y=x^3$ 为凸弧，在 $(0,+\infty)$ 上，曲线为凹弧. 点 $(0,0)$ 为曲线 $y=x^3$ 由凸弧变为凹弧的分界点.

一般地，连续曲线 $y=f(x)$ 上凸弧与凹弧的分界点称为曲线的**拐点**.

由例 3.27 可见，求曲线 $y=f(x)$ 的拐点，实际上就是找 $f''(x)$ 取正值和负值的分界点. 但根据拐点定义，并未要求函数 $f(x)$ 在拐点处可导，所以拐点也可在函数不可导的点上取得. 于是，求曲线 $y=f(x)$ 拐点的一般步骤如下：

(1) 求 $f''(x)$；

(2) 求出 $f''(x)=0$ 的点及 $f''(x)$ 不存在的点；

(3) 利用步骤(2)中求出的点将函数 $y=f(x)$ 的定义域分为若干区间，在每个区间上确定 $f''(x)$ 的符号，从而确定曲线 $y=f(x)$ 的凹凸区间；

(4) 由步骤(3)中的结果判断各分点是否为拐点.

例 3.28 判断曲线 $y=x^4-4x^3-18x^2+4x+10$ 的凹凸性与拐点.

解 (1) $y'=4x^3-12x^2-36x+4$，$y''=12x^2-24x-36=12(x+1)(x-3)$.

(2) 令 $y''=0$，得 $x=-1$ 及 $x=3$.

(3) $x=-1$ 及 $x=3$ 将函数的定义域分为 3 个区间 $(-\infty,-1)$，$(-1,3)$，$(3,+\infty)$.

当 $x\in(-\infty,-1)$ 时，$y''>0$，$(-\infty,-1)$ 为曲线的凹区间；

当 $x\in(-1,3)$ 时，$y''<0$，$(-1,3)$ 为曲线的凸区间；

当 $x\in(3,+\infty)$ 时，$y''>0$，$(3,+\infty)$ 为曲线的凹区间.

(4) y'' 在 $x=-1$ 及 $x=3$ 的两侧异号，当 $x=-1$ 时，$y=-7$；当 $x=3$ 时，$y=-167$，所以点 $(-1,-7)$，$(3,-167)$ 是曲线的拐点.

例 3.29 求曲线 $y=2+(x-1)^{\frac{1}{3}}$ 的拐点.

解 $y'=\dfrac{1}{3\cdot\sqrt[3]{(x-1)^2}}$，$y''=-\dfrac{2}{9\cdot\sqrt[3]{(x-1)^5}}$.

在点 $x=1$ 处函数 $y=2+(x-1)^{\frac{1}{3}}$ 是连续的，但 y' 及 y'' 皆不存在，且没有使 y'' 等于零的点. $x=1$ 将定义域 $(-\infty,+\infty)$ 分成两部分 $(-\infty,1)$ 及 $(1,+\infty)$. 在 $(-\infty,1)$ 内，$y''>0$，在 $(1,+\infty)$ 内 $y''<0$. 当 $x=1$ 时，$y=2$，点 $(1,2)$ 为曲线的拐点.

3.4.2 函数作图

本章前几节通过导数研究了函数的单调性、极值及其图形的凹凸性与拐点，且在第 1 章学习了曲线的水平渐近线和铅直渐近线，这样即可准确地画出函数的图形.

描绘函数 $y=f(x)$ 图形的一般步骤如下：

(1) 确定函数的定义域；

(2) 求出 $f'(x)$ 以及 $f'(x)=0$ 和 $f'(x)$ 不存在的点；

(3) 求出 $f''(x)$ 以及 $f''(x)=0$ 和 $f''(x)$ 不存在的点；

(4) 用以上各点将定义域划分为若干区间，列表格判断每个区间上函数的单调性和曲线的凸凹性，并确定函数的极值点和曲线的拐点；

(5)求出曲线的水平渐近线和铅直渐近线;

(6)在直角坐标系中描出极值点对应曲线上的点、拐点、渐近线,将各点连线即可.

另外,为了更准确地描出函数图形,还可以再找几个图形上特殊的点,比如曲线与坐标轴的交点等.

例 3.30 描绘函数 $y=x^3-x^2-x+1$ 的图形.

解 (1)函数的定义域$(-\infty,+\infty)$;

(2)$y'=3x^2-2x-1=(3x+1)(x-1)$.得驻点 $x=-\dfrac{1}{3}$,$x=1$;

(3)$y''=6x-2$.令 $y''=0$,得 $x=\dfrac{1}{3}$;

(4)列表:

x	$\left(-\infty,-\dfrac{1}{3}\right)$	$-\dfrac{1}{3}$	$\left(-\dfrac{1}{3},\dfrac{1}{3}\right)$	$\dfrac{1}{3}$	$\left(\dfrac{1}{3},1\right)$	1	$(1,+\infty)$
y'	+	0	−	−	−	0	+
y''	−	−	−	0	+	+	+
y	增	$\dfrac{32}{27}$极大值	凸	$\dfrac{16}{27}$拐点	凹	0 极小值	凹

(5)$\lim\limits_{x\to\pm\infty} f(x)=\pm\infty$,曲线没有渐近线;

(6)按表作图(图 3.9).

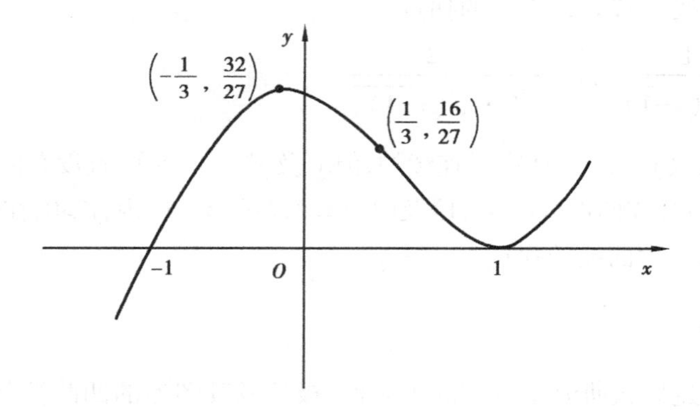

图 3.9

1.选择题.

(1)设在区间(a,b)内$f'(x)>0$,$f''(x)<0$,则在区间(a,b)内,曲线 $y=f(x)$(　　).

A. 沿 x 轴正向下降且为凸的　　　　B. 沿 x 轴正向上升且为凸的

C. 沿 x 轴正向下降且为凹的　　　　D. 沿 x 轴正向上升且为凹的

(2)设函数 $y=f(x)$ 在区间 $[a,b]$ 上有二阶导数,则当(　　)成立时,曲线 $y=f(x)$ 在区间 (a,b) 内是凹的.

A. $f''(a)>0$

B. $f''(b)>0$

C. 在 (a,b) 内, $f''(x)\neq 0$

D. $f''(a)>0$ 且 $f''(x)$ 在 (a,b) 内单调增加

(3)设函数 $y=f(x)$ 在区间 (a,b) 内有二阶导数,则当(　　)成立时,点 $(c,f(c))$ $(a<c<b)$ 是曲线 $y=f(x)$ 的拐点.

A. $f''(c)=0$

B. $f''(x)$ 在 (a,b) 内单调增加

C. $f''(c)=0$, $f''(x)$ 在 (a,b) 内单调增加

D. $f''(x)$ 在 (a,b) 内单调减少

2.求下列曲线的凹凸区间和拐点.

(1) $f(x)=\frac{1}{3}x^3-\frac{1}{2}x^2-2x$;　　　　(2) $f(x)=x+\frac{2x}{x^2-1}$;

(3) $f(x)=x^4(12\ln x-7)$;　　　　(4) $f(x)=\ln(1+x^2)$.

3.描绘下列函数的图形.

(1) $f(x)=x^3-6x^2+9x-5$;　　　　(2) $y=\ln(1+x^2)$.

§3.5　应用实例

利用微分学求最大值、最小值的方法在实际应用中非常广泛,本节介绍其在T形通道设计中的应用.

在很多拥有大型设备的企业(比如火力发电厂,它拥有锅炉、汽轮机、发电机等大型设备),厂房规格的设计要考虑这些大型设备能够顺利安装到机位上.如何将设备顺利地安装到机位上就涉及运输通道的设计问题.

假定某企业新购置一台长为 L 的设备,要从 A 处经过T形通道运抵 B 处(图3.10).已知T形通道的 U 通道宽度为 a(定值)。问如何设计通道 V 的宽度可以使大型设备顺利抵达 B 处,且不因运送设备这一项任务而浪费通道 V 所占用的空间.

已知 $PC=a$, $PQ=L$.求 x 使设备能从 A 点出发通过T形通道到达 B 处.

设 $\angle CPQ=\angle DRQ=\theta$,则 $x=|RQ|\sin\theta$, $a=|PR|\cdot\cos\theta$.于是 $L=\frac{x}{\sin\theta}+\frac{a}{\cos\theta}$,所以, $x=x(\theta)=L\sin\theta-a\tan\theta$, $0<\theta<\frac{\pi}{2}$.

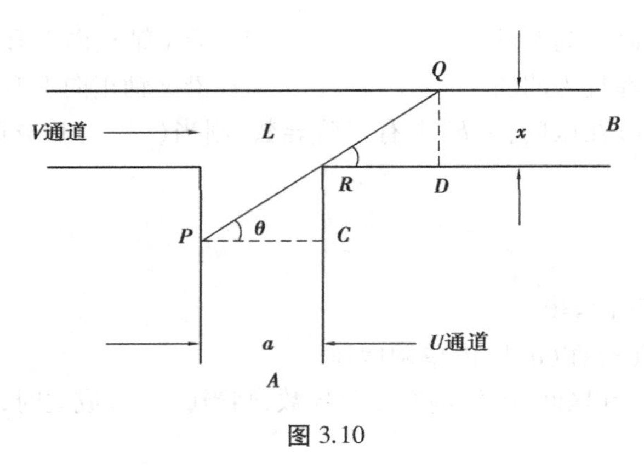

图 3.10

此问题就是求 θ 使 x 达到最小，即

$$\frac{dx}{d\theta}=L\cos\theta-a\sec^2\theta.$$

令$\frac{dx}{d\theta}=0$，得 $\cos\theta=\sqrt[3]{\frac{a}{L}}$，所以 $\theta=\arccos\sqrt[3]{\frac{a}{L}}$，

则

$$\frac{d^2x}{d\theta^2}=-L\sin\theta-2a\sec^2\theta\cdot\tan\theta.$$

当$0<\theta<\frac{\pi}{2}$时，$\frac{d^2x}{d\theta^2}<0$，于是当 $\theta_0=\arccos\sqrt[3]{\frac{a}{L}}$ 时，x 可取得极大值，由实际情况可知，设备以 R 作为支撑点，下端与 U 通道的内壁相接，则设备的上端在 V 通道张开的宽度一定有最大值，即 $x=x(\theta)$ 在$\left(0,\frac{\pi}{2}\right)$上有最大值.又因为 $x=x(\theta)$ 在区间$\left(0,\frac{\pi}{2}\right)$内只有一个极大值点，故 $\theta_0=\arccos\sqrt[3]{\frac{a}{L}}$ 为函数 $x=x(\theta)$ 的最大值点，最大值为

$$x=x(\theta_0)=L\sin\left[\arccos\sqrt[3]{\frac{a}{L}}\right]-a\tan\left[\arccos\sqrt[3]{\frac{a}{L}}\right].$$

因此，当T形通道的 V 通道设计宽度为 $x(\theta_0)$ 时，就能顺利地将设备从 A 点出发通过T形通道运送到达 B 处.

特别地，若 $a=1$ m，$L=8$ m，则

$$\arccos\sqrt[3]{\frac{a}{L}}=\arccos\frac{1}{8}=\frac{\pi}{3},$$

所以

$$x=x\left(\frac{\pi}{3}\right)=8\sin\frac{\pi}{3}-\tan\frac{\pi}{3}=3\sqrt{3}\approx 5.196\text{ m}.$$

即 V 通道设计宽度至少为 5.196 m 时才能将设备运送到 B 处.

更一般的，大型设备既有长度，也有宽度.因此，当设备长度为 L、宽度为 d 时(图 3.11)，根据上述方法依然可以求出 V 通道的设计宽度.

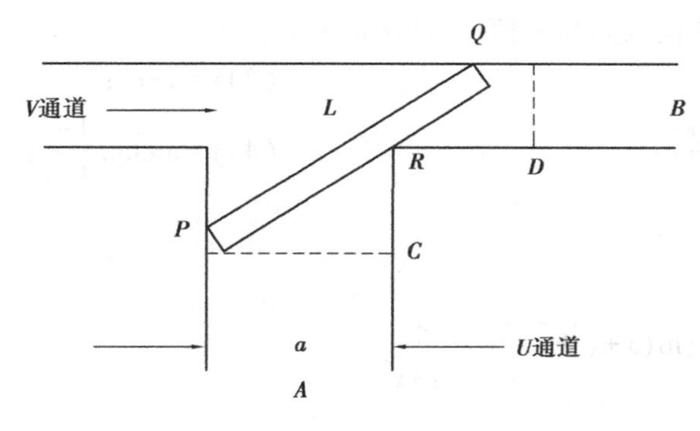

图 3.11

单元检测 3

1.选择题.

(1)若$f(x)$在(a,b)可导且$f(a)=f(b)$,则(　　).

A. 至少存在一点$\xi\in(a,b)$,使$f'(\xi)=0$

B. 一定不存在一点$\xi\in(a,b)$,使$f'(\xi)=0$

C. 恰存在一点$\xi\in(a,b)$,使$f'(\xi)=0$

D. 对任意的$\xi\in(a,b)$,不一定能使$f'(\xi)=0$

(2)$f'(x_0)=0$是可导函数$f(x)$在x_0点处有极值的(　　).

A. 充分条件

B. 必要条件

C. 充要条件

D. 既不充分也不必要条件

(3)若$f(x)$在点$x=0$的邻域内连续,$f(0)=0$,$\lim\limits_{x\to 0}\dfrac{f(x)}{1-\cos x}=1$,则(　　).

A. $f(0)$是极小值

B. $f(0)$是极大值

C. $f(x)$在点$x=0$的邻域内单调递增

D. $f(x)$在点$x=0$的邻域内单调递减

2.利用洛必达法则求下列极限.

(1)$\lim\limits_{x\to 1}\dfrac{\cos^2\dfrac{\pi}{2}x}{(x-1)^2}$;

(2)$\lim\limits_{x\to +\infty}\left(\dfrac{\ln(1+x)}{e^x}\right)$;

(3)$\lim\limits_{x\to 0}\left(\dfrac{1}{x}-\dfrac{1}{\ln(1+x)}\right)$;

(4)$\lim\limits_{x\to +\infty}(x+e^x)^{\frac{1}{x}}$;

(5)$\lim\limits_{x\to 0}(\cos\sqrt{x})^{\frac{\pi}{x}}$;

(6)$\lim\limits_{x\to\left(\frac{\pi}{2}\right)^-}(\tan x)^{2x-\pi}$.

3. 求下列函数的单调区间与极值、凹凸区间和拐点.

(1) $y=e^{-x}\sin x$;

(2) $y=x-e^{x}$;

(3) $y=\dfrac{(x-2)(3-x)}{x^{2}}$;

(4) $y=\arctan\dfrac{1-x}{1+x}$;

(5) $y=\dfrac{2}{3}x-\sqrt[3]{x}$.

4. 证明：当 $x>0$ 时，$\ln(x+\sqrt{1+x^{2}})>\dfrac{x}{\sqrt{1+x^{2}}}$.

5. 描绘函数 $y=\dfrac{1}{\sqrt{2\pi}}e^{-\frac{x^{2}}{2}}$ 的图形.

第4章 不定积分

不定积分运算是函数求导运算的逆运算,本章介绍不定积分的概念、性质及计算.

§4.1 不定积分的概念与性质

4.1.1 原函数与不定积分

定义1 如果在区间 I 上,可导函数 $F(x)$ 的导函数为 $f(x)$,即 $\forall x\in I, F'(x)=f(x)$ 或 $\mathrm{d}F(x)=f(x)\mathrm{d}x$,则称 $F(x)$ 为 $f(x)$ 在区间 I 上的一个原函数.

例如,$\forall x\in(-\infty,+\infty)$,$(\sin x)'=\cos x$,则称 $\sin x$ 是 $\cos x$ 在 $(-\infty,+\infty)$ 上的一个原函数. $\forall x\in(-\infty,+\infty)$,$\left(\dfrac{x^3}{3}\right)'=x^2$,所以 $\dfrac{x^3}{3}$ 是 x^2 在 $(-\infty,+\infty)$ 上的一个原函数.

那么,是否所有函数都有原函数? 如果不是,一个函数应具备什么条件,才能保证其原函数一定存在?

定理1(原函数存在定理) 在区间 I 上连续的函数必有原函数.

接下来,我们考虑若 $f(x)$ 在区间 I 上有原函数,这个原函数唯一吗? 如果不唯一,那有多少呢? 该如何表示?

事实上,如果 $f(x)$ 在区间 I 上有原函数 $F(x)$,即 $\forall x\in I, F'(x)=f(x)$,那么对任意常数 C,有 $[F(x)+C]'=f(x)$,所以 $F(x)+C$ 也是 $f(x)$ 在区间 I 上的原函数.即若函数 $f(x)$ 有一个原函数 $F(x)$,则 $f(x)$ 就有一簇原函数 $F(x)+C$.

于是,有下面的定义:

定义2 在区间 I 上,如果函数 $f(x)$ 有一个原函数 $F(x)$,则其全体原函数 $F(x)+C$ 称为 $f(x)$ 在区间 I 上的不定积分.记作

$$\int f(x)\,\mathrm{d}x = F(x) + C,$$

其中,$\int$ 称为积分号,$f(x)\mathrm{d}x$ 称为被积表达式,x 称为积分变量.

因此,要求一个函数的不定积分,只需求出一个原函数,再加上一个任意常数 C 即可.

例 4.1　求 $\int x^2 \mathrm{d}x$.

解　因为 $\left(\frac{x^3}{3}\right)'=x^2$,所以

$$\int x^2 \mathrm{d}x = \frac{x^3}{3} + C.$$

例 4.2　求 $\int \mathrm{e}^x \mathrm{d}x$.

解　因为 $(\mathrm{e}^x)'=\mathrm{e}^x$,所以

$$\int \mathrm{e}^x \mathrm{d}x = \mathrm{e}^x + C.$$

例 4.3　求 $\int \frac{1}{1+x^2}\mathrm{d}x$.

解　因为 $(\arctan x)'=\frac{1}{1+x^2}$,所以

$$\int \frac{1}{1+x^2}\mathrm{d}x = \arctan x + C.$$

4.1.2　不定积分的几何意义

一般地,函数 $f(x)$ 的原函数 $F(x)$ 的图形称为函数 $f(x)$ 的积分曲线.因此,$\int f(x)\mathrm{d}x$ 表示一积分曲线簇.

积分曲线簇 $y=F(x)+C$ 的特点如下:

(1)积分曲线簇中任意一条曲线,可由曲线 $y=F(x)$ 沿 y 轴上下平移 $|C|$ 个单位而得到:当 $C>0$ 时向上平移,$C<0$ 时向下平移.

(2)由于 $F'(x)=f(x)$,横坐标相同的点 x_0 处,一簇积分曲线上相应的切线斜率都相等且为 $f(x_0)$,从而积分曲线上相应点处的切线相互平行(图 4.1),这就是不定积分的几何意义.

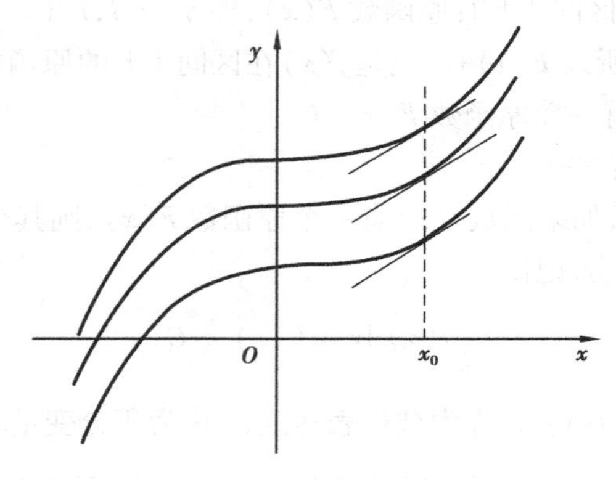

图 4.1

例 4.4 设曲线通过点(1,2),且其上任一点的切线斜率等于这点横坐标的 2 倍.求此曲线方程.

解 设所求的曲线方程为 $y=f(x)$,由题设,线上任一点(x,y)处的切线斜率为

$$\frac{dy}{dx}=2x,$$

即 $y=f(x)$是 $2x$ 的一个原函数.

因为 $\int 2x dx = x^2 + C$,故所求的积分曲线簇为

$$y = x^2 + C.$$

又曲线过点(1,2),则代入方程 $y=x^2+C$,可得 $2=1+C$.

于是,所求曲线方程为 $y=x^2+1$.

4.1.3 不定积分的性质

根据不定积分的定义,推出以下性质:

性质 1 代数和的不定积分等于不定积分的代数和,

$$\int[f(x) \pm g(x)]dx = \int f(x)dx \pm \int g(x)dx.$$

性质 2 常数因子可以从不定积分符号中提出,

$$\int kf(x)dx = k\int f(x)dx.$$

4.1.4 基本积分公式

由于积分运算是微分(或求导)运算的逆运算,所以由基本导数公式可直接得出基本积分公式.如$\left(\frac{x^{\mu+1}}{\mu+1}\right)'=x^{\mu}(\mu\neq-1)$,则$\frac{x^{\mu+1}}{\mu+1}$是 x^{μ}的一个原函数.于是

$$\int x^{\mu}dx = \frac{x^{\mu+1}}{\mu+1} + C(\mu \neq -1).$$

类似的,公式如下:

(1) $\int 0dx = C$;

(2) $\int x^{\mu}dx = \frac{x^{\mu+1}}{\mu+1} + C(\mu \neq -1)$;

(3) $\int \frac{dx}{x} = \ln|x| + C$;

(4) $\int a^x dx = \frac{a^x}{\ln a} + C$;

(5) $\int e^x dx = e^x + C$;

(6) $\int \cos x\mathrm{d}x = \sin x + C$;

(7) $\int \sin x\mathrm{d}x = -\cos x + C$;

(8) $\int \sec^2 x\mathrm{d}x = \tan x + C$;

(9) $\int \csc^2 x\mathrm{d}x = -\cot x + C$;

(10) $\int \sec x \tan x\mathrm{d}x = \sec x + C$;

(11) $\int \csc x \cot x\mathrm{d}x = -\csc x + C$;

(12) $\int \frac{\mathrm{d}x}{\sqrt{1-x^2}} = \arcsin x + C$;

(13) $\int \frac{\mathrm{d}x}{1+x^2} = \arctan x + C$.

以上这些基本的积分公式必须熟记,它们是计算不定积分的基础.

例 4.5 求 $\int \frac{\mathrm{d}x}{x^3}$.

解 $\int \frac{\mathrm{d}x}{x^3} = \int x^{-3}\mathrm{d}x = \frac{x^{-3+1}}{-3+1} + C = -\frac{1}{2x^2} + C$.

例 4.6 求 $\int \frac{(x+1)^2}{x}\mathrm{d}x$.

解

$$\begin{aligned}\int \frac{(x+1)^2}{x}\mathrm{d}x &= \int \frac{x^2+2x+1}{x}\mathrm{d}x \\ &= \int\left(x+2+\frac{1}{x}\right)\mathrm{d}x \\ &= \int x\mathrm{d}x + 2\int \mathrm{d}x + \int \frac{1}{x}\mathrm{d}x \\ &= \frac{1}{2}x^2 + 2x + \ln|x| + C.\end{aligned}$$

例 4.7 求 $\int (3\sin x + 2^x + \sec^2 x)\mathrm{d}x$.

解 $\int (3\sin x + 2^x + \sec^2 x)\mathrm{d}x = -3\cos x + \frac{2^x}{\ln 2} + \tan x + C$.

例 4.8 求 $\int (2\mathrm{e})^{2x}\mathrm{d}x$.

解 $\int (2\mathrm{e})^{2x}\mathrm{d}x = \int (4\mathrm{e}^2)^x\mathrm{d}x = \frac{(4\mathrm{e}^2)^x}{\ln 4\mathrm{e}^2} + C = \frac{1}{2\ln 2 + 2}(2\mathrm{e})^{2x} + C$.

例 4.9 求 $\int \cot^2 x\mathrm{d}x$.

解 $\int \cot^2 x\mathrm{d}x = \int(\csc^2 x - 1)\mathrm{d}x = \int \csc^2 x\mathrm{d}x - \int \mathrm{d}x$

$= -\cot x - x + C.$

例 4.10 求 $\int \dfrac{\mathrm{d}x}{\sin^2 x\cos^2 x}$.

解 $\int \dfrac{\mathrm{d}x}{\sin^2 x\cos^2 x} = \int \dfrac{\sin^2 x + \cos^2 x}{\sin^2 x\cos^2 x}\mathrm{d}x$

$= \int \dfrac{\mathrm{d}x}{\cos^2 x} + \int \dfrac{\mathrm{d}x}{\sin^2 x} = \tan x - \cot x + C.$

例 4.11 求 $\int \dfrac{1}{\sin^2 \dfrac{x}{2}\cos^2 \dfrac{x}{2}}\mathrm{d}x$.

解 $\int \dfrac{1}{\sin^2 \dfrac{x}{2}\cos^2 \dfrac{x}{2}}\mathrm{d}x = \int \dfrac{4}{\left(2\sin\dfrac{x}{2}\cos\dfrac{x}{2}\right)^2}\mathrm{d}x = \int \dfrac{4}{\sin^2 x}\mathrm{d}x$

$= \int 4\csc^2 x\mathrm{d}x = 4\int \csc^2 x\mathrm{d}x = -4\cot x + C.$

例 4.12 生产某产品 x 个单位的总成本为 $C(x)$，边际成本为 $C'(x)=2x-\dfrac{5}{\sqrt{x}}+70$，固定成本为 500. 试求总成本函数，求生产量为 100 个单位时的总成本.

解 $C(x) = \int C'(x)\mathrm{d}x = \int\left(2x - \dfrac{5}{\sqrt{x}} + 70\right)\mathrm{d}x = x^2 - 10\sqrt{x} + 70x + C.$

固定成本是产量为 $x=0$ 时总成本的值，所以由题意可知 $C(0)=500$，所以

$$C(x) = x^2 - 10\sqrt{x} + 70x + 500.$$

故 $x=100$ 个单位时的总成本为

$$C(100) = 10\ 000 - 10\sqrt{100} + 7\ 000 + 500 = 17\ 400.$$

习题 4.1

1. 单项选择题.

(1) 下列等式中成立的是(　　).

A. $\mathrm{d}\int f(x)\mathrm{d}x = f(x)$　　B. $\dfrac{\mathrm{d}}{\mathrm{d}x}\int f(x)\mathrm{d}x = f(x)\mathrm{d}x$

C. $\dfrac{\mathrm{d}}{\mathrm{d}x}\int f(x)\mathrm{d}x = f(x) + C$　　D. $\mathrm{d}\int f(x)\mathrm{d}x = f(x)\mathrm{d}x$

(2)在区间(a,b)内,如果$f'(x)=g'(x)$,下列各式中一定成立的是(　　).

A. $f(x)=g(x)$　　　　B. $f(x)=g(x)+1$

C. $\left(\int f(x)\mathrm{d}x\right)'=\left(\int g(x)\mathrm{d}x\right)'$　　　　D. $\int f'(x)\mathrm{d}x=\int g'(x)\mathrm{d}x$

2.一曲线经过点$(\mathrm{e}^3,3)$,在任一点处的切线斜率等于该点横坐标的倒数.求该曲线的方程.

3.设$f'(\mathrm{e}^x)=1+\mathrm{e}^{2x}$,$f(0)=1$.求$f(x)$.

4.计算下列不定积分.

(1) $\int(x^2+3\sqrt{x}+\ln 2)\mathrm{d}x$;　　　　(2) $\int\frac{x^2}{1+x^2}\mathrm{d}x$;

(3) $\int\left(1-\frac{1}{x}\right)^2\mathrm{d}x$;　　　　(4) $\int\frac{3x^2+5}{x^3}\mathrm{d}x$;

(5) $\int\left(x^2+2^x+\frac{2}{x}\right)\mathrm{d}x$;　　　　(6) $\int(a^{\frac{2}{3}}+x^{\frac{2}{3}})^2\mathrm{d}x$;

(7) $\int\mathrm{e}^x(3-\mathrm{e}^{-x})\mathrm{d}x$;　　　　(8) $\int\left(\frac{\sin x}{2}+\frac{1}{\sin^2 x}\right)\mathrm{d}x$;

(9) $\int\frac{\cos 2x}{\cos x-\sin x}\mathrm{d}x$;　　　　(10) $\int\frac{\sec x-\tan x}{\cos x}\mathrm{d}x$;

(11) $\int\mathrm{e}^{x+2}\mathrm{d}x$;　　　　(12) $\int 3^{2x}\mathrm{e}^x\mathrm{d}x$.

5.一物体由静止开始运动,过t s后的速度为$3t^2$ m/s.问:

(1)3 s后物体离开出发地点的距离是多少?

(2)物体走完360 m需要多少时间?

6.设生产x单位某产品的总成本C是x的函数$C(x)$,固定成本$C(0)=20$元,边际成本函数$C'(x)=2x+10$.求总成本函数$C(x)$.

§4.2　换元积分法

利用基本积分公式所能计算的不定积分十分有限,为了对更广泛的一些函数求不定积分,本节介绍换元积分法.换元积分法又分为两类:第一类换元积分法与第二类换元积分法.

4.2.1　第一类换元积分法(凑微分法)

引例　求$\int\sin(\omega x+\varphi)\mathrm{d}x$.

观察这个积分,我们无法直接利用基本公式求出.因为若令$u=\omega x+\varphi$,则被积函数为$\sin u$,而积分变量是x.要想用基本公式$\int\sin x\mathrm{d}x=-\cos x+C$,则被积函数的自变量必须与积分变量一致才行.因此,需将微元 dx 改写成 $\frac{1}{\omega}d(\omega x+\varphi)$,并令新变量 $u=\omega x+\varphi$,则

$$\begin{aligned}\int\sin(\omega x+\varphi)dx &= \frac{1}{\omega}\int\sin(\omega x+\varphi)d(\omega x+\varphi) && \text{(凑微分)}\\ &= \frac{1}{\omega}\int\sin u du && \text{(换元)}\\ &= -\frac{1}{\omega}\cos u + C && \text{(按基本公式积出)}\\ &= -\frac{1}{\omega}\cos(\omega x+\varphi) + C && \text{(还原)}\end{aligned}$$

通常情况下,要求的不定积分 $\int f(x)dx$ 的被积表达式 $f(x)dx$ 能凑成 $F'(\varphi(x))\varphi'(x)dx$ 的形式,那么 $F[\varphi(x)]$ 就是 $F'[\varphi(x)]\varphi'(x)$ 的原函数.于是有第一类换元法

$$\begin{aligned}\int f(x)dx &= \int F'[\varphi(x)]\varphi'(x)dx\\ &= \int F'[\varphi(x)]d\varphi(x)\\ &= \int dF[\varphi(x)]\\ &= F[\varphi(x)] + C.\end{aligned}$$

例 4.13 求 $\int(1-2x)^{100}dx$.

解 由于基本积分公式中有 $\int x^{\mu}dx=\frac{x^{\mu+1}}{\mu+1}+C(\mu\neq-1)$,所以如果本题被积表达式中的 dx 是 $d(1-2x)$,则可以按此公式积出.

于是,令 $u=1-2x$, $du=(1-2x)'dx=-2dx$,即 $dx=-\frac{1}{2}d(1-2x)=-\frac{1}{2}du$,

$$\begin{aligned}\int(1-2x)^{100}dx &= -\frac{1}{2}\int(1-2x)^{100}d(1-2x) = -\frac{1}{2}\int u^{100}du\\ &= -\frac{1}{2}\times\frac{u^{100+1}}{100+1} + C = -\frac{1}{202}(1-2x)^{101} + C.\end{aligned}$$

例 4.14 求 $\int 2^{2x}dx$.

解 对于指数函数,基本积分公式是 $\int a^{x}dx=\frac{a^{x}}{\ln a}+C$,所以将积分微元 dx 凑成 $dx=\frac{1}{2}d(2x)$,则

$$\int 2^{2x}dx=\frac{1}{2}\int 2^{2x}d(2x)=\frac{2^{2x}}{2\ln 2}+C.$$

例 4.15 求 $\int \frac{dx}{a^2+x^2}(a \neq 0)$.

解 $\int \frac{dx}{a^2+x^2} = \frac{1}{a^2}\int \frac{dx}{1+\left(\frac{x}{a}\right)^2} = \frac{1}{a}\int \frac{d\frac{x}{a}}{1+\left(\frac{x}{a}\right)^2} = \frac{1}{a}\arctan\frac{x}{a} + C.$

实际上,在例 4.15 中已经用了变量代换 $u=\frac{x}{a}$,在求出积分 $\frac{1}{a}\int \frac{du}{1+u^2}$ 之后,代回了原积分变量 x,只是没有把这个步骤写出来而已.事实上,在第一类换元积分法中,可不引入新变量,将被积表达式直接凑成可积分的形式后按基本积分公式积出就可以了.只要注意到 $\int f(\quad)d(\quad) = F(\quad) + C$ 中 3 个圆括弧中的内容一致就行.

例 4.16 求 $\int \frac{dx}{a^2-x^2}$.

解
$$\begin{aligned}\int \frac{dx}{a^2-x^2} &= \frac{1}{2a}\int\left(\frac{1}{a-x}+\frac{1}{a+x}\right)dx = \frac{1}{2a}\int\frac{dx}{a-x}+\frac{1}{2a}\int\frac{dx}{a+x}\\ &= -\frac{1}{2a}\int\frac{d(a-x)}{a-x}+\frac{1}{2a}\int\frac{d(a+x)}{a+x}\\ &= -\frac{1}{2a}\ln|a-x|+\frac{1}{2a}\ln|a+x|+C\\ &= \frac{1}{2a}\ln\left|\frac{a+x}{a-x}\right|+C.\end{aligned}$$

例 4.17 求 $\int \frac{dx}{\sqrt{a^2-x^2}}(a>0)$.

解 $\int \frac{dx}{\sqrt{a^2-x^2}} = \int \frac{dx}{a\sqrt{1-\left(\frac{x}{a}\right)^2}} = \int \frac{d\left(\frac{x}{a}\right)}{\sqrt{1-\left(\frac{x}{a}\right)^2}} = \arcsin\left(\frac{x}{a}\right) + C.$

例 4.18 求 $\int \tan x dx$.

解 $\int \tan x dx = \int \frac{\sin x}{\cos x}dx = -\int \frac{d\cos x}{\cos x} = -\ln|\cos x| + C.$

类似的,可得

$$\int \cot x dx = \ln|\sin x| + C.$$

例 4.19 求 $\int \csc x dx$.

解 1 $\int \csc x dx = \int \frac{dx}{\sin x} = \int \frac{dx}{2\sin\frac{x}{2}\cos\frac{x}{2}} = \int \frac{dx}{2\tan\frac{x}{2}\cos^2\frac{x}{2}}$

$$=\frac{1}{2}\int\frac{\sec^2\frac{x}{2}}{\tan\frac{x}{2}}dx=\int\frac{d\tan\frac{x}{2}}{\tan\frac{x}{2}}=\ln\left|\tan\frac{x}{2}\right|+C.$$

其中,$d\tan\frac{x}{2}=\frac{1}{2}\sec^2\frac{x}{2}dx$.

解 2 $\int\csc x dx=\int\frac{\sin x}{\sin^2 x}dx=-\int\frac{d\cos x}{1-\cos^2 x}$(由例 4.16 的结果)

$$=-\frac{1}{2}\ln\left|\frac{1+\cos x}{1-\cos x}\right|+C$$

$$=\frac{1}{2}\ln\left|\frac{1-\cos x}{1+\cos x}\right|+C=\frac{1}{2}\ln\left|\frac{1-\cos x}{\sin x}\right|^2+C$$

$$=\ln|\csc x-\cot x|+C.$$

利用 $\cos x=\sin\left(x+\frac{\pi}{2}\right)$,知

$$\int\sec x dx=\ln\left|\cot\frac{x}{2}\right|+C.$$

或

$$\int\sec x dx=\ln|\sec x+\tan x|+C.$$

例 4.20 求 $\int x^2e^{x^3}dx$.

解 $\int x^2e^{x^3}dx=\int e^{x^3}d\frac{x^3}{3}=\frac{1}{3}\int e^{x^3}dx^3=\frac{1}{3}e^{x^3}+C.$

例 4.21 求 $\int\frac{x}{\sqrt{a^2-x^2}}dx$.

解 $\int\frac{x}{\sqrt{a^2-x^2}}dx=-\frac{1}{2}\int\frac{d(a^2-x^2)}{\sqrt{a^2-x^2}}$

$$=-\frac{1}{2}\int(a^2-x^2)^{-\frac{1}{2}}d(a^2-x^2)$$

$$=-\sqrt{a^2-x^2}+C.$$

总的来说,第一类换元法是一种非常有意义的积分法.它需要我们首先熟悉基本的积分公式,然后针对具体的被积函数选准某个基本积分公式,通过凑微分求出原函数后加上不定常数.

例 4.22 求 $\int\frac{\sqrt{1+\ln x}}{x}dx$.

解 $\int\frac{\sqrt{1+\ln x}}{x}dx=\int\sqrt{1+\ln x}\,d(1+\ln x)$

$$= \frac{2}{3}(1+\ln x)^{\frac{3}{2}}+C.$$

例 4.23 求$\int \sin^3 x\mathrm{d}x$.

解 $\int \sin^3 x\mathrm{d}x = \int \sin^2 x\sin x\mathrm{d}x = -\int(1-\cos^2 x)\mathrm{d}\cos x = -\cos x+\frac{1}{3}\cos^3 x+C.$

例 4.24 求$\int \sec^6 x\mathrm{d}x$.

解
$$\int \sec^6 x\mathrm{d}x = \int(\sec^2 x)^2\sec^2 x\mathrm{d}x = \int(\tan^2 x+1)^2\mathrm{d}\tan x$$
$$= \int(\tan^4 x+2\tan^2 x+1)\mathrm{d}\tan x$$
$$= \frac{1}{5}\tan^5 x+\frac{2}{3}\tan^3 x+\tan x+C.$$

例 4.25 求$\int \sin x\cos 2x\mathrm{d}x$.

解
$$\int \sin x\cos 2x\mathrm{d}x = \frac{1}{2}\int[\sin 3x+\sin(-x)]\mathrm{d}x$$
$$= \frac{1}{2}\int \sin 3x\mathrm{d}x-\frac{1}{2}\int \sin x\mathrm{d}x$$
$$= -\frac{1}{6}\cos 3x+\frac{1}{2}\cos x+C.$$

例 4.26 求$\int \frac{\mathrm{d}x}{x^2+x+1}$.

解
$$\int \frac{\mathrm{d}x}{x^2+x+1} = \int \frac{\mathrm{d}x}{\left(x+\frac{1}{2}\right)^2+\frac{3}{4}} = \int \frac{\mathrm{d}\left(x+\frac{1}{2}\right)}{\left(x+\frac{1}{2}\right)^2+\frac{3}{4}}$$
$$= \frac{1}{\frac{\sqrt{3}}{2}}\arctan\frac{x+\frac{1}{2}}{\frac{\sqrt{3}}{2}}+C = \frac{2}{\sqrt{3}}\arctan\frac{2x+1}{\sqrt{3}}+C.$$

4.2.2 第二类换元法

第一类换元法是对被积函数表达式作变动,使原来的积分凑成$\int f[\varphi(x)]\cdot\varphi'(x)\mathrm{d}x$的形式,然后将其中的$\varphi(x)$看作新变量$u$,即$u=\varphi(x)$,从而转化成基本积分表中的公式$\int f(u)\mathrm{d}u$积出.

但是有的积分不能用第一类换元法积出,这是因为其被积表达式不能凑成$\int f[\varphi(x)]\cdot$

$\varphi'(x)\mathrm{d}x$ 的形式.此时若令积分变量 $x=\varphi(t)$,则 $\mathrm{d}x=\varphi'(t)\mathrm{d}t$.

如果 $f[\varphi(t)]\varphi'(t)$ 的原函数 $F(t)$ 存在,则

$$\int f(x)\mathrm{d}x=\int f[\varphi(t)]\varphi'(t)\mathrm{d}t=F(t)+C=F[\varphi^{-1}(x)]+C. \tag{4.1}$$

显然,要使式(4.1)成立需要满足 $x=\varphi(t)$ 单调、可导,且 $\varphi'(t)\neq 0$,$f[\varphi(t)]\varphi'(t)$ 的原函数 $F(t)$ 存在(证明略).其中,$t=\varphi^{-1}(x)$ 为 $x=\varphi(t)$ 的反函数.

第二类换元法最典型的代换有以下 3 种:

1)三角代换

当被积函数中出现 $\sqrt{a^2-x^2}$,$\sqrt{x^2-a^2}$,$\sqrt{a^2+x^2}$ 时,常采用三角代换消去根式,然后用基本积分公式或凑微分法积出.

例 4.27 求 $\int\sqrt{a^2-x^2}\mathrm{d}x\ (a>0)$.

解 令 $x=a\sin t,t\in\left(-\dfrac{\pi}{2},\dfrac{\pi}{2}\right)$,则 $t=\arcsin\dfrac{x}{a}$,$\mathrm{d}x=a\cos t\mathrm{d}t$.

因此,

$$\begin{aligned}\int\sqrt{a^2-x^2}\mathrm{d}x&=\int\sqrt{a^2-a^2\sin^2 t}\cdot a\cos t\mathrm{d}t=\int a^2\cos^2 t\mathrm{d}t\\&=a^2\int\frac{1+\cos 2t}{2}\mathrm{d}t=\frac{a^2}{2}t+\frac{a^2}{4}\sin 2t+C\\&=\frac{a^2}{2}(t+\sin t\cos t)+C.\end{aligned}$$

为了将 t 还原为 x 的函数,作辅助直角三角形,如图 4.2 所示.

由边角关系得 $\sin t=\dfrac{x}{a}$,$\cos t=\dfrac{\sqrt{a^2-x^2}}{a}$,所以

$$\begin{aligned}\int\sqrt{a^2-x^2}\mathrm{d}x&=\frac{a^2}{2}\left(\arcsin\frac{x}{a}+\frac{x}{a}\frac{\sqrt{a^2-x^2}}{a}\right)+C\\&=\frac{a^2}{2}\arcsin\frac{x}{a}+\frac{x}{2}\sqrt{a^2-x^2}+C.\end{aligned}$$

例 4.28 求 $\int\dfrac{\mathrm{d}x}{\sqrt{x^2-a^2}}\ (a>0)$.

解 令 $x=a\sec t,t\in\left(0,\dfrac{\pi}{2}\right)$,则 $\sec t=\dfrac{x}{a}$,$\mathrm{d}x=a\sec t\tan t\mathrm{d}t$.

$$\begin{aligned}\int\frac{\mathrm{d}x}{\sqrt{x^2-a^2}}&=\int\frac{a\sec t\tan t}{\sqrt{a^2\sec^2 t-a^2}}\mathrm{d}t=\int\frac{a\sec t\tan t}{a\tan t}\mathrm{d}t=\int\sec t\mathrm{d}t\\&=\ln|\sec t+\tan t|+C_1.\end{aligned}$$

作直角三角形如图 4.3 所示,得 $\sec t=\dfrac{x}{a}$,$\tan t=\dfrac{\sqrt{x^2-a^2}}{a}$,故

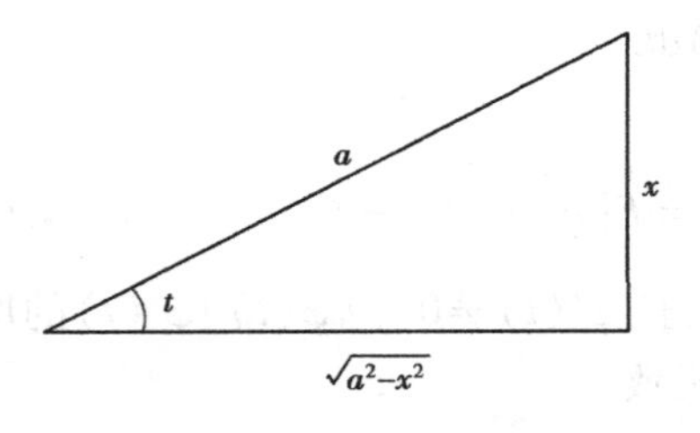

图 4.2

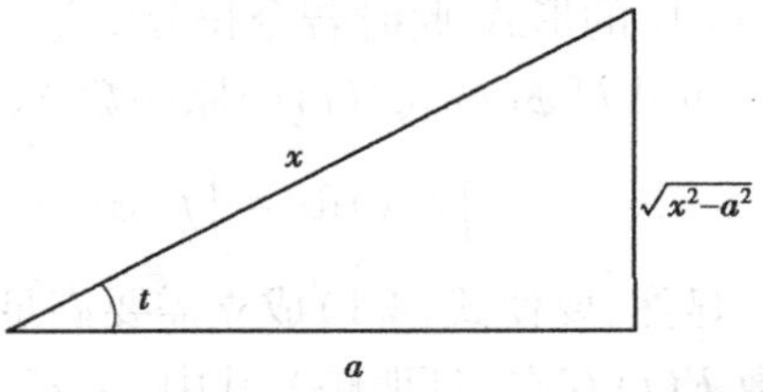

图 4.3

$$\int \frac{\mathrm{d}x}{\sqrt{x^2 - a^2}} = \ln\left|\frac{x}{a} + \frac{\sqrt{x^2 - a^2}}{a}\right| + C_1$$

$$= \ln\left|x + \sqrt{x^2 - a^2}\right| - \ln a + C_1$$

$$= \ln\left|x + \sqrt{x^2 - a^2}\right| + C.$$

其中,$C = C_1 - \ln a$.

例 4.29 求 $\int \frac{\mathrm{d}x}{\sqrt{x^2 + a^2}}(a > 0)$.

解 设 $x = a\tan t, t \in \left(-\frac{\pi}{2}, \frac{\pi}{2}\right)$,则 $\mathrm{d}x = a\sec^2 t\mathrm{d}t$.

$$\int \frac{\mathrm{d}x}{\sqrt{x^2 + a^2}} = \int \frac{a\sec^2 t}{\sqrt{a^2\tan^2 t + a^2}}\mathrm{d}t = \int \frac{a\sec^2 t}{a\sec t}\mathrm{d}t = \int \sec t\mathrm{d}t$$

$$= \ln|\sec t + \tan t| + C_1.$$

作直角三角形如图 4.4 所示,$\tan t = \frac{x}{a}, \sec t = \frac{\sqrt{x^2 + a^2}}{a}$,所以

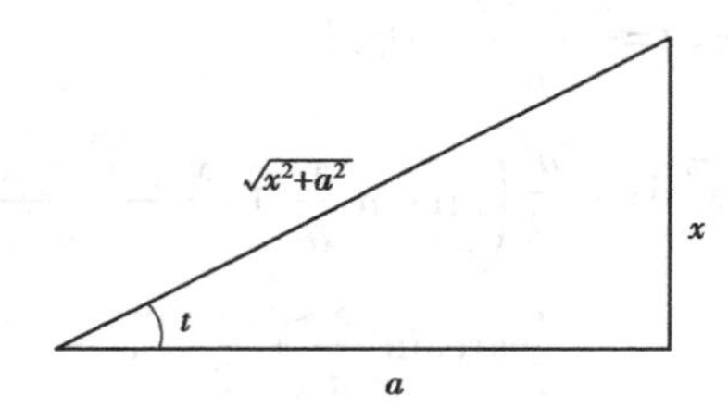

图 4.4

$$\int \frac{\mathrm{d}x}{\sqrt{x^2 + a^2}} = \ln\left|\frac{\sqrt{x^2 + a^2}}{a} + \frac{x}{a}\right| + C_1$$

$$= \ln\left|x + \sqrt{x^2 + a^2}\right| - \ln a + C_1$$

$$= \ln\left|x + \sqrt{x^2 + a^2}\right| + C.$$

2)根式代换

例 4.30 求 $\int x\sqrt{2x - 1}\mathrm{d}x$.

解 为了去掉根号,令$\sqrt{2x-1}=t$,则 $x=\frac{1}{2}(t^2+1)$,$dx=tdt$,所以

$$\int x\sqrt{2x-1}\,dx=\int\frac{1}{2}(t^2+1)t^2dt=\frac{1}{2}\int(t^4+t^2)dt$$
$$=\frac{1}{10}t^5+\frac{1}{6}t^3+C$$
$$=\frac{1}{10}\sqrt{(2x-1)^5}+\frac{1}{6}\sqrt{(2x-1)^3}+C.$$

例 4.31 求$\int\frac{dx}{\sqrt{1-2x}+\sqrt[4]{1-2x}}$.

解 为了同时去掉被积函数中的两个根式,令 $t=\sqrt[4]{1-2x}$,则 $x=\frac{1}{2}(1-t^4)$,$dx=-2t^3dt$.

$$\int\frac{dx}{\sqrt{1-2x}+\sqrt[4]{1-2x}}=\int\frac{-2t^3}{t^2+t}dt$$
$$=-2\int\left(t-1+\frac{1}{t+1}\right)dt$$
$$=-t^2+2t-2\ln|t+1|+C$$
$$=-\sqrt{1-2x}+2\sqrt[4]{1-2x}-2\ln\left|\sqrt[4]{1-2x}+1\right|+C.$$

例 4.32 求$\int\frac{dx}{\sqrt{e^{2x}-1}}$.

解 令$\sqrt{e^{2x}-1}=u$,则 $e^{2x}=u^2+1$,$2x=\ln(u^2+1)$,$2dx=\frac{2u}{u^2+1}du$,$dx=\frac{u}{u^2+1}du$.

$$\int\frac{dx}{\sqrt{e^{2x}-1}}=\int\frac{1}{u}\frac{u}{u^2+1}du=\int\frac{du}{u^2+1}=\arctan u+C=\arctan\sqrt{e^{2x}-1}+C.$$

3)倒代换

例 4.33 求$\int\frac{dx}{x^2\sqrt{x^2+a^2}}$.$(x>0)$

解 令 $x=\frac{1}{t}$,则 $dx=-\frac{1}{t^2}dt$.

$$\int\frac{dx}{x^2\sqrt{x^2+a^2}}=\int\frac{t^2\left(-\frac{1}{t^2}\right)}{\sqrt{\frac{1}{t^2}+a^2}}dt=-\int\frac{t}{\sqrt{1+a^2t^2}}dt=-\frac{1}{2a^2}\int\frac{d(1+a^2t^2)}{\sqrt{1+a^2t^2}}$$
$$=-\frac{1}{a^2}\sqrt{1+a^2t^2}+C=-\frac{1}{a^2}\frac{\sqrt{x^2+a^2}}{x}+C.$$

例 4.34 求$\int\frac{dx}{x(x^6+4)}$.

解　令 $x=\frac{1}{t}$，则 $dx=-\frac{1}{t^2}dt$.

$$\int\frac{dx}{x(x^6+4)}=\int\frac{-\frac{1}{t^2}}{\frac{1}{t}\left(\frac{1}{t^6}+4\right)}dt=-\int\frac{t^5}{1+4t^6}dt$$

$$=-\frac{1}{24}\int\frac{d(1+4t^6)}{1+4t^6}=-\frac{1}{24}\ln|1+4t^6|+C$$

$$=-\frac{1}{24}\ln\left|1+\frac{4}{x^6}\right|+C.$$

当然，第二类换元法并不局限于上述几种基本代换，解题时还应根据所给被积函数选择适当的变量代换，转化为便于积分的形式.

例 4.35　求 $\int\frac{x+1}{x^2+x\ln x}dx$.

解　令 $u=\ln x$，则 $x=e^u$，$dx=e^u du$.

$$\int\frac{x+1}{x^2+x\ln x}dx=\int\frac{e^u+1}{e^{2u}+e^u u}\cdot e^u du=\int\frac{e^u+1}{e^u+u}du$$

$$=\int\frac{d(e^u+u)}{e^u+u}=\ln|e^u+u|+C$$

$$=\ln|x+\ln x|+C.$$

本节一些例题的结果可作为补充的积分公式，接着前面积分表的序号将它们列于下面，便于今后使用.

(14) $\int\tan x dx=-\ln|\cos x|+C$;

(15) $\int\cot x dx=\ln|\sin x|+C$;

(16) $\int\sec x dx=\ln|\sec x+\tan x|+C$;

(17) $\int\csc x dx=\ln|\csc x-\cot x|+C$;

(18) $\int\frac{dx}{a^2+x^2}=\frac{1}{a}\arctan\frac{x}{a}+C$;

(19) $\int\frac{dx}{a^2-x^2}=\frac{1}{2a}\ln\left|\frac{a+x}{a-x}\right|+C$;

(20) $\int\frac{dx}{\sqrt{a^2-x^2}}=\arcsin\frac{x}{a}+C$;

(21) $\int\frac{dx}{\sqrt{a^2+x^2}}=\ln\left|x+\sqrt{a^2+x^2}\right|+C$;

(22) $\int \frac{dx}{\sqrt{x^2-a^2}} = \ln\left|x+\sqrt{x^2-a^2}\right|+C.$

习题 4.2

1.请在下列括号中填写正确的内容.

(1) $dx=(\quad)d(ax)$；

(2) $dx=(\quad)d(2-3x)$；

(3) $xdx=(\quad)d(2x^2-1)$；

(4) $\frac{1}{x^2}dx=d(\quad)$；

(5) $e^{-x}dx=(\quad)d(e^{-x})$；

(6) $xe^{x^2}dx=e^{x^2}d(\quad)=(\quad)d(e^{x^2})$；

(7) $\sin 2xdx=(\quad)d(\cos 2x)$；

(8) $\cos\frac{x}{2}dx=(\quad)d\left(\sin\frac{x}{2}\right)$；

(9) $\frac{1}{x}dx=d(\quad)$；

(10) $\frac{\ln x}{x}dx=\ln xd(\quad)=d(\quad)$；

(11) $\frac{1}{\sqrt{x}}dx=d(\quad)$；

(12) $\frac{1}{\sqrt{2-3x}}dx=(\quad)d\sqrt{2-3x}$；

(13) $\frac{1}{2-3x}dx=(\quad)d[\ln(2-3x)]$；

(14) $\frac{1}{\sqrt{4-x^2}}dx=(\quad)d\left(\arcsin\frac{x}{2}\right)$；

(15) $\frac{1}{4+x^2}dx=(\quad)d\left(\arctan\frac{x}{2}\right)$；

(16) $\sec^2 xdx=d(\quad)$.

2.用第一类换元法求下列不定积分.

(1) $\int\sin 3xdx$；

(2) $\int\sqrt{1-2x}\,dx$；

(3) $\int\frac{1}{1+x}dx$；

(4) $\int\frac{\arctan x}{1+x^2}dx$；

(5) $\int(1-3x)^9dx$；

(6) $\int\frac{1}{\sqrt{1-x^2}\arcsin x}dx$；

(7) $\int\frac{x^2}{1+x^3}dx$；

(8) $\int\frac{1}{(1-x)^2}dx$；

(9) $\int\frac{e^{2x}}{1+e^{2x}}dx$；

(10) $\int\frac{1}{\sqrt{9-4x^2}}dx$；

(11) $\int\frac{1}{1+\cos x}dx$；

(12) $\int xe^{-x^2}dx$；

(13) $\int\frac{\sin x}{1+\cos x}dx$；

(14) $\int\frac{1}{x^2}\cos\frac{1}{x}dx$；

(15) $\int\frac{x+2}{x^2+3x+4}dx$；

(16) $\int\frac{x-1}{\sqrt{1-2x-x^2}}dx$.

3.用第二类换元积分法求下列不定积分.

(1) $\int \frac{\sqrt{x}}{1+x}dx$;

(2) $\int \frac{x^2}{\sqrt[3]{2-x}}dx$;

(3) $\int \frac{\sqrt{1-x^2}}{x}dx$;

(4) $\int \frac{x^2}{\sqrt{25-4x^2}}dx$;

(5) $\int \frac{1}{x^2\sqrt{1+x^2}}dx$;

(6) $\int \frac{1}{\sqrt{x^2-1}}dx$;

(7) $\int \frac{1}{(x^2+4)^{\frac{3}{2}}}dx$;

(8) $\int \sqrt{1-2x-x^2}\,dx$;

(9) $\int \frac{x}{(3-x)^7}dx$;

(10) $\int \frac{1}{\sqrt{1+2x^2}}dx$.

§4.3 分部积分法

前面介绍的换元积分法对应微分学中的复合函数微分公式,但换元积分法对有些函数的不定积分是不能奏效的.如 $\int e^x \sin x dx$, $\int x^2 \arctan x dx$ 等,甚至连 $\int \ln x dx$ 这样的基本初等函数的积分,换元积分法都无能为力,所以还需要介绍另外一种重要的积分方法——分部积分法.

分部积分法对应微分学中两个函数乘积的微分公式.

设函数 $u(x)$, $v(x)$ 对 x 具有连续导数,则

$$(uv)' = u'v + uv',$$

移项,得

$$uv' = (uv)' - u'v.$$

对上式两端关于 x 作不定积分,得

$$\int uv'dx = \int (uv)'dx - \int u'vdx.$$

即

$$\int udv = uv - \int vdu. \tag{4.2}$$

式(4.2)称为分部积分公式.它可将不太容易积的 $\int udv$ 的积分转化为比较容易的 $\int vdu$ 积分.

下面通过例题来说明如何运用这个公式.

一般来讲,运用分部积分公式时可分为以下三种情况:

(1)对形如$\int x^n e^x dx$,$\int x^n \sin x dx$,$\int x^n \cos x dx$的积分,即被积函数是幂函数与指数函数相乘,或幂函数与三角函数相乘时,选幂函数为u,剩下部分为dv.

例 4.36 求$\int x\cos x dx$.

解 设$u=x$,$\cos x dx=d\sin x=dv$,所以$v=\sin x$,则

$$\int x\cos x dx=\int x d\sin x=x\sin x-\int \sin x dx=x\sin x+\cos x+C.$$

例 4.37 求$\int x^2 e^x dx$.

解 设$u=x^2$,$e^x dx=de^x=dv$,则

$$\int x^2 e^x dx=\int x^2 de^x=x^2 e^x-2\int e^x\cdot x dx.$$

对$\int xe^x dx$再作一次分部积分,则

$$\begin{aligned}\int x^2 e^x dx&=x^2 e^x-2\int x de^x=x^2 e^x-2xe^x+2\int e^x dx\\&=x^2 e^x-2xe^x+2e^x+C.\end{aligned}$$

当对式(4.2)已经掌握的情况下,可不再写出u、dv,而直接写成$\int u dv$的形式积出即可.

(2)对形如$\int e^{\alpha x}\cdot\sin\beta x dx$和$\int e^{\alpha x}\cdot\cos\beta x dx$的积分,$u$、$v$可任选,但习惯上选择三角函数为$u$.

例 4.38 求$\int e^x\cdot\sin x dx$.

解

$$\begin{aligned}\int e^x\cdot\sin x dx&=\int \sin x de^x=e^x\sin x-\int e^x d\sin x\\&=e^x\sin x-\int e^x\cos x dx\\&=e^x\sin x-\int \cos x de^x\\&=e^x\sin x-e^x\cos x+\int e^x d\cos x\\&=e^x\sin x-e^x\cos x-\int e^x\cdot\sin x dx.\end{aligned}$$

由于上式右端的积分中$\int e^x\cdot\sin x dx$与所求的积分相同,把它移到右边去,两端同除以2,得

$$\int e^x\cdot\sin x dx=\frac{e^x}{2}(\sin x-\cos x)+C.$$

通过例4.38的讨论可知:

①多次使用分部积分法时,每次要选同一类函数为u,剩下部分作为dv,否则积不出.

②分部积分过程中,有可能出现与被积函数形式相同的部分,只要通过移项合并化简,

就可以求出不定积分.

例 4.39 求 $\int e^x \cdot \cos 2x\mathrm{d}x$.

解 $\int e^x \cdot \cos 2x\mathrm{d}x = \int \cos 2x\mathrm{d}e^x = e^x\cos 2x + 2\int e^x\sin 2x\mathrm{d}x = e^x\cos 2x + 2\int \sin 2x\mathrm{d}e^x$

$$= e^x\cos 2x + 2\sin 2x \cdot e^x - 4\int e^x\cos 2x\mathrm{d}x.$$

所以

$$5\int e^x \cdot \cos 2x\mathrm{d}x = e^x(\cos 2x + 2\sin 2x) + C_1,$$

$$\int e^x \cdot \cos 2x\mathrm{d}x = \frac{e^x}{5}(\cos 2x + 2\sin 2x) + C.\left(\text{其中 } C = \frac{1}{5}C_1\right)$$

(3)对形如 $\int x^n\ln x\mathrm{d}x$, $\int x^n\arcsin x\mathrm{d}x$, $\int x^n\arctan x\mathrm{d}x$ 的函数, 选 $\ln x$、$\arcsin x$ 或 $\arctan x$ 为 u, 剩下的为 $\mathrm{d}v$.

例 4.40 求 $\int \ln x\mathrm{d}x$.

解 $\int \ln x\mathrm{d}x = x\ln x - \int x\mathrm{d}(\ln x) = x\ln x - \int \mathrm{d}x = x\ln x - x + C.$

例 4.41 求 $\int x\arctan x\mathrm{d}x$.

解 $\int x\arctan x\mathrm{d}x = \int \arctan x\mathrm{d}\frac{x^2}{2} = \frac{x^2}{2}\arctan x - \frac{1}{2}\int x^2\mathrm{d}(\arctan x)$

$$= \frac{x^2}{2}\arctan x - \frac{1}{2}\int x^2\frac{1}{1+x^2}\mathrm{d}x$$

$$= \frac{x^2}{2}\arctan x - \frac{1}{2}\int \frac{1+x^2-1}{1+x^2}\mathrm{d}x$$

$$= \frac{1}{2}x^2\arctan x - \frac{1}{2}(x - \arctan x) + C$$

$$= \frac{1}{2}(x^2+1)\arctan x - \frac{1}{2}x + C.$$

例 4.42 求 $\int \arccos x\mathrm{d}x$.

解 $\int \arccos x\mathrm{d}x = x\arccos x - \int x\mathrm{d}\arccos x$

$$= x\arccos x + \int \frac{x}{\sqrt{1-x^2}}\mathrm{d}x$$

$$= x\arccos x - \frac{1}{2}\int (1-x^2)^{-\frac{1}{2}}\mathrm{d}(1-x^2)$$

$$= x\arccos x - \sqrt{1-x^2} + C.$$

例 4.43 求 $\int \sec^3 x\mathrm{d}x$.

解 $\int \sec^3 x\mathrm{d}x = \int \sec x\mathrm{d}\tan x = \sec x\tan x - \int \tan x\mathrm{d}\sec x$

$$= \sec x\tan x - \int \sec x\cdot\tan^2 x\mathrm{d}x$$

$$= \sec x\tan x - \int \sec x(\sec^2 x - 1)\mathrm{d}x$$

$$= \sec x\tan x - \int \sec^3 x\mathrm{d}x + \int \sec x\mathrm{d}x$$

$$= \sec x\tan x + \ln|\sec x + \tan x| - \int \sec^3 x\mathrm{d}x.$$

移项得

$$\int \sec^3 x\mathrm{d}x = \frac{1}{2}(\sec x\tan x + \ln|\sec x + \tan x|) + C.$$

有的积分需要综合使用分部积分法和换元积分法才能积出.

例 4.44 求 $\int \mathrm{e}^{\sqrt[3]{x}}\mathrm{d}x$.

解 令$\sqrt[3]{x}=t$,则 $x=t^3$,$\mathrm{d}x=3t^2\mathrm{d}t$.

$$\int \mathrm{e}^{\sqrt[3]{x}}\mathrm{d}x = 3\int \mathrm{e}^t t^2\mathrm{d}t = 3\int t^2\mathrm{d}\mathrm{e}^t = 3t^2\mathrm{e}^t - 6\int \mathrm{e}^t\cdot t\mathrm{d}t$$

$$= 3t^2\mathrm{e}^t - 6\int t\mathrm{d}\mathrm{e}^t = 3t^2\mathrm{e}^t - 6t\cdot\mathrm{e}^t + 6\int \mathrm{e}^t\mathrm{d}t$$

$$= 3t^2\mathrm{e}^t - 6t\mathrm{e}^t + 6\mathrm{e}^t + C$$

$$= \mathrm{e}^{\sqrt[3]{x}}(3\sqrt[3]{x^2} - 6\sqrt[3]{x} + 6) + C.$$

抽象函数及其导数的积分也常用分部积分法积出.

例 4.45 已知$\frac{\sin x}{x}$是$f(x)$的一个原函数.求 $\int xf'(x)\mathrm{d}x$.

解 由题意$f(x)=\left(\frac{\sin x}{x}\right)'=\frac{x\cos x-\sin x}{x^2}$,所以

$$\int xf'(x)\mathrm{d}x = \int x\mathrm{d}f(x) = xf(x) - \int f(x)\mathrm{d}x$$

$$= \cos x - \frac{\sin x}{x} - \frac{\sin x}{x} + C$$

$$= \cos x - \frac{2\sin x}{x} + C.$$

本章前面 3 节已介绍了求不定积分的基本方法,运用这些方法可求出很多初等函数的不定积分.但是,并不是所有初等函数的原函数都可用初等函数表示.例如,$\frac{\sin x}{x}$、$\sin x^2$、e^{-x^2}、$\frac{x}{\ln x}$等,它们的原函数都不能用初等函数的形式表示.

习题 4.3

1.用分部积分计算下列不定积分.

(1) $\int x\mathrm{e}^{-x}\mathrm{d}x$; (2) $\int x^2\ln x\mathrm{d}x$;

(3) $\int \arcsin x\mathrm{d}x$; (4) $\int x\sin 2x\mathrm{d}x$;

(5) $\int (x-1)5^x\mathrm{d}x$; (6) $\int \mathrm{e}^x\cos x\mathrm{d}x$;

(7) $\int \sin(\ln x)\mathrm{d}x$; (8) $\int \arctan\sqrt{x}\,\mathrm{d}x$;

(9) $\int \frac{\arctan \mathrm{e}^x}{\mathrm{e}^x}\mathrm{d}x$; (10) $\int x\ln^2 x\mathrm{d}x$.

§4.4 应用实例

例 4.46(投资流量与资本总额问题) 已知某企业净投资流量(单位:万元)$I(t)=6\sqrt{t}$(t 的单位是年),初始资本为 500 万元.试求:

(1)前 9 年的资本累积;

(2)第 9 年末的资本总额.

解 净投资流量函数 $I(t)$ 是资本存量函数 $K(t)$ 对时间的导数,即 $I(t)=\frac{\mathrm{d}K(t)}{\mathrm{d}t}$,所以资本存量函数 $K(t)$ 为 $I(t)$ 的一个原函数,因此

$$K(t)=\int I(t)\mathrm{d}t=6\int\sqrt{t}\mathrm{d}t=4t^{\frac{3}{2}}+C.$$

因为初始资本为 500 万元,即 $t=0$ 时,$K=500$,故 $500=4\cdot 0+C$,$C=500$,从而

$$K(t)=4t^{\frac{3}{2}}+500.$$

前 9 年的基本积累为

$$K(9)-K(0)=(4\times 9^{\frac{3}{2}}+500)\text{ 万元}-500\text{ 万元}=108\text{ 万元}.$$

第 9 年末的资本总额为

$$K(9)=4\times 9^{\frac{3}{2}}\text{ 万元}+500\text{ 万元}=608\text{ 万元}.$$

例 4.47(充放电问题) 如图 4.5 所示的 R-C 电路(R:电阻,C:电容),开始时,电容 C 上没有电荷,电容两端的电压为零.将开关 K 合上“1”后,电池 E 就对电容 C 充电,电容 C 两端的电压 U_C 逐渐升高.经过相当时间后,电容充电完毕.再把开关合上“2”,这时电容开始放电

过程.求充放电过程中,电容两端的电压 U_C 随时间 t 的变化规律.

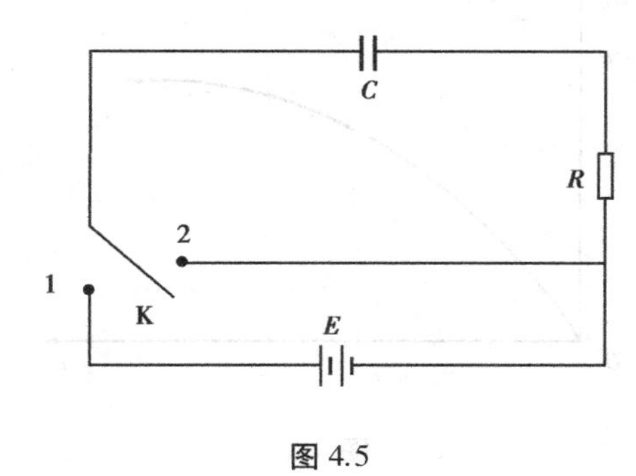

图 4.5

解 (1)充电过程。

由电工学中闭合回路的基尔霍夫第二定律,有

$$U_C + RI = E,$$

其中,I 为电流强度.

对电容 C 充电时,电容上的电量 Q 逐渐增多,根据 $Q=CU_C$,得到

$$I = \frac{\mathrm{d}Q}{\mathrm{d}t} = C\frac{\mathrm{d}U_C}{\mathrm{d}t}\text{(电流强度等于电量对时间的变化率)}$$

由上面两式得到 U_C 满足的微分方程(含有未知函数的导数的方程式)

$$RC\frac{\mathrm{d}U_C}{\mathrm{d}t} + U_C = E.$$

其中,R,C 和 E 均为常数,整理、变形可得

$$\frac{\mathrm{d}U_C}{U_C - E} = -\frac{1}{RC}\mathrm{d}t,$$

$$\int\frac{\mathrm{d}U_C}{U_C - E} = -\int\frac{\mathrm{d}t}{RC},$$

$$\ln|U_C - E| = -\frac{t}{RC} + \ln|C'|,$$

$|U_C - E| = \mathrm{e}^{\ln|C'|-\frac{t}{RC}}$,记 $C_1 = \pm\mathrm{e}^{\ln|C'|}$,所以

$$U_C = E + C_1\mathrm{e}^{-\frac{t}{RC}}.$$

根据初始条件,$U_C|_{t=0}=0$,代入上式得 $C_1=-E$,所以

$$U_C = E(1 - \mathrm{e}^{-\frac{t}{RC}}).$$

这就是 R-C 电路充电过程中电容 C 两端电压的变化规律.由此可知,电压 U_C 从零开始逐渐增大,且当 $t\to+\infty$ 时,$U_C\to E$.在电工学中,通常称 $t=RC$ 为时间常数,当 $t=3I$ 时,$U_C=0.95E$.这就是说,经过 $3I$ 的时间后,电容 C 上的电压已达到外加电压的 95%.在实际应用中,通常认为这时电容 C 的充电过程已经基本结束,而充电结果 $U_C=E$(图 4.6).

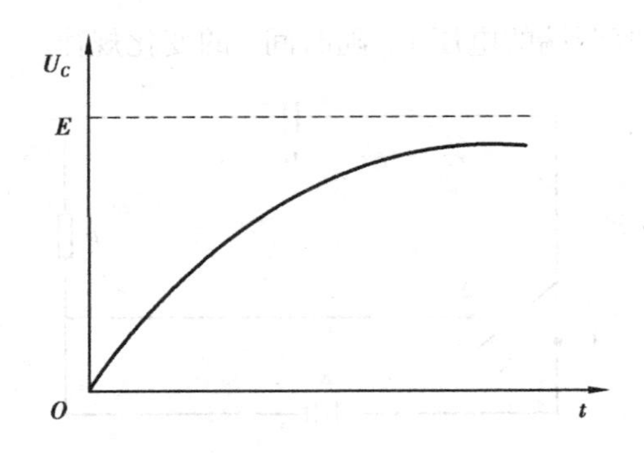

图 4.6

(2)放电过程。

对于放电过程,由于开关 K 合上“2”,故

$$RC\frac{\mathrm{d}U_C}{\mathrm{d}t}+U_C=0.$$

且 U_C 满足初始条件$U_C|_{t=0}=E$.故

$$\frac{\mathrm{d}U_C}{U_C}=-\frac{\mathrm{d}t}{RC},$$

$$\int\frac{\mathrm{d}U_C}{U_C}=-\int\frac{\mathrm{d}t}{RC},$$

$$\ln|U_C|=-\frac{t}{RC}+\ln|C'|,$$

$$U_C=C_1\mathrm{e}^{-\frac{t}{RC}}(C_1=\pm\mathrm{e}^{\ln|C'|}).$$

将$U_C|_{t=0}=E$ 代入 $E=C_1$,得

$$U_C=E\mathrm{e}^{-\frac{t}{RC}}.$$

这就是 R-C 电路放电过程中电容 C 两端电压的变化规律,它是以指数规律减少的(图 4.7).

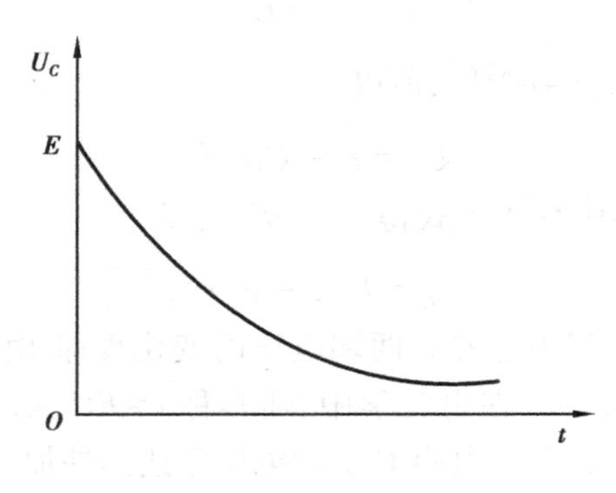

图 4.7

单元检测 4

1.填空题.

(1) $\int \sin 2x\mathrm{d}x =$ ________;

(2) 设 $f(x)=\mathrm{e}^{x}$,则 $\int \frac{f(\ln x)}{x}\mathrm{d}x =$ ________;

(3) 设 $\int f(x)\mathrm{d}x = F(x)+C$,则 $\int f\left(\frac{1}{x}\right)\frac{1}{x^{2}}\mathrm{d}x =$ ________;

(4) 若 e^{-x} 是 $f(x)$ 的一个原函数,则 $\int xf(x)\mathrm{d}x =$ ________;

(5) 若 $\int f(x)\mathrm{d}x = x + C$,则 $\int x^{2}f(x^{2})\mathrm{d}x =$ ________.

2.单项选择题.

(1)设 $f(x)$ 是可导函数,则 $\left(\int f(x)\mathrm{d}x\right)'$ 为(　　).

A. $f(x)$　　B. $f(x)+C$　　C. $f'(x)$　　D. $f'(x)+C$

(2) $\int\left(\frac{1}{\sin^{2}x}+1\right)\mathrm{d}(\sin x)$ 等于(　　).

A. $-\cot x+x+C$　　B. $-\cot x+\sin x+C$

C. $\frac{-1}{\sin x}+\sin x+C$　　D. $\frac{-1}{\sin x}+x+C$

(3)若 $\int f(x)\mathrm{d}x = F(x)+C$,则 $\int \sin x\cdot f(\cos x)\mathrm{d}x$ 等于(　　).

A. $F(\sin x)+C$　　B. $-F(\sin x)+C$　　C. $F(\cos x)+C$　　D. $-F(\cos x)+C$

(4)若 $\int f(x)\mathrm{e}^{-\frac{1}{x}}\mathrm{d}x = -\mathrm{e}^{-\frac{1}{x}}+C$,则 $f(x)$ 为(　　).

A. $-\frac{1}{x}$　　B. $-\frac{1}{x^{2}}$　　C. $\frac{1}{x}$　　D. $\frac{1}{x^{2}}$

(5)设 $F(x)$ 是 $f(x)$ 的一个原函数,则 $\int \mathrm{e}^{x}f(\mathrm{e}^{x})\mathrm{d}x$ 等于(　　).

A. $F(\mathrm{e}^{-x})+C$　　B. $-F(\mathrm{e}^{-x})+C$　　C. $F(\mathrm{e}^{x})+C$　　D. $-F(\mathrm{e}^{x})+C$

3.求下列不定积分.

(1) $\int \sin\sqrt{x+1}\,\mathrm{d}x$;　　(2) $\int x\tan^{2}x\mathrm{d}x$;

(3) $\int 6x^{2}\cdot(x^{3}+1)^{19}\mathrm{d}x$;　　(4) $\int \frac{x+(\arctan x)^{2}}{1+x^{2}}\mathrm{d}x$;

(5) $\int \ln(1+x)\mathrm{d}x$;　　(6) $\int \tan x(1+\tan x)\mathrm{d}x$;

(7) $\int \frac{1-\cos x}{x-\sin x}\mathrm{d}x$;　　(8) $\int \frac{x\cos x}{\sin^{3}x}\mathrm{d}x$.

第5章　定积分

本章讨论定积分,从几何与物理问题出发引出定积分的定义,然后讨论它的性质与计算方法,最后举例说明定积分在实际问题中的一些应用.

§5.1　定积分的概念与性质

5.1.1　引例

1)曲边梯形的面积

设函数 $y=f(x)$ 在区间$[a,b]$上非负、连续.由直线 $x=a,x=b,y=0$ 及曲线 $y=f(x)$ 所围成的图形(图5.1)称为曲边梯形,其中曲线弧称为曲边.

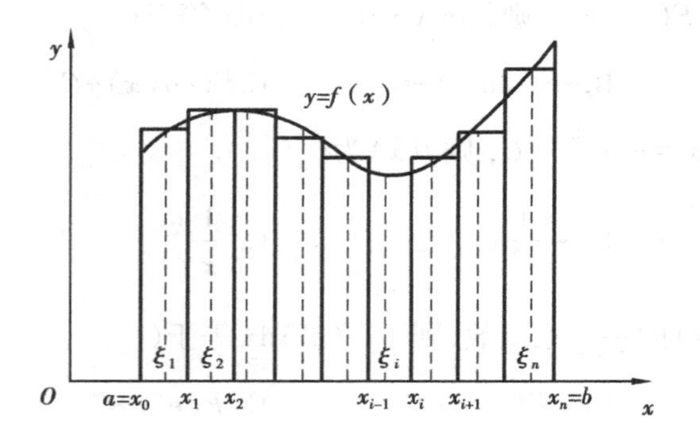

图5.1

已知矩形的面积为底与高的积,但是曲边梯形在底边上各点处的高 $f(x)$ 在区间$[a,b]$上是变动的,故它的面积不能直接按上述公式来定义和计算.然而,由于曲边梯形的高 $f(x)$ 在区间$[a,b]$上是连续变化的,在小区间上它的变化很小,近似于不变.因此,如果把区间$[a,b]$划分为许多小区间,在每个小区间上用其中某一点处的高来代替同一个小区间上的窄曲边梯形的变高,那么,每个窄曲边梯形的面积就可近似地等于对应的窄矩形的面积,可将所有这些窄矩形面积之和作为曲边梯形面积的近似值,并把区间无限细分下去,使每个小区间的长度都趋于零,这时所有窄矩形面积之和的极限就可定义为曲边梯形的面积.这个定义同时也给出了计算曲边梯形面积的方法,现详述于下.

(1)分割

在区间$[a,b]$内任意插入$n-1$个分点,即

$$a = x_0 < x_1 < x_2 < \cdots < x_{n-1} < x_n = b,$$

将$[a,b]$分成n个小区间,即

$$[x_0,x_1],[x_1,x_2],\cdots,[x_{i-1},x_i],\cdots,[x_{n-1},x_n].$$

并分别记小区间的长度为$\Delta x_i = x_i - x_{i-1}(i=1,2,\cdots,n)$,过每一个分点作平行于$y$轴的直线段,把曲边梯形分成$n$个窄曲边梯形,并记第$i$个窄曲边梯形的面积为$\Delta A_i$.

(2)近似

在每个小区间$[x_{i-1},x_i]$上任取一点ξ_i,以$[x_{i-1},x_i]$为底,$f(\xi_i)$为高的窄矩形的面积就可近似代替第i个窄曲边梯形ΔA_i的面积$(i=1,2,\cdots,n)$,即

$$\Delta A_i \approx f(\xi_i)\Delta x_i, \qquad i = 1,2,\cdots,n.$$

(3)求和

将n个窄矩形面积之和作为所求曲边梯形面积A的近似值,即

$$A = \sum_{i=1}^{n} \Delta A_i \approx \sum_{i=1}^{n} f(\xi_i)\Delta x_i.$$

(4)取极限

记$\lambda = \max\{\Delta x_1,\Delta x_2,\cdots,\Delta x_n\}$,令$\lambda \to 0$,则分点无限增多,$n\to\infty$,对上述和式取极限,便得曲边梯形面积的精确值为

$$A = \lim_{\lambda\to 0}\sum_{i=1}^{n} f(\xi_i)\Delta x_i.$$

2)变速直线运动的路程

设某物体做变速直线运动,已知速度$v=v(t)$是时间t的连续函数,且$v(t)\geqslant 0$,计算物体从T_1时刻到T_2时刻所经过的路程s.

我们知道,对于匀速直线运动,路程=速度×时间.

但是,在变速直线运动中,速度不是常量而是随时间变化的变量,因此,所求路程不能直接按匀速直线运动的路程公式来计算.然而,物体运动的速度函数是连续变化的,在很短一段时间内,速度的变化很小,近似于匀速.因此,如果把时间间隔分小,在小时间段内,以匀速运动代替变速运动,那么,就可算出部分路程的近似值;再求和,得到整个路程的近似值;最后,通过对时间间隔无限细分求极限的过程,所有部分路程的近似值之和的极限就是所求变速直线运动的路程的精确值.具体步骤如下:

(1)分割

在时间间隔$[T_1,T_2]$内任意插入$n-1$个分点,即

$$T_1 = t_0 < t_1 < t_2 < \cdots < t_{n-1} < t_n = T_2,$$

将$[T_1,T_2]$分成n个小区间,即

$$[t_0,t_1],[t_1,t_2],\cdots,[t_{i-1},t_i],\cdots,[t_{n-1},t_n].$$

并分别记各小区间的长为

$$\Delta t_i = t_i - t_{i-1} \quad i=1,2,\cdots,n.$$

(2)近似

在时间间隔$[t_{i-1},t_i]$上任取一个时刻$\tau_i(t_{i-1}\leqslant\tau_i\leqslant t_i)$,以$\tau_i$时的速度$v(\tau_i)$来近似代替$[t_{i-1},t_i]$上各个时刻的速度,得到部分路程$\Delta s_i$的近似值为

$$\Delta s_i \approx v(\tau_i)\Delta t_i \qquad i=1,2,\cdots,n.$$

(3)求和

这n部分路程的近似值之和就是所求变速直线运动路程s的近似值,即

$$s \approx \sum_{i=1}^{n} v(\tau_i)\Delta t_i.$$

(4)取极限

记$\lambda=\max\{\Delta t_1,\Delta t_2,\cdots,\Delta t_n\}$,当$\lambda\to 0$时,取上述和式的极限,即得变速直线运动的路程为

$$s = \lim_{\lambda\to 0}\sum_{i=1}^{n} v(\tau_i)\Delta t_i.$$

5.1.2 定积分的概念

上述两例中一个是几何问题,另一个是物理问题,虽然所计算的量不同,但它们都取决于一个函数及其自变量的变化区间,并且计算这些量的方法与步骤是相同的,均归结为具有相同结构的一种特定和式的极限,即

$$面积 A = \lim_{\lambda\to 0}\sum_{i=1}^{n} f(\xi_i)\Delta x_i,$$

$$路程 s = \lim_{\lambda\to 0}\sum_{i=1}^{n} v(\tau_i)\Delta t_i.$$

抛开这些问题的具体意义,抓住它们在数量关系上共同的本质与特性加以概括,就可抽象出定积分的定义.

定义 设函数$f(x)$在$[a,b]$上有界,在$[a,b]$中任意插入$n-1$个分点

$$a = x_0 < x_1 < x_2 < \cdots < x_{n-1} < x_n = b,$$

把区间$[a,b]$分为n个小区间$[x_{i-1},x_i]$$(i=1,2,\cdots,n)$,小区间长度分别记为$\Delta x_i=x_i-x_{i-1}$$(i=1,2,\cdots,n)$,在每个小区间$[x_{i-1},x_i]$上任取一点$\xi_i$,作和式

$$\sum_{i=1}^{n} f(\xi_i)\Delta x_i.$$

记$\lambda=\max\{\Delta x_1,\Delta x_2,\cdots,\Delta x_n\}$,如果不论对$[a,b]$怎样划分,也不论在小区间$[x_{i-1},x_i]$上怎样取点$\xi_i$,只要当$\lambda\to 0$时,上述和式总趋于确定的极限$I$,则称这个极限$I$为函数$f(x)$在

区间$[a,b]$上的定积分,记作$\int_a^b f(x)\mathrm{d}x$,即

$$\int_a^b f(x)\mathrm{d}x = I = \lim_{\lambda\to 0}\sum_{i=1}^{n} f(\xi_i)\Delta x_i. \tag{5.1}$$

其中,$f(x)$称为被积函数,$f(x)\mathrm{d}x$称为被积表达式,x称为积分变量,a称为积分下限,b称为积分上限,$[a,b]$称为积分区间.

根据定义1,前面所讨论的两个实际问题可以分别表述如下:

由曲线$y=f(x)\ (f(x)\geqslant 0)$与直线$x=a,x=b$及$x$轴所围成曲边梯形的面积$A$等于函数$y=f(x)$在区间$[a,b]$上的定积分,即

$$A=\int_a^b f(x)\mathrm{d}x.$$

物体以变速$v=v(t)\ (v(t)\geqslant 0)$做直线运动,从时刻$t=T_1$到时刻$t=T_2$,物体经过的路程$s$等于函数$v(t)$在区间$[T_1,T_2]$上的定积分,即

$$s=\int_{T_1}^{T_2} v(t)\mathrm{d}t.$$

注:①当和式$\sum_{i=1}^{n} f(\xi_i)\Delta x_i$的极限存在时,其极限$I$仅与被积函数$f(x)$及积分区间$[a,b]$有关.如果既不改变被积函数$f(x)$,也不改变积分区间$[a,b]$,而只把积分变量$x$改写成其他字母,如$t$或$u$,这时和的极限$I$不变,也就是定积分的值不变,即

$$\int_a^b f(x)\mathrm{d}x=\int_a^b f(t)\mathrm{d}t=\int_a^b f(u)\mathrm{d}u.$$

这就是说,定积分的值只与被积函数及积分区间有关,而与积分变量的记号无关.

②定积分的几何意义:在$[a,b]$上$f(x)\geqslant 0$时,已知定积分$\int_a^b f(x)\mathrm{d}x$在几何上表示由曲线$y=f(x)$与直线$x=a,x=b$及x轴所围成的曲边梯形的面积.

在$[a,b]$上,当$f(x)<0$时,由曲线$y=f(x)$与直线$x=a,x=b$及x轴所围成的曲边梯形位于x轴的下方,定积分$\int_a^b f(x)\mathrm{d}x$在几何上表示上述曲边梯形面积的负值.

所以当$f(x)$在$[a,b]$上既取得正值又取得负值时,函数的图形某些部分在x轴上方,而其他部分在x轴下方,此时定积分$\int_a^b f(x)\mathrm{d}x$表示x轴上方图形面积与x轴下方图形面积的差(图5.2).

③为了以后计算及应用方便,对定积分作补充规定:

当$a=b$时

$$\int_a^b f(x)\mathrm{d}x=\int_a^a f(x)\mathrm{d}x=0,$$

当$a>b$时

$$\int_a^b f(x)\mathrm{d}x=-\int_b^a f(x)\mathrm{d}x.$$

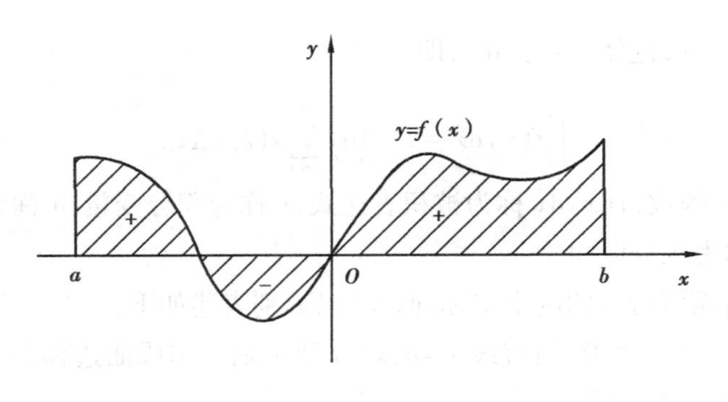

图 5.2

④和式 $\sum_{i=1}^{n} f(\xi_i)\Delta x_i$ 通常称为 $f(x)$ 的积分和.如果 $f(x)$ 在 $[a,b]$ 上的定积分存在,则称 $f(x)$ 在 $[a,b]$ 上可积.那么,函数 $f(x)$ 在 $[a,b]$ 上满足怎样的条件,$f(x)$ 在 $[a,b]$ 上一定可积呢? 对于这个问题现不作深入的讨论,而只给出以下两个充分条件.

定理 1 若 $f(x)$ 在 $[a,b]$ 上连续,则 $f(x)$ 在 $[a,b]$ 上可积.

定理 2 若 $f(x)$ 在 $[a,b]$ 上有界,且只有有限个间断点,则 $f(x)$ 在 $[a,b]$ 上可积.

例 5.1 利用定义计算定积分 $\int_0^1 x^2 dx$.

解 因为被积函数 $f(x)=x^2$ 在积分区间 $[0,1]$ 上连续,而连续函数一定可积,所以定积分的值与区间 $[0,1]$ 的分点及点 ξ_i 的取法无关,因此,为了便于计算,不妨把区间 $[0,1]$ 分为 n 等份,这样,每个小区间 $[x_{i-1},x_i]$ 的长度为 $\Delta x_i=\frac{1}{n}$,分点为 $x_i=\frac{i}{n}$ 取 $\xi_i=\frac{i}{n}$,作积分和为

$$\begin{aligned}\sum_{i=1}^{n} f(\xi_i)\Delta x_i &= \sum_{i=1}^{n} \xi_i^2 \Delta x_i = \sum_{i=1}^{n}\left(\frac{i}{n}\right)^2 \cdot \frac{1}{n} \\ &= \frac{1}{n^3}\sum_{i=1}^{n} i^2 = \frac{1}{n^3}\cdot\frac{1}{6}n(n+1)(2n+1) \\ &= \frac{1}{6}\left(1+\frac{1}{n}\right)\left(2+\frac{1}{n}\right).\end{aligned}$$

因为 $\lambda=\frac{1}{n}$,当 $\lambda\to 0$ 时,$n\to\infty$,上式两端取极限即得

$$\int_0^1 x^2 dx = \lim_{\lambda\to 0}\sum_{i=1}^{n} f(\xi_i)\Delta x_i = \lim_{n\to\infty}\frac{1}{6}\left(1+\frac{1}{n}\right)\left(2+\frac{1}{n}\right)=\frac{1}{3}.$$

5.1.3 定积分的性质

由例 5.1 可知,利用定积分的定义来计算定积分是十分困难的,因此必须寻求定积分的有效计算方法.下面介绍的定积分的基本性质有助于定积分的计算,也有助于对定积分的理解.

假定函数在所讨论的区间上都是可积的,则有

性质1 如果在区间$[a,b]$上$f(x)=1$,则

$$\int_a^b 1\mathrm{d}x=\int_a^b \mathrm{d}x=b-a.$$

性质2 $\int_a^b[k_1f(x)\pm k_2g(x)]\mathrm{d}x=k_1\int_a^b f(x)\mathrm{d}x\pm k_2\int_a^b g(x)\mathrm{d}x$,其中$k_1,k_2$为常数.

性质3 对任意实数c,则

$$\int_a^b f(x)\mathrm{d}x=\int_a^c f(x)\mathrm{d}x+\int_c^b f(x)\mathrm{d}x.$$

性质4 如果在区间$[a,b]$上$f(x)\geqslant 0$,则

$$\int_a^b f(x)\mathrm{d}x\geqslant 0,\quad a<b.$$

推论1 如果在区间$[a,b]$上$f(x)\leqslant g(x)$,则

$$\int_a^b f(x)\mathrm{d}x\leqslant \int_a^b g(x)\mathrm{d}x,\quad a<b.$$

推论2 $\left|\int_a^b f(x)\mathrm{d}x\right|\leqslant \int_a^b |f(x)|\mathrm{d}x,\quad a<b.$

性质5(估值定理) 若函数$f(x)$在$[a,b]$上取得最小值m和最大值M,则

$$m(b-a)\leqslant \int_a^b f(x)\mathrm{d}x\leqslant M(b-a).$$

证明 因为$\forall x\in[a,b]$,$m\leqslant f(x)\leqslant M$,所以由推论1有

$$\int_a^b m\mathrm{d}x\leqslant \int_a^b f(x)\mathrm{d}x\leqslant \int_a^b M\mathrm{d}x,$$

即

$$m(b-a)\leqslant \int_a^b f(x)\mathrm{d}x\leqslant M(b-a).$$

注:估值定理的几何意义是当$f(x)\geqslant 0$时,由$f(x)$,$x=a$,$x=b$及x轴所围成的曲边梯形的面积,在数值上介于以区间$[a,b]$为底,m,M为高的两个矩形面积之间.

性质6(定积分中值定理) 如果函数$f(x)$在闭区间$[a,b]$上连续,则至少存在一点$\xi\in[a,b]$,使得

$$\int_a^b f(x)\mathrm{d}x=f(\xi)(b-a),\quad a\leqslant \xi\leqslant b. \tag{5.2}$$

定积分中值定理的几何解释:在区间$[a,b]$上至少存在一点ξ,使得以$[a,b]$为底边、以连续曲线$y=f(x)$为曲边的梯形的面积等于同底而高为$f(\xi)$的一个矩形的面积(图5.3).

例5.2 估计积分$\int_0^{\pi}\frac{1}{3+\sin^3 x}\mathrm{d}x$的值.

解 设$f(x)=\frac{1}{3+\sin^3 x}\ (x\in[0,\pi])$,则

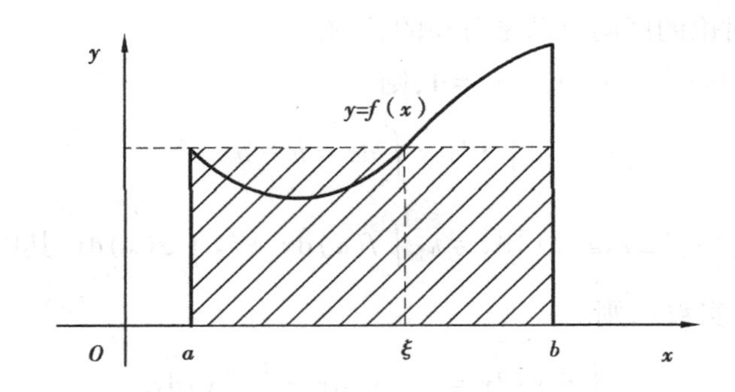

图 5.3

$$\frac{1}{4} \leqslant f(x) \leqslant \frac{1}{3},$$

所以由估值定理,可得

$$\int_0^{\pi} \frac{1}{4} dx \leqslant \int_0^{\pi} \frac{1}{3 + \sin^3 x} dx \leqslant \int_0^{\pi} \frac{1}{3} dx,$$

即

$$\frac{\pi}{4} \leqslant \int_0^{\pi} \frac{1}{3 + \sin^3 x} dx \leqslant \frac{\pi}{3}.$$

习题 5.1

1.填空题.

(1)函数 $f(x)$ 在 $[a,b]$ 上的定积分是积分和的极限,即 $\int_a^b f(x)\,dx =$ __________;

(2)定积分的几何意义是____________________;

(3)如果 $f(x)$ 在 $[a,b]$ 上的最大值与最小值分别为 M 与 m,则 $\int_a^b f(x)\,dx$ 有估计式:____________________;

(4)当 $a>b$ 时,则可规定 $\int_a^b f(x)\,dx$ 与 $\int_b^a f(x)\,dx$ 的关系式是__________.

2.比较下列定积分的大小:

(1) $\int_0^1 x^2 dx$ 与 $\int_0^1 x^3 dx$;　　(2) $\int_1^2 \ln x dx$ 与 $\int_1^2 (\ln x)^2 dx$;

(3) $\int_0^1 e^x dx$ 与 $\int_0^1 (x+1)\,dx$;　　(4) $\int_0^{\pi} \sin x dx$ 与 $\int_0^{\pi} \cos x dx$.

3.试用定积分表示图 5.4 中阴影部分的面积.

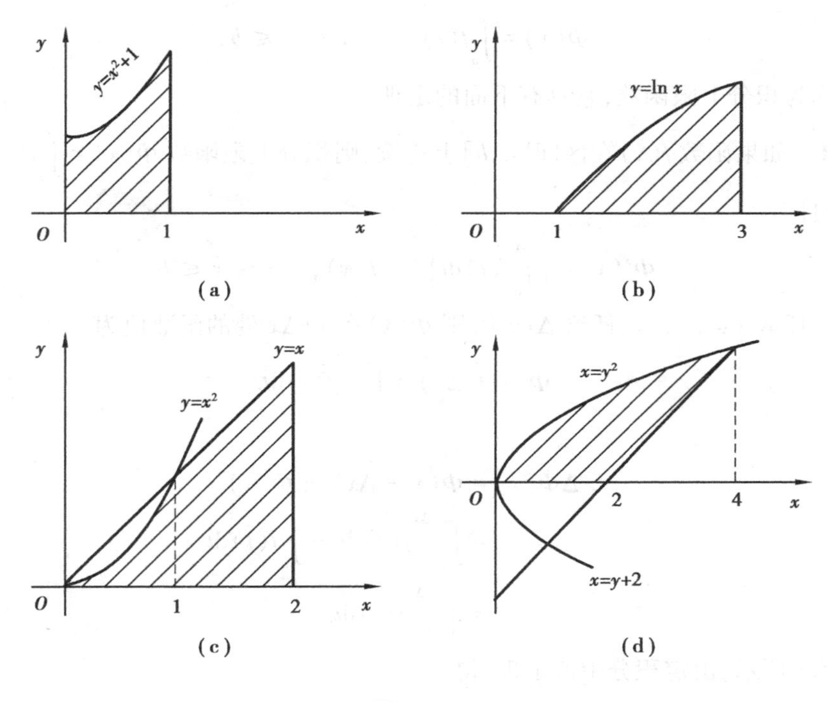

图 5.4

§ 5.2　微积分基本定理

为寻求计算定积分的简便方法,本节介绍微积分基本定理.

5.2.1　积分上限函数及其导数

设函数 $f(x)$ 在区间 $[a,b]$ 上连续,并且设 x 为 $[a,b]$ 上的一点.现考察函数 $f(x)$ 在部分区间 $[a,x]$ 上的定积分

$$\int_a^x f(x)\,\mathrm{d}x.$$

首先,由于 $f(x)$ 在区间 $[a,x]$ 上连续,因此这个定积分存在.其中,x 既表示定积分的上限,又表示积分变量.因为定积分与积分变量的记号无关,所以为明确起见,可以把积分变量改用其他符号,如用 t 表示,则上面的定积分可以写为

$$\int_a^x f(t)\,\mathrm{d}t.$$

如果上限 x 在区间 $[a,b]$ 上任意变动,则对于每一个取定的 x 值,定积分有一个对应值,所以它在 $[a,b]$ 上定义了一个函数,记作

$$\Phi(x)=\int_a^x f(t)\,\mathrm{d}t,\quad a\leqslant x\leqslant b,$$

这个函数称为积分上限函数,它具有下面的定理.

定理 1 如果函数 $f(x)$ 在区间 $[a,b]$ 上连续,则积分上限函数 $\Phi(x)=\int_a^x f(t)\,\mathrm{d}t$ 在 $[a,b]$ 上可导,并且

$$\Phi'(x)=\left(\int_a^x f(t)\,\mathrm{d}t\right)'=f(x),\quad a\leqslant x\leqslant b. \tag{5.3}$$

证明 任取 $x\in(a,b)$,任给 $\Delta x\neq 0$,则 $\Phi(x)$ 在 $x+\Delta x$ 处的函数值为

$$\Phi(x+\Delta x)=\int_a^{x+\Delta x} f(t)\,\mathrm{d}t.$$

于是

$$\begin{aligned}\Delta\Phi(x)&=\Phi(x+\Delta x)-\Phi(x)\\&=\int_a^{x+\Delta x} f(t)\,\mathrm{d}t-\int_a^x f(t)\,\mathrm{d}t\\&=\int_x^{x+\Delta x} f(t)\,\mathrm{d}t.\end{aligned}$$

如图 5.5 所示,由定积分中值定理,得

$$\Delta\Phi(x)=f(\xi)\Delta x.$$

这里 ξ 在 x 与 $x+\Delta x$ 之间,于是根据导数的定义,有

$$\Phi'(x)=\lim_{\Delta x\to 0}\frac{\Delta\Phi(x)}{\Delta x}=\lim_{\Delta x\to 0}\frac{f(\xi)\Delta x}{\Delta x}.$$

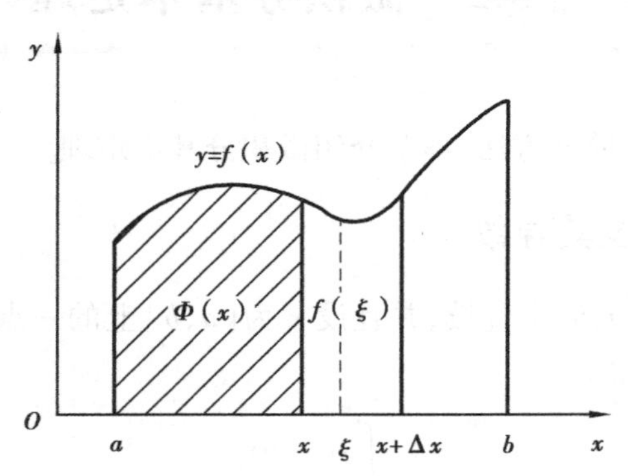

图 5.5

由于假设 $f(x)$ 在区间 $[a,b]$ 上连续,又 $\Delta x\to 0$ 时,$\xi\to x$,因此

$$\lim_{\Delta x\to 0}\frac{\Delta\Phi(x)}{\Delta x}=\lim_{\xi\to x}f(\xi)=f(x),$$

即

$$\Phi'(x)=\left(\int_a^x f(t)\,\mathrm{d}t\right)'=f(x).$$

一般地，若 $G(x)=\int_a^{\varphi(x)}f(t)\,\mathrm{d}t$，其中，$\varphi(x)=u$ 对 x 求导，由复合函数的导数法则，有

$$G'(x)=\frac{\mathrm{d}G(x)}{\mathrm{d}u}\cdot\frac{\mathrm{d}u}{\mathrm{d}x}=\frac{\mathrm{d}}{\mathrm{d}u}\left[\int_a^u f(t)\,\mathrm{d}t\right]\cdot\frac{\mathrm{d}u}{\mathrm{d}x}$$
$$=f(u)\cdot\varphi'(x)=f(\varphi(x))\cdot\varphi'(x).$$

5.2.2 原函数存在定理

定理2 如果函数 $f(x)$ 在闭区间 $[a,b]$ 上连续，则在该区间上 $f(x)$ 的原函数一定存在，$\int_a^x f(t)\,\mathrm{d}t$ 就是 $f(x)$ 在 $[a,b]$ 上的一个原函数.

例5.3 求下列导数.

(1) $\frac{\mathrm{d}}{\mathrm{d}x}\int_0^x \mathrm{e}^{-t^2}\mathrm{d}t$；　　(2) $\frac{\mathrm{d}}{\mathrm{d}x}\int_0^{x^2}(1+\sin t^2)\,\mathrm{d}t$；

(3) $\frac{\mathrm{d}}{\mathrm{d}x}\int_{x^2}^{x^3}\frac{\mathrm{d}t}{\sqrt{1+t^2}}$；　　(4) $\frac{\mathrm{d}}{\mathrm{d}x}\int_0^x\frac{\sin t}{t}\mathrm{d}t$.

解 (1) $\frac{\mathrm{d}}{\mathrm{d}x}\int_0^x \mathrm{e}^{-t^2}\mathrm{d}t=\mathrm{e}^{-x^2}$；

(2) $\frac{\mathrm{d}}{\mathrm{d}x}\int_0^{x^2}(1+\sin t^2)\,\mathrm{d}t=(1+\sin x^4)\cdot 2x$；

(3)
$$\frac{\mathrm{d}}{\mathrm{d}x}\int_{x^2}^{x^3}\frac{\mathrm{d}t}{\sqrt{1+t^2}}=\frac{\mathrm{d}}{\mathrm{d}x}\int_{x^2}^{0}\frac{\mathrm{d}t}{\sqrt{1+t^2}}+\frac{\mathrm{d}}{\mathrm{d}x}\int_0^{x^3}\frac{\mathrm{d}t}{\sqrt{1+t^2}}$$
$$=-\frac{\mathrm{d}}{\mathrm{d}x}\int_0^{x^2}\frac{\mathrm{d}t}{\sqrt{1+t^2}}+\frac{\mathrm{d}}{\mathrm{d}x}\int_0^{x^3}\frac{\mathrm{d}t}{\sqrt{1+t^2}}$$
$$=-\frac{1}{\sqrt{1+x^4}}\cdot 2x+\frac{1}{\sqrt{1+x^6}}\cdot 3x^2;$$

(4) $\frac{\mathrm{d}}{\mathrm{d}x}\int_0^x\frac{\sin t}{t}\mathrm{d}t=\frac{\sin x}{x}$.

例5.4 求 $\lim\limits_{x\to 0}\frac{\int_{\cos x}^1 \mathrm{e}^{-t^2}\mathrm{d}t}{x^2}$.

解 这是一个 $\frac{0}{0}$ 型未定式，由洛必达法则，有

$$\lim_{x\to 0}\frac{\int_{\cos x}^1 \mathrm{e}^{-t^2}\mathrm{d}t}{x^2}=\lim_{x\to 0}\frac{-\int_1^{\cos x}\mathrm{e}^{-t^2}\mathrm{d}t}{x^2}=\lim_{x\to 0}\frac{\sin x\,\mathrm{e}^{-\cos^2 x}}{2x}=\frac{1}{2\mathrm{e}}.$$

5.2.3 牛顿-莱布尼茨(Newton-Leibniz)公式

定理3 如果函数 $F(x)$ 是连续函数 $f(x)$ 在区间 $[a,b]$ 上的一个原函数，则

$$\int_a^b f(t)\mathrm{d}t = F(b) - F(a). \tag{5.4}$$

证明 已知函数 $F(x)$ 是连续函数 $f(x)$ 的一个原函数,又根据定理 2 变上限积分 $\Phi(x) = \int_a^x f(t)\mathrm{d}t$ 也是 $f(x)$ 的一个原函数. 所以有

$$\int_a^x f(t)\mathrm{d}t = F(x) + C.$$

在上式中令 $x=a$, $0 = \int_a^a f(t)\mathrm{d}t = F(a) + C$, 所以 $C=-F(a)$,于是

$$\int_a^x f(t)\mathrm{d}t = F(x) - F(a).$$

再令 $x=b$,则

$$\int_a^b f(t)\mathrm{d}t = F(b) - F(a),$$

即

$$\int_a^b f(x)\mathrm{d}x = F(b) - F(a).$$

为了方便起见,可把 $F(b)-F(a)$ 记成 $[F(x)]_a^b$,所以

$$\int_a^b f(x)\mathrm{d}x = F(b) - F(a) = [F(x)]_a^b.$$

上式称为**牛顿-莱布尼茨公式**.这个公式进一步揭示了定积分与被积函数的原函数或不定积分之间的联系,因此也被称为微积分基本公式.这是定积分计算的基本方法,它为微积分的创立和发展奠定了基础.

例 5.5 计算定积分 $\int_0^1 x^2\mathrm{d}x$.

解 由于 $\frac{1}{3}x^3$ 是 x^2 的一个原函数,故

$$\int_0^1 x^2\mathrm{d}x = \left[\frac{1}{3}x^3\right]_0^1 = \frac{1}{3} \times 1^3 - 0 \times 1^3 = \frac{1}{3}.$$

例 5.6 计算 $\int_{-1}^{\sqrt{3}} \frac{\mathrm{d}x}{1 + x^2}$.

解 由于 $\arctan x$ 是 $\frac{1}{1+x^2}$ 的一个原函数,故

$$\int_{-1}^{\sqrt{3}} \frac{\mathrm{d}x}{1 + x^2} = [\arctan x]_{-1}^{\sqrt{3}} = \arctan\sqrt{3} - \arctan(-1) = \frac{\pi}{3} - \left(-\frac{\pi}{4}\right) = \frac{7}{12}\pi.$$

例 5.7 计算曲线 $y=\sin x$ 在 $[0,\pi]$ 上与 x 轴所围成的平面图形的面积.

解 曲线 $y=\sin x$ 在 $[0,\pi]$ 上与 x 轴所围成的平面图形如图 5.6 所示,则它的面积为

$$A = \int_0^{\pi} \sin x\mathrm{d}x = [-\cos x]_0^{\pi} = 2.$$

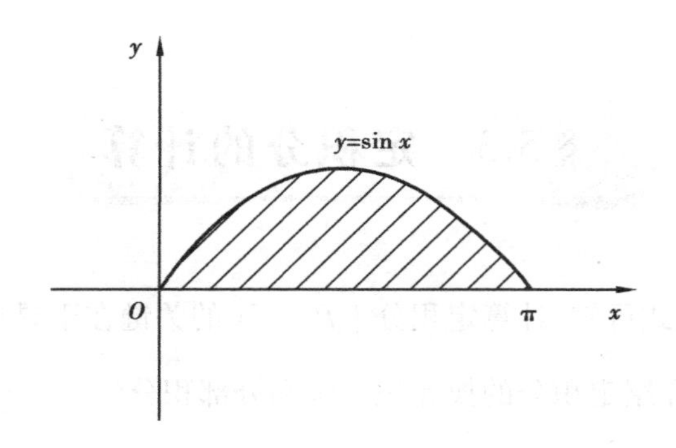

图 5.6

习题 5.2

1.填空题.

(1) $\dfrac{d}{dx}\left(\int_0^x e^{-t^2}dt\right) =$ ________;

(2) $\dfrac{d}{dx}\left(\int_{\sqrt{x}}^1 \sqrt{1+t^2}dt\right) =$ ________;

(3) $\int_0^2 f(x)dx =$ ________,其中,$f(x)=\begin{cases} x^2 & 0 \leqslant x \leqslant 1 \\ 2-x & 1 \leqslant x \leqslant 2 \end{cases}$;

(4) $\lim\limits_{x\to 0}\dfrac{\int_0^x \cos t^2 dt}{x} =$ ________.

2.计算下列定积分.

(1) $\int_1^2\left(x^2+\dfrac{1}{x^2}\right)dx$;

(2) $\int_{-\frac{1}{2}}^{\frac{1}{2}}\dfrac{dx}{\sqrt{1-x^2}}$;

(3) $\int_{-1}^0 \dfrac{3x^4+3x^2+1}{x^2+1}dx$;

(4) $\int_0^{2\pi}|\sin x|dx$.

3.求下列极限.

(1) $\lim\limits_{x\to 0}\dfrac{\int_0^x 2t\cos t dt}{1-\cos x}$;

(2) $\lim\limits_{x\to+\infty}\dfrac{\int_0^x (\arctan t)^2 dt}{\sqrt{x^2+1}}$.

§5.3 定积分的计算

由牛顿-莱布尼茨公式可知,计算定积分 $\int_a^b f(x)\mathrm{d}x$ 的关键在于寻找出被积分函数 $f(x)$ 的一个原函数 $F(x)$.本节介绍定积分的换元积分法和分部积分法.

5.3.1 定积分的换元积分法

定理 1 假设函数 $f(x)$ 在区间 $[a,b]$ 上连续,函数 $x=\varphi(t)$ 满足条件:

(1) $\varphi(\alpha)=a,\varphi(\beta)=b$,

(2) 在区间 $[\alpha,\beta]$(或 $[\beta,\alpha]$)上 $\varphi(t)$ 单调且有连续导数,

则有

$$\int_a^b f(x)\mathrm{d}x = \int_\alpha^\beta f[\varphi(t)]\varphi'(t)\mathrm{d}t. \tag{5.5}$$

式(5.5)称为定积分的换元积分公式.

证明 因为函数 $f(x)$ 在区间 $[a,b]$ 上连续,所以 $f(x)$ 在 $[a,b]$ 上存在原函数,设为 $F(x)$,则有

$$\int_a^b f(x)\mathrm{d}x = F(b) - F(a).$$

由于在 $[\alpha,\beta]$(或 $[\beta,\alpha]$)上 $\varphi(t)$ 单调,故 $a\leqslant\varphi(t)\leqslant b$,从而复合函数 $f[\varphi(t)]$ 在 $[\alpha,\beta]$(或 $[\beta,\alpha]$)上有定义,并有

$$\frac{\mathrm{d}}{\mathrm{d}t}F[\varphi(t)] = F'[\varphi(t)]\varphi'(t) = f[\varphi(t)]\varphi'(t),$$

且 $f[\varphi(t)]\varphi'(t)$ 在 $[\alpha,\beta]$(或 $[\beta,\alpha]$)上连续,于是有

$$\begin{aligned}\int_\alpha^\beta f[\varphi(t)]\varphi'(t)\mathrm{d}t &= F[\varphi(t)]\Big|_\alpha^\beta = F[\varphi(\beta)] - F[\varphi(\alpha)]\\ &= F(b) - F(a).\end{aligned}$$

因此

$$\int_a^b f(x)\mathrm{d}x = \int_\alpha^\beta f[\varphi(t)]\varphi'(t)\mathrm{d}t.$$

例 5.8 求 $\int_0^{\frac{\pi}{2}} \cos^4 x \sin x\mathrm{d}x$.

解 令 $t=\cos x$,则 $\mathrm{d}t=-\sin x\mathrm{d}x$,而且当 $x=0$ 时,$t=1$,当 $x=\frac{\pi}{2}$ 时,$t=0$ 所以

$$\int_0^{\frac{\pi}{2}} \cos^4 x \sin x\mathrm{d}x = -\int_1^0 t^4\mathrm{d}t = \int_0^1 t^4\mathrm{d}t = \frac{1}{5}t^5\Big|_0^1 = \frac{1}{5}.$$

由例 5.8 可知,不定积分的换元法和定积分的换元法之间的区别在于不定积分的换元

法在求得关于新变量 t 的积分后，必须代回原变量 x，而定积分的换元法在积分变量由 x 变成 t 的同时，其积分限也由 $x=a$ 和 $x=b$ 相应地换成 $t=\alpha$ 和 $t=\beta$，在完成关于变量 t 的积分后，直接用 t 的上下限 β 和 α 代入计算定积分的值，而不必代回原变量.

例 5.9 求 $\int_0^1 \frac{1}{x+\sqrt{1-x^2}}\mathrm{d}x$.

解 令 $x=\sin t$，则 $\mathrm{d}x=\cos t\mathrm{d}t$.

又 $x=0$ 时，$t=0$；$x=1$ 时，$t=\frac{\pi}{2}$. 所以

$$\begin{aligned}\int_0^1 \frac{1}{x+\sqrt{1-x^2}}\mathrm{d}x &= \int_0^{\frac{\pi}{2}} \frac{\cos t}{\sin t+\sqrt{1-\sin^2 t}}\mathrm{d}t \\ &= \int_0^{\frac{\pi}{2}} \frac{\cos t}{\sin t+\cos t}\mathrm{d}t \\ &= \frac{1}{2}\int_0^{\frac{\pi}{2}}\left(1+\frac{\cos t-\sin t}{\sin t+\cos t}\right)\mathrm{d}t \\ &= \frac{1}{2}\cdot\frac{\pi}{2}+\frac{1}{2}\left[\ln|\sin t+\cos t|\right]_0^{\frac{\pi}{2}} \\ &= \frac{\pi}{4}.\end{aligned}$$

例 5.10 证明：设 $f(x)$ 在区间 $[a,-a]$ 上可积，则

(1) $f(x)$ 为奇函数时，$\int_{-a}^{a} f(x)\mathrm{d}x=0$；

(2) $f(x)$ 为偶函数时，$\int_{-a}^{a} f(x)\mathrm{d}x=2\int_0^a f(x)\mathrm{d}x$.

证明 $\int_{-a}^{a} f(x)\mathrm{d}x=\int_{-a}^{0} f(x)\mathrm{d}x+\int_0^a f(x)\mathrm{d}x$，

对积分 $\int_{-a}^{0} f(x)\mathrm{d}x$ 作代换 $x=-t$，则得

$$\int_{-a}^{0} f(x)\mathrm{d}x=-\int_a^0 f(-t)\mathrm{d}t=\int_0^a f(-t)\mathrm{d}t=\int_0^a f(-x)\mathrm{d}x.$$

于是

$$\begin{aligned}\int_{-a}^{a} f(x)\mathrm{d}x &= \int_0^a f(-x)\mathrm{d}x+\int_0^a f(x)\mathrm{d}x \\ &= \int_0^a [f(-x)+f(x)]\mathrm{d}x.\end{aligned}$$

(1) $f(x)$ 为奇函数时，$f(x)+f(-x)=0$，因此

$$\int_{-a}^{a} f(x)\mathrm{d}x=0.$$

(2) $f(x)$ 为偶函数时，$f(x)+f(-x)=2f(x)$，得

$$\int_{-a}^{a} f(x)\mathrm{d}x=2\int_0^a f(x)\mathrm{d}x.$$

这两个结论,从定积分的几何意义看,是十分明显的,如图5.7所示.

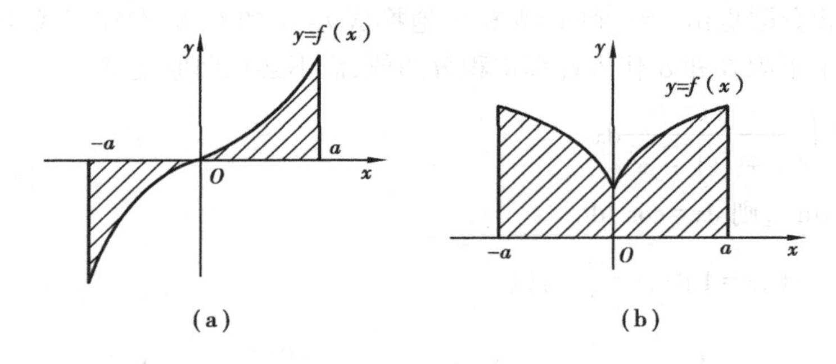

图5.7

例5.11 计算 $\int_{-1}^{1}\frac{x^2-\arctan x}{1+x^2}dx$.

解 由于 $\frac{x^2-\arctan x}{1+x^2}=\frac{x^2}{1+x^2}-\frac{\arctan x}{1+x^2}$, $\frac{x^2}{1+x^2}$ 是偶函数, $\frac{\arctan x}{1+x^2}$ 是奇函数.

从而

$$\int_{-1}^{1}\frac{x^2-\arctan x}{1+x^2}dx=\int_{-1}^{1}\frac{x^2}{1+x^2}dx-\int_{-1}^{1}\frac{\arctan x}{1+x^2}dx=2\int_{0}^{1}\frac{x^2}{1+x^2}dx$$

$$=2\int_{0}^{1}\frac{1+x^2-1}{1+x^2}dx=2\int_{0}^{1}dx-2\int_{0}^{1}\frac{dx}{1+x^2}$$

$$=[2x]_0^1-[2\arctan x]_0^1=2-\frac{\pi}{2}.$$

5.3.2 定积分的分部积分法

设 $u(x)$, $v(x)$ 在 $[a,b]$ 上具有连续导数,由不定积分的分部积分公式 $\int u dv=uv-\int v du$,可得定积分分部积分公式为

$$\int_a^b u dv=[uv]_a^b-\int_a^b v du.$$

例5.12 计算 $\int_0^{\frac{1}{2}}\arcsin x dx$.

解 $\int_0^{\frac{1}{2}}\arcsin x dx=[x\arcsin x]_0^{\frac{1}{2}}-\int_0^{\frac{1}{2}}x d(\arcsin x)$

$$=\frac{1}{2}\cdot\frac{\pi}{6}-\int_0^{\frac{1}{2}}\frac{x}{\sqrt{1-x^2}}dx$$

$$=\frac{\pi}{12}+\frac{1}{2}\int_0^{\frac{1}{2}}\frac{1}{\sqrt{1-x^2}}d(1-x^2)=\frac{\pi}{12}+[\sqrt{1-x^2}]_0^{\frac{1}{2}}$$

$$=\frac{\pi}{12}+\frac{\sqrt{3}}{2}-1.$$

例 5.13 计算 $\int_{\frac{1}{e}}^{e} |\ln x| dx$.

解 $f(x) = |\ln x| = \begin{cases} -\ln x, x \in \left[\frac{1}{e}, 1\right] \\ \ln x, x \in [1, e] \end{cases}$.

$$\begin{aligned} \int_{\frac{1}{e}}^{e} |\ln x| dx &= -\int_{\frac{1}{e}}^{1} \ln x dx + \int_{1}^{e} \ln x dx \\ &= -[x \ln x - x]_{\frac{1}{e}}^{1} + [x \ln x - x]_{1}^{e} \\ &= 2 - \frac{2}{e}. \end{aligned}$$

习题 5.3

1.填空题.

(1) $\int_{\frac{\pi}{3}}^{\pi} \sin\left(x + \frac{\pi}{3}\right) dx =$ ________;

(2) $\int_{0}^{\sqrt{2}} \sqrt{2 - x^2} dx =$ ________;

(3) $\int_{-5}^{5} \frac{x^3 \cdot \sin^2 x}{x^4 + 2x^2 + 1} dx =$ ________;

(4) $\int_{0}^{1} xe^{-x} dx =$ ________;

(5) $\int_{0}^{1} x \arctan x dx =$ ________.

2.用换元积分法计算下列定积分.

(1) $\int_{0}^{\frac{\pi}{2}} \sin x \cdot \cos^3 x dx$;

(2) $\int_{1}^{\sqrt{3}} \frac{1}{x^2 \cdot \sqrt{1 + x^2}} dx$;

(3) $\int_{0}^{1} \sqrt{4 + 5x} dx$;

(4) $\int_{0}^{\pi} \sqrt{1 + \cos 2x} dx$.

3.用分部积分法计算下列定积分.

(1) $\int_{0}^{\pi} x \sin x dx$;

(2) $\int_{0}^{1} xe^{x} dx$;

(3) $\int_{1}^{e} (x - 1) \ln x dx$;

(4) $\int_{0}^{1} \arctan\sqrt{x} dx$.

§5.4 定积分的几何应用

本节介绍定积分应用的元素法以及定积分在几何学中的应用.

5.4.1 定积分的元素法

由本章5.1节的实例(曲边梯形的面积和变速直线运动的路程)分析可见,用定积分表达某个量 Q 可分为以下4个步骤:

①**分割**:把所求的量 Q 分割成一些部分量 ΔQ_i,这需要选择一个被分割的变量 x 和被分割的区间 $[a,b]$.

②**近似**:考察任一小区间 $[x_{i-1},x_i]$ 上 Q 的部分量 ΔQ_i 的近似值.

③**求和**:$Q=\sum\limits_{i=1}^{n}\Delta Q_i\approx\sum\limits_{i=1}^{n}f(\xi_i)\Delta x_i$.

④**取极限**:$Q=\lim\limits_{\lambda\to 0}\sum\limits_{i=1}^{n}f(\xi_i)\Delta x_i=\int_a^b f(x)\mathrm{d}x$.

在实际应用中上述4步可简化成以下3步:

①**选变量**.选取某个变量 x 作为被分割的变量,它就是积分变量,并确定 x 的变化区间 $[a,b]$,它就是积分区间.

②**找微元**.设想把区间 $[a,b]$ 分成 n 个小区间,其中任意一个小区间用 $[x,x+\mathrm{d}x]$ 表示,小区间的长度 $\Delta x=\mathrm{d}x$,所求的量 Q 对应于小区间 $[x,x+\mathrm{d}x]$ 的部分量记作 ΔQ,并取 $\xi=x$,求出部分量 ΔQ 的近似值 $\Delta Q\approx f(x)\mathrm{d}x$.近似值 $f(x)\mathrm{d}x$ 称为量 Q 的元素(或微元),记作 $\mathrm{d}Q$,即 $\mathrm{d}Q=f(x)\mathrm{d}x$.

③**求积分**.以所求量 Q 的元素 $\mathrm{d}Q=f(x)\mathrm{d}x$ 为被积表达式,在 $[a,b]$ 上积分,便得所求量 Q,即

$$Q=\int_a^b f(x)\mathrm{d}x.$$

上述把某个量表达为定积分的简化方法称为定积分的**元素法**(或**微元法**).下面结合具体例子来介绍元素法的应用.

5.4.2 平面图形的面积

利用定积分可以在直角坐标系下和极坐标系下求平面图形的面积,这里只介绍在直角坐标系下求平面图形的面积.

例 5.14 椭圆 $\dfrac{x^2}{a^2}+\dfrac{y^2}{b^2}=1$ 所围成的面积 $(a>0,b>0)$.

解 由对称性可知,所求面积是第一象限部分的面积的4倍.选积分变量为 x,积分区间

为$[0,a]$,对应于$[0,a]$中任一小区间$[x,x+\mathrm{d}x]$(图5.8)的窄条面积近似为$\mathrm{d}A=y\mathrm{d}x=\frac{b}{a}\sqrt{a^2-x^2}\mathrm{d}x$,于是椭圆面积为

$$A=4\int_0^a\frac{b}{a}\sqrt{a^2-x^2}\mathrm{d}x.$$

用换元法计算这个积分,设$x=a\sin t$,则$t=\arcsin\frac{x}{a}$,$\mathrm{d}x=a\cos t\mathrm{d}t$.且当$x=0$时$t=0$,当$x=a$时$t=\frac{\pi}{2}$.于是

$$A=4\int_0^a\frac{b}{a}\sqrt{a^2-x^2}\mathrm{d}x=\frac{4b}{a}\int_0^{\frac{\pi}{2}}a^2\cos^2t\mathrm{d}t$$

$$=4ab\cdot\frac{1}{2}\cdot\frac{\pi}{2}=\pi ab.$$

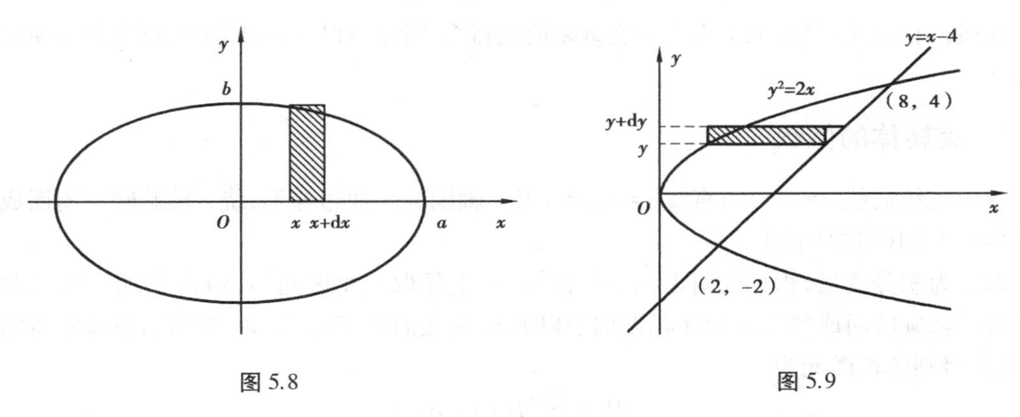

图5.8　　图5.9

例5.15　求由抛物线$y^2=2x$与直线$y=x-4$所围成的平面图形面积.

解　联立方程$\begin{cases}y^2=2x\\y=x-4\end{cases}$,解得两曲线的交点为$(2,-2)$和$(8,4)$.如图5.9所示,选择$y$为积分变量,积分区间为$[-2,4]$,考察任一小区间$[y,y+\mathrm{d}y]$上一个窄条的面积,可用宽为$(y+4)-\frac{y^2}{2}$,高为$\mathrm{d}y$的小矩形面积近似,即得面积微元为$\mathrm{d}A=\left[(y+4)-\frac{y^2}{2}\right]\mathrm{d}y$,于是所围区域的面积为

$$A=\int_{-2}^4\left[(y+4)-\frac{y^2}{2}\right]\mathrm{d}y=\left[\frac{y^2}{2}+4y-\frac{y^3}{6}\right]_{-2}^4=18.$$

一般地,若平面图形是由曲线$y=f(x)$,$y=g(x)$和直线$x=a$,$x=b$围成,$f(x)\geqslant g(x)$,则其面积可对x积分得到,即

$$A=\int_a^b[f(x)-g(x)]\mathrm{d}x.$$

若平面图形是由曲线$x=\varphi(y)$,$x=\psi(y)$和直线$y=c$,$y=\mathrm{d}$围成,且$\varphi(y)\geqslant\psi(y)$,则其面积可对$y$积分得到,即

$$A=\int_c^d[\varphi(y)-\psi(y)]\mathrm{d}y.$$

事实上,例 5.15 也可以选择 x 为积分变量,积分区间是[0,8],但是,当小区间$[x,x+\mathrm{d}x]$取在[0,2]中时,面积微元为 $\mathrm{d}A=[\sqrt{2x}-(-\sqrt{2x})]\mathrm{d}x=2\sqrt{2x}\,\mathrm{d}x$,而当小区间取在[2,8]中时,面积微元为 $\mathrm{d}A=[\sqrt{2x}-(x-4)]\mathrm{d}x=(4+\sqrt{2x}-x)\mathrm{d}x$,因此,积分区间需分成[0,2]和[2,8]两部分,即所给图形由直线 $x=2$ 分成两部分,分别计算两部分面积再相加得所求面积,即

$$\begin{aligned}A&=\int_0^2 2\sqrt{2x}\,\mathrm{d}x+\int_2^8(4+\sqrt{2x}-x)\mathrm{d}x\\&=\left[\frac{4\sqrt{2}}{3}x^{\frac{3}{2}}\right]_0^2+\left[4x+\frac{2\sqrt{2}}{3}x^{\frac{3}{2}}-\frac{1}{2}x^2\right]_2^8\\&=\frac{16}{3}+\frac{38}{3}=18.\end{aligned}$$

比较两种算法可知,取 y 为积分变量要简便得多.因此,对具体问题应选择积分简便的计算方法.

5.4.3 旋转体的体积

求由连续曲线 $y=f(x)$ 与直线 $x=a,x=b$ 及 x 轴围成的曲边梯形,绕 x 轴旋转一周而成的旋转体(图 5.10)的体积 V.

取 x 为积分变量,积分区间为$[a,b]$.在$[a,b]$上任取一小区间$[x,x+\mathrm{d}x]$,相应的窄曲边梯形绕 x 轴旋转而成的薄片的体积近似于以 $f(x)$ 为底面圆半径、以 $\mathrm{d}y$ 为高的扁圆柱体的体积,从而得到体积微元为

$$\mathrm{d}V=\pi[f(x)]^2\mathrm{d}x.$$

于是,旋转体的体积为

$$V=\pi\int_a^b f^2(x)\mathrm{d}x.$$

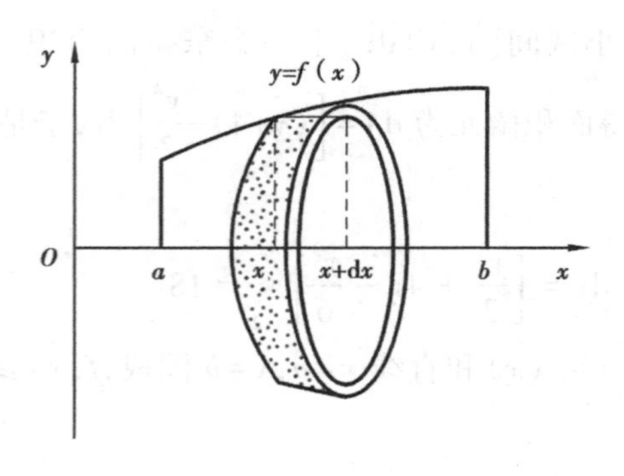

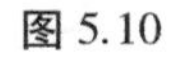
图 5.10

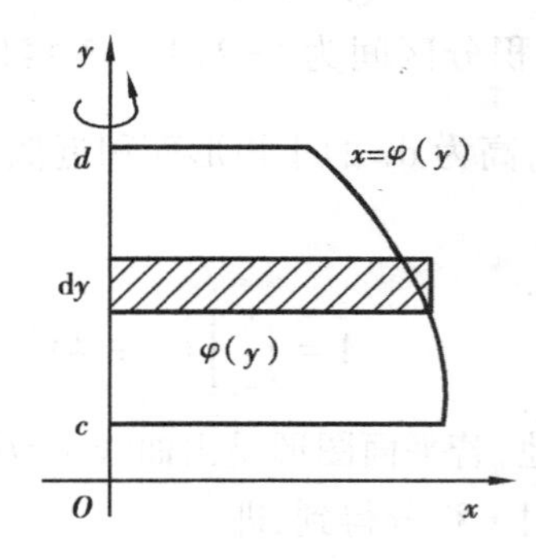

图 5.11

类似地,由连续曲线 $x=\varphi(y)$ 与直线 $y=c,y=d$ 及 y 轴围成的曲边梯形,绕 y 轴旋转一周而成的旋转体的体积为(图 5.11)

$$V = \pi \int_c^d \varphi^2(y)\,\mathrm{d}y.$$

例 5.16 设平面图形 D 由曲线 $y=2\sqrt{x}$ 与直线 $x=1,y=0$ 所围成.求:

(1) D 绕 x 轴旋转所得的旋转体体积;

(2) D 绕 y 轴旋转所得的旋转体体积.

解 (1)如图 5.12(a)所示,任取积分区间 $[x,x+\mathrm{d}x]\subset[0,1]$,对应于小区间 $[x,x+\mathrm{d}x]$ 上的窄条绕 x 轴旋转所得的旋转体体积微元为

$$\mathrm{d}V = \pi \cdot (2\sqrt{x})^2\mathrm{d}x = 4\pi x\mathrm{d}x.$$

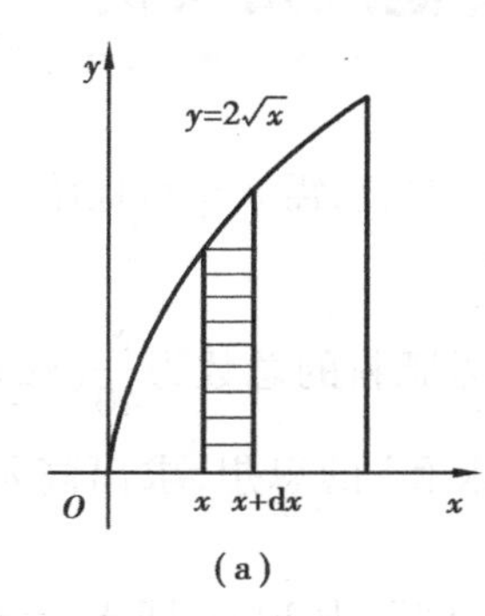

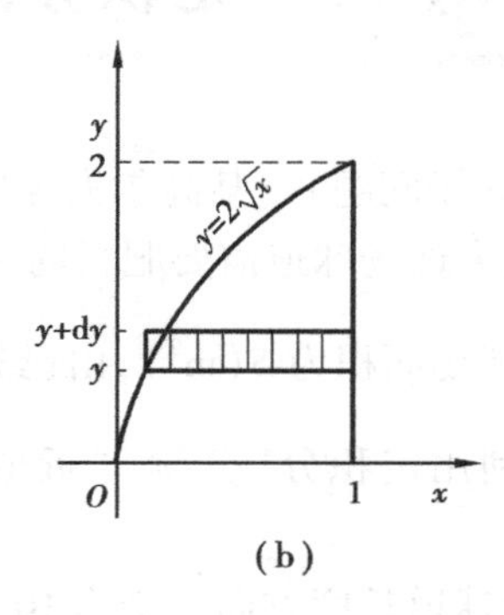

图 5.12

所以绕 x 轴旋转的旋转体体积为

$$V_x = 4\pi\int_0^1 x\mathrm{d}x = 4\pi\left(\frac{1}{2}x^2\right)\Bigg|_0^1 = 2\pi.$$

(2)如图 5.12(b)所示,任取积分区间 $[y,y+\mathrm{d}y]\subset[0,2]$,对应于小区间 $[y,y+\mathrm{d}y]$ 上的窄条绕 y 轴旋转所得的旋转体体积微元为

$$\mathrm{d}V = \pi\cdot 1^2\cdot\mathrm{d}y - \pi\cdot\left(\frac{1}{4}y^2\right)^2\mathrm{d}y = \pi\left(1-\frac{1}{16}y^4\right)\mathrm{d}y.$$

于是,绕 y 轴旋转的旋转体体积为

$$V_y = \pi\int_0^2\left(1-\frac{1}{16}y^4\right)\mathrm{d}y = \pi\left[y-\frac{1}{80}y^5\right]\Bigg|_0^2 = \frac{8}{5}\pi.$$

习题 5.4

1.填空题.

(1)由曲线 $y=\mathrm{e}^x,y=\mathrm{e}$ 及 y 轴所围成平面图形的面积是____________;

(2)由曲线 $y=3-x^2$ 及直线 $y=2x$ 所围成平面图形的面积是____________;

(3)计算 $y^2=2x$ 与 $y=x-4$ 所围成平面图形的面积时,选用________作为变量较为简便;

(4)连续曲线 $y=f(x)$ 与直线 $x=a,x=b$ 及 x 轴所围成图形绕 x 轴旋转一周而成的旋转

体体积为__________,绕 y 轴旋转一周而成的旋转体的体积为____________________.

2.求由 $y=\sin x, x\in[0,\pi]$ 和 x 轴所围成的平面图形绕 x 轴旋转一周而成的旋转体的体积.

3.求由抛物线 $y=-x^2+4x-3$ 及其在点 $(0,-3)$ 和 $(3,0)$ 处的切线所围成的平面图形的面积.

§5.5 定积分的其他应用实例

例 5.17(高尔夫球场问题) 某高尔夫球场为了修整,需要给草地施肥.若 1 kg 肥料可覆盖 40 m^2.问整个高尔夫球场球道需要肥料约多少?

分析:设高尔夫球场面积为 $S(m^2)$,由已知所需肥料的总数为 $\frac{S}{40}$(kg).因此只需求出球场的平面面积.下面利用定积分"分割""近似""求和"的思想,求出高尔夫球道面积的近似值.

将高尔夫球场沿球道长度方向分割为 10 等份,间距为 30 m,即 $\Delta x_i=30$,设宽度为 $f(x)$,测得球道宽度如表 5.1 所示.

表 5.1

球道长度 x_i/m	0	30	60	90	120	150	180	210	240	270	300
球道宽度 $f(x_i)$/m	0	24	26	29	34	32	30	30	32	34	0

现利用梯形近似曲边梯形,则第 i 个小曲边梯形的面积为

$$S_i=\frac{1}{2}[f(x_{i-1})+f(x_i)]\Delta x_i=\frac{30}{2}[f(x_{i-1})+f(x_i)], i=1,2,\cdots,10.$$

故总面积为

$$\begin{aligned}S&=\sum_{i=1}^{10}S_i=15\sum_{i=1}^{10}[f(x_{i-1})+f(x_i)]\\&=15[f(x_0)+2f(x_1)+2f(x_2)+\cdots+2f(x_9)+f(x_{10})]\\&=15(0+48+52+58+68+64+60+60+64+68+0)\\&=8\ 130\ m^2.\end{aligned}$$

由于 $\frac{S}{40}=\frac{8\ 130}{40}=203.25$,因此本次高尔夫球场修整需要肥料 203.25 kg.

例 5.18(国民收入分配问题) 如图 5.13 所示,称为洛伦兹(M.O.Lorenz)曲线.其中横轴 OH 表示人口(按收入由低到高分组)的累计百分比,纵轴 OM 表示收入的累计百分比,当收入完全平等时,洛伦兹曲线为通过原点、倾角为 45°的直线.当收入完全不平等时,即极少部分(如 1%)的人口却占有几乎全部(100%)的收入,洛伦兹曲线为折线 OHL.当然,一般国家的收入分配既不会是完全平等,也不会完全不平等,而是在两者之间,即洛伦兹曲线是图中的凹曲线 ODL.

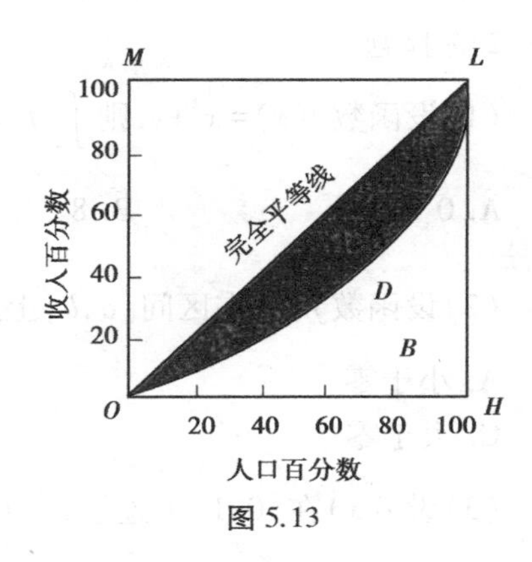

图 5.13

所以洛伦兹曲线与完全平等线的偏离程度(即图 5.13 中阴影部分),决定了该国国民收入分配的不平等程度.

取横轴 OH 为 x 轴,纵轴 OM 为 y 轴,再假定该国某一时期国民收入分配的洛伦兹曲线可近似表示为 $f(x)$,则图 5.13 中阴影部分的面积为

$$A=\int_0^1[x-f(x)]\mathrm{d}x=\frac{1}{2}x^2\Big|_0^1-\int_0^1 f(x)\mathrm{d}x=\frac{1}{2}-\int_0^1 f(x)\mathrm{d}x,$$

即

$$\text{不平等面积}\ A=\text{最大不平等面积}(A+B)-B=\frac{1}{2}-\int_0^1 f(x)\mathrm{d}x.$$

$\frac{A}{A+B}$表示一个国家国民收入在国民之间分配的不平等程度,称为基尼系数,记作 G,则

$$G=\frac{A}{A+B}=\frac{\frac{1}{2}-\int_0^1 f(x)\mathrm{d}x}{\frac{1}{2}}=1-2\int_0^1 f(x)\mathrm{d}x.$$

显然,$G=0$ 时,是完全平等的情形;$G=1$ 时,是完全不平等的情形.

单元检测 5

1.填空题.

(1)设 $f(x)$ 为连续函数,则 $\int_{-a}^{a}x^2[f(x)-f(-x)]\mathrm{d}x=$____________;

(2) 设 $f(x)$ 有连续的导数,$f(b)=5$,$f(a)=3$,则 $\int_a^b f'(x)\mathrm{d}x=$____________;

(3) 设 $F(x)=\int_0^x t\cos^2 t\mathrm{d}t$,则 $F'\left(\frac{\pi}{4}\right)=$____________;

(4) 设 $f(x)=\int_0^{x^2} t\cdot\sqrt[3]{1+t^2}\mathrm{d}t$,则 $f'(x)=$____________;

(5) 若 $\int_a^b \frac{f(x)}{f(x)+g(x)}\mathrm{d}x=1$,则 $\int_a^b \frac{g(x)}{f(x)+g(x)}\mathrm{d}x=$____________.

2.选择题.

(1)设函数$f(x)=x^3+x$,则$\int_{-2}^{2} f(x)\mathrm{d}x$等于(　　).

A. 0　　B. 8　　C. $\int_0^2 f(x)\mathrm{d}x$　　D. $2\int_0^2 f(x)\mathrm{d}x$

(2)设函数$f(x)$在区间$[a,b]$上连续,则$\int_a^b f(x)\mathrm{d}x-\int_a^b f(t)\mathrm{d}t$(　　).

A. 小于零　　B. 等于零

C. 大于零　　D. 不确定

(3)设$f(x)$在$[0,1]$上连续,令$t=2x$,则$\int_0^1 f(2x)\mathrm{d}x$等于(　　).

A. $\int_0^2 f(t)\mathrm{d}t$　　B. $\frac{1}{2}\int_0^1 f(t)\mathrm{d}t$

C. $2\int_0^2 f(t)\mathrm{d}t$　　D. $\frac{1}{2}\int_0^2 f(t)\mathrm{d}t$

(4)设$f(x)$在$[-a,a]$上连续,则定积分$\int_{-a}^{a} f(-x)\mathrm{d}x$等于(　　).

A. 0　　B. $2\int_0^a f(x)\mathrm{d}x$

C. $-\int_{-a}^{a} f(x)\mathrm{d}x$　　D. $\int_{-a}^{a} f(x)\mathrm{d}x$

(5)设$f(x)$为连续函数,则$\int_{\frac{1}{n}}^{n}\left(1-\frac{1}{t^2}\right)f\left(t+\frac{1}{t}\right)\mathrm{d}t$等于(　　).

A. 0　　B. 1　　C. n　　D. $\frac{1}{n}$

(6)设函数$f(x)$在区间$[a,b]$上连续,则由曲线$y=f(x)$与直线$x=a,x=b,y=0$所围成平面图形的面积为(　　).

A. $\int_a^b f(x)\mathrm{d}x$　　B. $\left|\int_a^b f(x)\mathrm{d}x\right|$

C. $\int_a^b |f(x)|\mathrm{d}x$　　D. $f(\xi)(b-a),a<\xi<b$

(7)设$\int_0^x f(t)\mathrm{d}t=a^{2x}$,则$f(x)$等于(　　).

A. $2a^{2x}$　　B. $a^{2x}\ln a$

C. $2xa^{2x-1}$　　D. $2a^{2x}\ln a$

3.用适当方法计算下列定积分:

(1) $\int_1^{e}\frac{\mathrm{d}x}{x(2x+1)}$;　　(2) $\int_0^{\frac{\pi}{2}}\frac{\sin x\cos x}{1+\cos^2 x}\mathrm{d}x$;

(3) $\int_0^4\frac{1}{1+\sqrt{x}}\mathrm{d}x$;　　(4) $\int_0^1\frac{1}{x^2+x+1}\mathrm{d}x$;

(5) $\int_0^{\frac{4}{3}} \frac{x+1}{\sqrt{x^2+1}}\mathrm{d}x$;　　(6) $\int_0^{\pi} (x\sin x)^2\mathrm{d}x$;

(7) $\int_0^{\frac{\pi}{2}} |\sin x - \cos x|\mathrm{d}x$;　　(8) $\int_0^{\pi} \mathrm{e}^x\cos^2 x\mathrm{d}x$.

4.求由曲线 $y=x^3$ 与 $y=\sqrt{x}$ 所围成平面图形的面积.

5.过坐标原点作曲线 $y=\ln x$ 的切线,由该切线与曲线 $y=\ln x$ 及 x 轴围成平面图形记为 D:

(1)求 D 的面积 A;

(2)求 D 绕直线 $x=\mathrm{e}$ 旋转一周所得旋转体的体积.

第6章　多元函数微积分学

§6.1　多元函数的基本概念

6.1.1　区域

在一元函数中，我们有过邻域和区间的概念.在多元函数的内容中，我们需要把这些概念推广.

1）邻域

设 $P_0(x_0,y_0)\in R^2$，δ 为某一正数，在 R^2 中与点 $P_0(x_0,y_0)$ 的距离小于 δ 的点 $P(x,y)$ 的全体，称为点 $P_0(x_0,y_0)$ 的 δ 邻域，记作 $U(P_0,\delta)$，即

$$U(P_0,\delta)=\left\{P\in R^2\,\middle|\,|P_0P|<\delta\right\}$$

$$=\left\{(x,y)\,\middle|\,\sqrt{(x-x_0)^2+(y-y_0)^2}<\delta\right\}.$$

在几何上，$U(P_0,\delta)$ 就是平面上以点 $P_0(x_0,y_0)$ 为中心，以 δ 为半径的圆盘（不包括圆周）.

$U(P_0,\delta)$ 中除去点 $P_0(x_0,y_0)$ 后所剩部分，称为点 $P_0(x_0,y_0)$ 的去心 δ 邻域，记作 $\mathring{U}(P_0,\delta)$.

2）区域

区域是由一条或几条曲线（或直线）所围成的平面的一部分.不包含边界的区域称为开区域.包含边界的区域称为闭区域.

例如，$\{(x,y)\,|\,1<x^2+y^2<4\}$ 围成的区域是 R^2 中的开区域.$\{(x,y)\,|\,1\leqslant x^2+y^2\leqslant 4\}$ 围成的区域是 R^2 中的闭区域.

6.1.2　多元函数的概念

定义1　设 D 是平面上的一个点集，如果对于每个点 $P(x,y)\in D$，变量 z 按照一定的法则总有唯一确定的值和它对应，则称 z 是变量 x,y 的二元函数，记为 $z=f(x,y)$（或记为 $z=f(P)$）.其中，变量 x,y 称为自变量；z 称为因变量；集合 D 称为函数 f 的定义域，$f(D)=\{f(P)\,|\,P\in D\}$ 称为函数 f 的值域.

类似地可以定义三元函数 $u=f(x,y,z)$ 及一般的 n 元函数 $u=f(x_1,x_2,\cdots,x_n)$.

二元及二元以上的函数统称为多元函数.

例 6.1　$z=x^2+y^2$ 是以 x,y 为自变量,z 为因变量的二元函数,其定义域 $D=\{(x,y)\mid x,y\in(-\infty,+\infty)\}$,值域 $f(D)=\{z\mid z\in[0,+\infty)\}$.

6.1.3　二元函数的极限与连续

1)二元函数的极限

定义 2　设二元函数 $f(P)=f(x,y)$ 的定义域为 D,$P_0(x_0,y_0)$ 是 D 中的一聚点,如果存在常数 A,使得对于任意给定的正数 ε,总存在正数 δ,只要点 $P(x,y)\in D\cap\mathring{U}(P_0,\delta)$,就有

$$|f(P)-A|=|f(x,y)-A|<\varepsilon,$$

则称 A 为函数 $f(x,y)$ 当 $P(x,y)$(在 D 上)趋于 $P_0(x_0,y_0)$ 时的极限,记作

$$\lim_{P\to P_0}f(P)=A,\quad \lim_{(x,y)\to(x_0,y_0)}f(x,y)=A.$$

为了区别一元函数的极限,我们把二元函数的极限叫作二重极限.

注:这里所说的当 (x,y) 趋于 (x_0,y_0) 时 $f(x,y)$ 以 A 为极限,是指 (x,y) 以任何方式趋于 (x_0,y_0) 时,$f(x,y)$ 都趋于 A.因为平面上由一点到另一点有无数条路线,因此二元函数当 (x,y) 趋于 (x_0,y_0) 时,要比一元函数中 x 趋于 x_0 复杂得多.

例 6.2　设 $f(x,y)=\dfrac{xy}{x^2+y^2}$,证明:当 $(x,y)\to(0,0)$ 时,$f(x,y)$ 的极限不存在.

证明　当 (x,y) 沿直线 $y=kx$(k 为任意实常数)趋向于 $(0,0)$ 时,有

$$\lim_{\substack{x\to0\\y=kx}}f(x,y)=\lim_{x\to0}\frac{kx^2}{x^2+k^2x^2}=\frac{k}{1+k^2}.$$

显然,极限值随直线的斜率 k 的不同而不同,因此 $\lim\limits_{(x,y)\to(0,0)}f(x,y)$ 不存在.

2)二元函数的连续性

定义 3　设二元函数 $f(P)=f(x,y)$ 的定义域为 D,$P_0(x_0,y_0)$ 是 D 中的一聚点,且 $P_0(x_0,y_0)\in D$,如果

$$\lim_{(x,y)\to(x_0,y_0)}f(x,y)=f(x_0,y_0),$$

则称函数 $f(x,y)$ 在点 P_0 处连续,否则称函数 $f(x,y)$ 在点 P_0 处间断.如果 $f(x,y)$ 在 D 的每一点处都连续,则称函数 $f(x,y)$ 在 D 上连续,或称 $f(x,y)$ 是 D 上的连续函数.

二元连续函数有与一元连续函数类似的性质:

性质 1　二元连续函数经过四则运算后仍为二元连续函数.

性质 2　若 $f(x,y)$ 在有界闭区域 D 上连续,则 $f(x,y)$ 必在 D 上取得最大值和最小值.

性质 3　若 $f(x,y)$ 在有界闭区域 D 上连续,则 $f(x,y)$ 在 D 上必取得介于最大值和最小值之间的任何值.

1.求下列函数的定义域.

(1)$z=\dfrac{1}{x+y}$;　　(2)$z=\ln x+\ln y$;

(3)$z=\sqrt{1-x^2-y^2}$;　　(4)$z=\dfrac{\ln(x+y)}{\sqrt{x}}$.

2.计算下列函数的极限.

(1)$\lim\limits_{(x,y)\to(1,2)}\dfrac{xy}{x^2+y^2}$;　　(2)$\lim\limits_{(x,y)\to(0,2)}\dfrac{\sin xy}{x}$.

3.设$f(x,y)=\dfrac{x-y}{x+y}$,证明:当$(x,y)\to(0,0)$时,$f(x,y)$的极限不存在.

§6.2　偏导数与全微分

一元函数的导数定义为函数增量与自变量增量的比值的极限,它刻画了函数对于自变量的变化率.对于多元函数,由于函数自变量个数增多,函数关系就更为复杂,但是我们仍然可以考虑函数对于某一个自变量的变化率.在本节中,我们讨论二元函数的变化率问题.

6.2.1　偏导数的定义及其计算

定义 1　设函数$z=f(x,y)$在点(x_0,y_0)的某邻域内有定义,当y固定在y_0,而x在x_0处取得增量Δx时,函数相应地取得增量$f(x_0+\Delta x,y_0)-f(x_0,y_0)$,如果极限

$$\lim_{\Delta x\to 0}\frac{f(x_0+\Delta x,y_0)-f(x_0,y_0)}{\Delta x}$$

存在,则称此极限为函数$z=f(x,y)$在点(x_0,y_0)对x的偏导数,记作

$$\left.\frac{\partial z}{\partial x}\right|_{(x_0,y_0)},z_x(x_0,y_0),\left.\frac{\partial f}{\partial x}\right|_{(x_0,y_0)}\text{或}f_x(x_0,y_0).$$

类似地,如果极限

$$\lim_{\Delta y\to 0}\frac{f(x_0,y_0+\Delta y)-f(x_0,y_0)}{\Delta y}$$

存在,则称此极限为函数$z=f(x,y)$在点(x_0,y_0)对y的偏导数,记作

$$\left.\frac{\partial z}{\partial y}\right|_{(x_0,y_0)},z_y(x_0,y_0),\left.\frac{\partial f}{\partial y}\right|_{(x_0,y_0)}\text{或}f_y(x_0,y_0).$$

当函数 $z=f(x,y)$ 在点 (x_0,y_0) 同时存在对 x 与对 y 的偏导数时，简称 $f(x,y)$ 在点 (x_0, y_0) 可偏导.

如果函数 $z=f(x,y)$ 在某平面区域 D 内的每一点 (x,y) 处都存在对 x 及对 y 的偏导数，那么这些偏导数仍然是 x,y 的函数，我们称它们为 $f(x,y)$ 的偏导函数，记作 $\frac{\partial z}{\partial x},\frac{\partial z}{\partial y},f_x(x,y)$，$f_y(x,y)$，$z_x$，$z_y$ 等.在不致产生误解时，偏导函数也简称为偏导数.

由偏导数的定义可知，求多元函数对一个自变量的偏导数时，只需将其他自变量看成常数，用一元函数的求导方法即可求得.

例 6.3 求函数 $f(x,y)=5x^2y^3$ 的偏导数 $f_x(x,y)$，$f_y(x,y)$，并求出 $f_x(0,1)$，$f_y(1,-2)$.

解 将 y 视为常数，对 x 求导得

$$f_x(x,y)=5\cdot 2x\cdot y^3=10xy^3,$$

将 x 视为常数，对 y 求导得

$$f_y(x,y)=5x^2\cdot 3y^2=15x^2y^2,$$

所以

$$f_x(0,1)=0,\quad f_y(1,-2)=15\cdot 1\cdot(-2)^2=60.$$

例 6.4 求函数 $f(x,y)=\mathrm{e}^{x^2y}$ 的偏导数 $\frac{\partial f}{\partial x},\frac{\partial f}{\partial y}$.

解 $\frac{\partial f}{\partial x}=\frac{\partial(\mathrm{e}^{x^2y})}{\partial x}=\mathrm{e}^{x^2y}\cdot 2x\cdot y=2xy\mathrm{e}^{x^2y}$，

$\frac{\partial f}{\partial y}=\frac{\partial(\mathrm{e}^{x^2y})}{\partial y}=\mathrm{e}^{x^2y}\cdot x^2\cdot 1=x^2\mathrm{e}^{x^2y}$.

偏导数的概念容易推广到三元及三元以上的函数中去，例如三元函数 $u=f(x,y,z)$ 在点 (x,y,z) 处对 x 的偏导数就是

$$f_x(x,y,z)=\lim_{\Delta x\to 0}\frac{f(x+\Delta x,y,z)-f(x,y,z)}{\Delta x}.$$

而计算 $f(x,y,z)$ 对 x 的偏导函数时，只需视 y,z 为常数，对 x 用一元函数求导方法即可.

例 6.5 设 $f(x,y)=\begin{cases}\frac{xy}{x^2+y^2}, & x^2+y^2\neq 0\\ 0, & x^2+y^2=0\end{cases}$，求 $f(x,y)$ 的偏导数并讨论 $f(x,y)$ 在 $(0,0)$ 点处的连续性.

解 当 $x^2+y^2\neq 0$ 时，

$$f_x(x,y)=\frac{y(x^2+y^2)-xy\cdot 2x}{(x^2+y^2)^2}=\frac{y(y^2-x^2)}{(x^2+y^2)^2},$$

$$f_y(x,y)=\frac{x(x^2+y^2)-xy\cdot 2y}{(x^2+y^2)^2}=\frac{x(x^2-y^2)}{(x^2+y^2)^2}.$$

当 $x^2+y^2=0$ 时，

$$f_x(0,0)=\lim_{\Delta x\to 0}\frac{f(\Delta x,0)-f(0,0)}{\Delta x}=\lim_{\Delta x\to 0}\frac{0-0}{\Delta x}=0,$$

$$f_y(0,0)=\lim_{\Delta y\to 0}\frac{f(0,\Delta y)-f(0,0)}{\Delta y}=\lim_{\Delta y\to 0}\frac{0-0}{\Delta y}=0.$$

又由例 6.2 可知，$\lim\limits_{(x,y)\to(0,0)}f(x,y)$不存在，故$f(x,y)$在$(0,0)$处不连续.

此例说明，函数在一点偏导数存在时不一定连续.

6.2.2 高阶偏导数

设函数$z=f(x,y)$在平面区域D内存在偏导数$f_x(x,y)$和$f_y(x,y)$，如果这两个偏导函数仍可求偏导，则称它们的偏导数为函数$z=f(x,y)$的二阶偏导数，按照求导次序的不同，我们有下列四种不同的二阶偏导数.

函数$f(x,y)$关于x的二阶偏导数，记作$\frac{\partial^2 z}{\partial x^2}$，$f_{xx}(x,y)$，$z_{xx}$等，有下式定义：

$$\frac{\partial^2 z}{\partial x^2}\left[\text{或}\frac{\partial^2 f}{\partial x^2}\text{或}f_{xx}(x,y)\right]=\frac{\partial}{\partial x}\left(\frac{\partial z}{\partial x}\right).$$

类似地，可定义其他三种二阶偏导数，其记号和定义分别为

$$\frac{\partial^2 z}{\partial x\partial y}\left[\text{或}\frac{\partial^2 f}{\partial x\partial y}\text{或}f_{xy}(x,y)\right]=\frac{\partial}{\partial y}\left(\frac{\partial z}{\partial x}\right),$$

$$\frac{\partial^2 z}{\partial y\partial x}\left[\text{或}\frac{\partial^2 f}{\partial y\partial x}\text{或}f_{yx}(x,y)\right]=\frac{\partial}{\partial x}\left(\frac{\partial z}{\partial y}\right),$$

$$\frac{\partial^2 z}{\partial y^2}\left[\text{或}\frac{\partial^2 f}{\partial y^2}\text{或}f_{yy}(x,y)\right]=\frac{\partial}{\partial y}\left(\frac{\partial z}{\partial y}\right).$$

其中，$\frac{\partial^2 z}{\partial x\partial y}$和$\frac{\partial^2 z}{\partial y\partial x}$称为函数$z=f(x,y)$的二阶混合偏导数.仿此可继续定义多元函数的更高阶的偏导数，并且可仿此引入相应的记号.

例 6.6 求$z=x^3+y^3-3xy^2+1$的各二阶偏导数.

解 $\frac{\partial z}{\partial x}=3x^2-3y^2$，$\frac{\partial^2 z}{\partial x^2}=6x$，$\frac{\partial^2 z}{\partial x\partial y}=-6y$，

$\frac{\partial z}{\partial y}=3y^2-6xy$，$\frac{\partial^2 z}{\partial y^2}=6y-6x$，$\frac{\partial^2 z}{\partial y\partial x}=-6y$.

例 6.7 求$z=x^2ye^y$的各二阶偏导数.

解 $\frac{\partial z}{\partial x}=2xye^y$，$\frac{\partial^2 z}{\partial x^2}=2ye^y$，$\frac{\partial^2 z}{\partial x\partial y}=2xe^y+2xye^y=2xe^y(1+y)$，

$\frac{\partial z}{\partial y}=x^2e^y(1+y)$，$\frac{\partial^2 z}{\partial y^2}=x^2e^y(2+y)$，$\frac{\partial^2 z}{\partial y\partial x}=2xe^y(1+y)$.

注意到例 6.6 和例 6.7 中都有$\frac{\partial^2 z}{\partial x\partial y}=\frac{\partial^2 z}{\partial y\partial x}$，这不是偶然的，下面的定理说明了原因.

定理 1 如果函数$z=f(x,y)$的两个二阶混合偏导数$f_{xy}(x,y)$，$f_{yx}(x,y)$在区域D内连续，那么在该区域内

$$f_{xy}(x,y)=f_{yx}(x,y).$$

此定理说明,二阶混合偏导数在连续的条件下与求导次序无关.

6.2.3 全微分

在定义二元函数$f(x,y)$的偏导数时,我们曾经考虑了函数的下述两个增量

$$f(x+\Delta x,y)-f(x,y),$$
$$f(x,y+\Delta y)-f(x,y),$$

它们分别称为函数$z=f(x,y)$在点(x,y)处对x与对y的偏增量.当$f(x,y)$在点(x,y)偏导数存在时,这两个偏增量可以分别表示为

$$f(x+\Delta x,y)-f(x,y)=f_x(x,y)\Delta x+O(\Delta x),$$
$$f(x,y+\Delta y)-f(x,y)=f_y(x,y)\Delta y+O(\Delta y).$$

两式右端的第一项分别称为函数$z=f(x,y)$在点(x,y)处对x与对y的偏微分.在许多实际问题中,我们还需要研究$f(x,y)$的形如

$$f(x+\Delta x,y+\Delta y)-f(x,y)$$

的全增量.

一般地,计算全增量比较复杂.与一元函数的情形一样,我们希望用自变量的增量Δx,Δy的线性函数来近似代替函数的全增量,从而引入如下定义.

定义2 设函数$z=f(x,y)$在点(x,y)的某邻域内有定义.如果函数$z=f(x,y)$在点(x,y)的全增量

$$\Delta z=f(x+\Delta x,y+\Delta y)-f(x,y)$$

可以表示为

$$\Delta z=A\Delta x+B\Delta y+o(\rho),$$

其中A、B不依赖于Δx、Δy而仅与x、y有关,$\rho=\sqrt{(\Delta x)^2+(\Delta y)^2}$,则称函数$z=f(x,y)$在点$(x,y)$可微分,而$A\Delta x+B\Delta y$称为函数$z=f(x,y)$在点$(x,y)$的全微分,记作$\mathrm{d}z$,即

$$\mathrm{d}z=A\Delta x+B\Delta y.$$

习惯上,自变量的增量Δx与Δy常写成$\mathrm{d}x$与$\mathrm{d}y$,并分别称为自变量x,y的微分.这样函数$z=f(x,y)$的全微分也可写为

$$\mathrm{d}z=A\mathrm{d}x+B\mathrm{d}y.$$

当函数$z=f(x,y)$在区域D内各点处都可微分时,那么称$z=f(x,y)$在D内可微分.

由上述定义,我们容易得到函数$z=f(x,y)$在点(x,y)可微分的条件.

定理2(必要条件) 若函数$z=f(x,y)$在点(x,y)可微分,则

(1)$f(x,y)$在点(x,y)处连续;

(2)$f(x,y)$在点(x,y)处可偏导,且有$A=\dfrac{\partial z}{\partial x}$,$B=\dfrac{\partial z}{\partial y}$,即$z=f(x,y)$在点$(x,y)$的全微分为

$$\mathrm{d}z=\frac{\partial z}{\partial x}\mathrm{d}x+\frac{\partial z}{\partial y}\mathrm{d}y.$$

定理 3(充分条件)　如果函数 $z=f(x,y)$ 的偏导数 $\frac{\partial z}{\partial x},\frac{\partial z}{\partial y}$ 在点 (x,y) 连续,则函数在该点可微分.

由定理 2 和定理 3 可以看出,对于二元函数 $z=f(x,y)$,在点 (x,y) 处存在偏导数是 $f(x,y)$ 在该点处可微的必要条件,而非充分条件.只有 $f(x,y)$ 在点 (x,y) 处偏导数存在且连续时,$f(x,y)$ 才在该点可微.另外,可以证明:如果二元函数 $z=f(x,y)$ 在点 (x,y) 可微,则 $f(x,y)$ 在该点连续.

以上关于二元函数全微分的定义及可微分的必要条件和充分条件,可以完全类似地推广到三元及三元以上的多元函数.

例 6.8　求函数 $z=x^2y+\frac{x}{y}$ 的全微分.

解　因为

$$\frac{\partial z}{\partial x}=2xy+\frac{1}{y},\quad \frac{\partial z}{\partial y}=x^2-\frac{x}{y^2},$$

所以

$$dz=\left(2xy+\frac{1}{y}\right)dx+\left(x^2-\frac{x}{y^2}\right)dy.$$

例 6.9　求函数 $z=e^{xy}$ 在点 $(2,1)$ 的全微分.

解　因为

$$\frac{\partial z}{\partial x}=ye^{xy},\quad \frac{\partial z}{\partial y}=xe^{xy},$$

所以

$$dz\big|_{(2,1)}=e^2dx+2e^2dy.$$

多元函数的全微分在近似计算中有一定的应用.实际上,对于可微的二元函数 $z=f(x,y)$,因为 $\Delta z-dz=o(\rho)$ 是一个比 ρ 高阶的无穷小量,所以有近似公式

$$\Delta z\approx dz=f_x(x,y)\Delta x+f_y(x,y)\Delta y,$$

上式也可写成

$$f(x+\Delta x,y+\Delta y)\approx f(x,y)+f_x(x,y)\Delta x+f_y(x,y)\Delta y.$$

例 6.10　计算 $(1.04)^{2.02}$ 的近似值.

解　设函数 $f(x,y)=x^y$.显然,要计算的值就是函数在 $x=1.04,y=2.02$ 时的函数值 $f(1.04,2.02)$.

取 $x=1,y=2,\Delta x=0.04,\Delta y=0.02$.由于

$$f(1,2)=1,$$

$$f_x(x,y)=yx^{y-1},\quad f_y(x,y)=x^y\ln x,$$

$$f_x(1,2)=2,\quad f_y(1,2)=0,$$

所以,

$$(1.04)^{2.02}\approx 1+2\times 0.04+0\times 0.02=1.08.$$

习题 6.2

1.计算下列函数的偏导数.

(1)$z=x^4y^3$;　　(2)$z=x^y$;

(3)$z=\frac{x}{y}$;　　(4)$z=e^{x+y}$.

2.求函数$f(x,y)=\sqrt{2x+3y}$的偏导数$f_x(x,y)$,$f_y(x,y)$,并求出$f_x(0,1)$,$f_y(1,2)$.

3.计算下列函数的二阶偏导数.

(1)$z=\sin(xy)$;　　(2)$z=\sqrt{x^2+y^2}$;

(3)$z=\frac{x}{y}+xy$;　　(4)$z=x^2+3xy+y^3$.

4.计算下列函数的全微分.

(1)$z=x\cos y$;　　(2)$z=y^3+\ln(xy)$;

(3)$z=\ln(x+y)$;　　(4)$z=\sin(x+y)$.

5.求函数$z=ye^x$在点$(-2,3)$处的全微分.

6.计算$(1.02)^{1.99}$的近似值.

§6.3　复合函数与隐函数的求导方法

6.3.1　多元复合函数的求导法则

在一元函数的微分学中,复合函数的求导法则起着重要的作用.现在我们把它推广到多元复合函数的情形.

下面按照多元复合函数不同的复合情形,举两种情况讨论.

1)复合函数的中间变量均为一元函数的情形

定理1　如果函数$u=\varphi(t)$及$v=\psi(t)$都在点t可导,函数$z=f(u,v)$在对应点(u,v)具有连续偏导数,则复合函数$z=f[\varphi(t),\psi(t)]$在点t可导,且有

$$\frac{dz}{dt}=\frac{\partial z}{\partial u}\frac{du}{dt}+\frac{\partial z}{\partial v}\frac{dv}{dt}.$$

上式中的$\frac{dz}{dt}$称为z对t的全导数.

例6.11　设$z=e^{2u-3v}$,其中$u=x^2$,$v=\cos x$,求$\frac{dz}{dx}$.

解 因为

$$\frac{\partial z}{\partial u}=2e^{2u-3v},\quad \frac{\partial z}{\partial v}=-3e^{2u-3v},$$

$$\frac{du}{dx}=2x,\quad \frac{dv}{dx}=-\sin x,$$

所以

$$\begin{aligned}\frac{dz}{dx}&=\frac{\partial z}{\partial u}\cdot\frac{du}{dx}+\frac{\partial z}{\partial v}\cdot\frac{dv}{dx}\\&=e^{2u-3v}(4x+3\sin x)\\&=e^{2x^2-3\cos x}(4x+3\sin x).\end{aligned}$$

2)复合函数的中间变量均为多元函数的情形

定理2 如果函数 $u=\varphi(x,y)$ 及 $v=\psi(x,y)$ 都在点 (x,y) 具有对 x 及对 y 的偏导数,函数 $z=f(u,v)$ 在对应点 (u,v) 具有连续偏导数,则复合函数 $z=f[\varphi(x,y),\psi(x,y)]$ 在点 (x,y) 的两个偏导数存在,且有

$$\frac{\partial z}{\partial x}=\frac{\partial z}{\partial u}\frac{\partial u}{\partial x}+\frac{\partial z}{\partial v}\frac{\partial v}{\partial x},$$

$$\frac{\partial z}{\partial y}=\frac{\partial z}{\partial u}\frac{\partial u}{\partial y}+\frac{\partial z}{\partial v}\frac{\partial v}{\partial y}.$$

例 6.12 设 $z=u^2\ln v,u=\frac{x}{y},v=3x-2y$,求$\frac{\partial z}{\partial x}$及$\frac{\partial z}{\partial y}$.

解

$$\begin{aligned}\frac{\partial z}{\partial x}&=\frac{\partial z}{\partial u}\cdot\frac{\partial u}{\partial x}+\frac{\partial z}{\partial v}\cdot\frac{\partial v}{\partial x}=2u\ln v\cdot\frac{1}{y}+\frac{u^2}{v}\cdot 3\\&=\frac{2x}{y^2}\ln(3x-2y)+\frac{3x^2}{(3x-2y)y^2},\end{aligned}$$

$$\begin{aligned}\frac{\partial z}{\partial y}&=\frac{\partial z}{\partial u}\cdot\frac{\partial u}{\partial y}+\frac{\partial z}{\partial v}\cdot\frac{\partial v}{\partial y}=2u\ln v\cdot\left(-\frac{x}{y^2}\right)+\frac{u^2}{v}\cdot(-2)\\&=-\frac{2x^2}{y^3}\ln(3x-2y)-\frac{2x^2}{(3x-2y)y^2}.\end{aligned}$$

例 6.13 设 $u=f(x,y,z)=e^{2x+3y+4z},y=z^2\cos x$,求$\frac{\partial u}{\partial x},\frac{\partial u}{\partial z}$.

解

$$\begin{aligned}\frac{\partial u}{\partial x}&=\frac{\partial f}{\partial x}+\frac{\partial f}{\partial y}\cdot\frac{\partial y}{\partial x}\\&=2e^{2x+3y+4z}+3e^{2x+3y+4z}\cdot(-z^2\sin x)\\&=(2-3z^2\sin x)e^{2x+3y+4z}.\end{aligned}$$

$$\frac{\partial u}{\partial z}=\frac{\partial f}{\partial y}\cdot\frac{\partial y}{\partial z}+\frac{\partial f}{\partial z}$$

$$= 3e^{2x+3y+4z} \cdot 2z\cos x + 4e^{2x+3y+4z}$$
$$= 2(3z\cos x + 2)e^{2x+3y+4z}.$$

例 6.14 设 $w=f(x+y+z,xyz)$，其中 f 具有二阶连续偏导数，求$\frac{\partial w}{\partial x},\frac{\partial^2 w}{\partial x\partial z}$.

解 令 $u=x+y+z,v=xyz$，则 $w=f(u,v)$.

为了表达简便起见，引入以下记号：

$$f'_1=\frac{\partial f(u,v)}{\partial u},f''_{12}=\frac{\partial^2 f(u,v)}{\partial u\partial v}.$$

这里下标 1 表示对第一个变量 u 求偏导数，下标 2 表示对第二个变量 v 求偏导数.同理有f'_2,f''_{11},f''_{22}等.

因所给函数由 $w=f(u,v)$ 及 $u=x+y+z,v=xyz$ 复合而成，根据复合函数的求导法则，有

$$\frac{\partial w}{\partial x}=\frac{\partial f}{\partial u}\frac{\partial u}{\partial x}+\frac{\partial f}{\partial v}\frac{\partial v}{\partial x}=f'_1+yzf'_2,$$

$$\frac{\partial^2 w}{\partial x\partial z}=\frac{\partial}{\partial z}(f'_1+yzf'_2)=\frac{\partial f'_1}{\partial z}+yf'_2+yz\frac{\partial f'_2}{\partial z}.$$

$$\frac{\partial f'_1}{\partial z}=\frac{\partial f'_1}{\partial u}\frac{\partial u}{\partial z}+\frac{\partial f'_1}{\partial v}\frac{\partial v}{\partial z}=f''_{11}+xyf''_{12},$$

$$\frac{\partial f'_2}{\partial z}=\frac{\partial f'_2}{\partial u}\frac{\partial u}{\partial z}+\frac{\partial f'_2}{\partial v}\frac{\partial v}{\partial z}=f''_{21}+xyf''_{22}.$$

于是

$$\frac{\partial^2 w}{\partial x\partial z}=f''_{11}+xyf''_{12}+yf'_2+yzf''_{21}+xy^2zf''_{22}$$
$$=f''_{11}+y(x+z)f''_{12}+yf'_2+xy^2zf''_{22}.$$

6.3.2 隐函数的求导公式

在一元函数微分学中，我们已经提出隐函数的概念，并指出了求不经过显化直接由方程

$$F(x,y)=0$$

所确定的隐函数的导数的方法.现在我们列出隐函数存在定理，并根据多元复合函数的求导法则来导出隐函数的求导公式.

隐函数存在定理 1 设函数 $F(x,y)$ 在点 $P(x_0,y_0)$ 的某一邻域内具有连续偏导数，且 $F(x_0,y_0)=0,F_y(x_0,y_0)\neq 0$，则方程 $F(x,y)=0$ 在点(x_0,y_0)的某一邻域内恒能唯一确定一个具有连续导数的函数 $y=f(x)$，它满足条件 $y_0=f(x_0)$，并有

$$\frac{\mathrm{d}y}{\mathrm{d}x}=-\frac{F_x}{F_y}.$$

例 6.15 设 $\sin xy+e^x=y^2$，求$\frac{\mathrm{d}y}{\mathrm{d}x}$.

解 设

$$F(x,y)=\sin xy+e^{x}-y^{2},$$

因为

$$F_{x}=y\cos xy+e^{x},\quad F_{y}=x\cos xy-2y,$$

所以

$$\frac{dy}{dx}=-\frac{F_{x}}{F_{y}}=-\frac{y\cos xy+e^{x}}{x\cos xy-2y}.$$

隐函数存在定理 2 设函数 $F(x,y,z)$ 在点 $P(x_0,y_0,z_0)$ 的某一邻域内具有连续偏导数，且 $F(x_0,y_0,z_0)=0$，$F_z(x_0,y_0,z_0)\neq0$，则方程 $F(x,y,z)=0$ 在点 (x_0,y_0,z_0) 的某一邻域内恒能唯一确定一个具有连续导数的函数 $z=f(x,y)$，它满足条件 $z=f(x_0,y_0)$，并有

$$\frac{\partial z}{\partial x}=-\frac{F_{x}}{F_{z}},\quad \frac{\partial z}{\partial y}=-\frac{F_{y}}{F_{z}}.$$

例 6.16 求方程 $z^3-3xyz=1$ 所确定的函数 $z=f(x,y)$ 的偏导数.

解 设 $F(x,y,z)=z^3-3xyz-1$，则

$$F_{x}=-3yz,\quad F_{y}=-3xz,\quad F_{z}=3z^{2}-3xy,$$

从而

$$\frac{\partial z}{\partial x}=-\frac{F_{x}}{F_{z}}=\frac{yz}{z^{2}-xy},\quad \frac{\partial z}{\partial y}=-\frac{F_{y}}{F_{z}}=\frac{xz}{z^{2}-xy}.$$

习题 6.3

1. 设 $z=x^2+3xy+y^2$，其中 $x=t^2$，$y=t$，求 $\frac{dz}{dt}$.

2. 设 $z=xy$，其中 $x=e^{2t}$，$y=\sin 3t$，求 $\frac{dz}{dt}$.

3. 设 $z=\sin(x+3y)$，其中 $x=3t$，$y=\ln t$，求 $\frac{dz}{dt}$.

4. 设 $z=u^2v^3$，$u=x+y$，$v=x-y$，求 $\frac{\partial z}{\partial x}$ 及 $\frac{\partial z}{\partial y}$.

5. 设 $z=e^u\sin v$，$u=xy$，$v=x+y$，求 $\frac{\partial z}{\partial x}$ 及 $\frac{\partial z}{\partial y}$.

6. 设 $u=f(x,y,z)=xyz$，$z=\ln y+\cos x$，求 $\frac{\partial u}{\partial x}$，$\frac{\partial u}{\partial y}$.

7. 设 $w=f(x+y,xy)$，其中 f 具有一、二阶连续偏导数，求 $\frac{\partial w}{\partial x}$，$\frac{\partial^2 w}{\partial x\partial y}$.

8. 设 $xy+x+y=1$，求 $\frac{dy}{dx}$.

9.设 $\ln(x^2+y^2)=\arctan x$，求$\frac{\mathrm{d}y}{\mathrm{d}x}$.

10.求方程 $e^z-xyz=0$ 所确定的函数 $z=f(x,y)$ 的偏导数.

11.求方程 $z-\sin(xyz)=0$ 所确定的函数 $z=f(x,y)$ 的偏导数.

§6.4　二元函数的极值

6.4.1　二元函数极值的定义

定义　如果二元函数 $z=f(x,y)$ 对于点 (x_0,y_0) 的某一邻域内的所有点，总有

$$f(x,y)<f(x_0,y_0),\quad (x,y)\neq(x_0,y_0),$$

则称 $f(x_0,y_0)$ 是函数 $f(x,y)$ 的极大值；如果总有

$$f(x,y)>f(x_0,y_0),\quad (x,y)\neq(x_0,y_0),$$

则称 $f(x_0,y_0)$ 是函数 $f(x,y)$ 的极小值.

函数的极大值与极小值统称为极值；使函数取得极值的点称为极值点.

定理1（必要条件）　设函数 $z=f(x,y)$ 在点 (x_0,y_0) 具有偏导数，且在点 (x_0,y_0) 处有极值，则有

$$f_x(x_0,y_0)=0,\quad f_y(x_0,y_0)=0.$$

仿照一元函数，凡是能使 $f_x(x_0,y_0)=0,f_y(x_0,y_0)=0$ 同时成立的点 (x_0,y_0) 称为函数 $z=f(x,y)$ 的驻点.从定理1可知，偏导数存在的极值点一定是驻点，但驻点不一定是极值点.极值点也可能是偏导数不存在的点.

定理2（充分条件）　设函数 $z=f(x,y)$ 在点 (x_0,y_0) 的某邻域内连续且有一阶及二阶连续偏导数，又 $f_x(x_0,y_0)=0,f_y(x_0,y_0)=0$，令

$$f_{xx}(x_0,y_0)=A,\quad f_{xy}(x_0,y_0)=B,\quad f_{yy}(x_0,y_0)=C,$$

则 $f(x,y)$ 在 (x_0,y_0) 处是否取得极值的条件如下：

①$AC-B^2>0$ 时具有极值，且当 $A<0$ 时有极大值，当 $A>0$ 时有极小值.

②$AC-B^2<0$ 时没有极值；

③$AC-B^2=0$ 时可能有极值，也可能没有极值，还需另作讨论.

例6.17　求函数 $f(x,y)=y^3-x^2+6x-12y+5$ 的极值.

解　先解方程组

$$\begin{cases}f_x=-2x+6=0\\f_y=3y^2-12=0\end{cases}$$

求得驻点为 $(3,2),(3,-2)$.

再求出二阶偏导数

$$f_{xx}=-2,\quad f_{xy}=0,\quad f_{yy}=6y.$$

在点(3,2)处,$AC-B^2=-2\times12=-24<0$,所以(3,2)不是极值点.

在点(3,-2)处,$AC-B^2=(-2)\times(-12)=24>0$,又 $A<0$,所以函数在(3,-2)处有极大值 $f(3,-2)=30$.

例 6.18 某工厂生产两种型号的产品 A、B,出售单价分别为 10 元与 9 元,生产 x 单位的产品 A 与生产 y 单位的产品 B 的总成本为 $400+2x+3y+0.01(3x^2+xy+3y^2)$ 元.求 A、B 两种产品各生产多少,工厂可取得最大利润?

解 设 $L(x,y)$ 为生产 x 单位的产品 A 与生产 y 单位的产品 B 时所获得的总利润,则

$$\begin{aligned}L(x,y)&=(10x+9y)-[400+2x+3y+0.01(3x^2+xy+3y^2)]\\&=8x+6y-0.01(3x^2+xy+3y^2)-400.\end{aligned}$$

令

$$\begin{cases}L_x(x,y)=8-0.01(6x+y)=0,\\L_y(x,y)=6-0.01(x+6y)=0,\end{cases}$$

解方程组,得 $x=120,y=80$,又由

$$L_{xx}=-0.06<0,\quad L_{xy}=-0.01,\quad L_{yy}=-0.06$$

可知

$$AC-B^2=-0.06\cdot(-0.06)-(-0.01)^2=3.5\times10^{-3}>0,$$

故 $L(x,y)$ 在驻点(120,80)处取得极大值.驻点唯一,因而可以判定,当 A、B 两种产品分别生产 120 和 80 件时,利润最大,且最大利润为

$$L(120,80)=320(\text{元}).$$

6.4.2 条件极值与拉格朗日乘数法

上面给出的求二元函数 $f(x,y)$ 极值的方法中,两个自变量 x 与 y 是相互独立的,即不受其他条件约束,此时的极值称为无条件极值,简称极值.如果自变量 x 与 y 之间还有满足一定的条件 $\varphi(x,y)=0$,称为约束条件或约束方程,这时所求的极值叫作条件极值.下面介绍求条件极值的拉格朗日乘数法.

拉格朗日乘数法 要找函数 $z=f(x,y)$ 在约束条件 $\varphi(x,y)=0$ 下的可能极值点,可以先作拉格朗日函数

$$L(x,y)=f(x,y)+\lambda\varphi(x,y),$$

其中 λ 为参数.求其对 x 与 y 的一阶偏导数,并使之为零,然后与约束条件联立:

$$\begin{cases}f_x(x,y)+\lambda\varphi_x(x,y)=0,\\f_y(x,y)+\lambda\varphi_y(x,y)=0,\\\varphi(x,y)=0.\end{cases}$$

由这方程组解出 x,y 及 λ,这样得到的 (x,y) 就是函数 $f(x,y)$ 在约束条件 $\varphi(x,y)=0$ 下的可能极值点.

例 6.19 某产品的生产函数为 $f(x,y)=100x^{\frac{3}{4}}y^{\frac{1}{4}}$,其中 x,y 分别表示投入的劳动力数量

和资本数量，f 是产量.若每个劳动力与每单位资本的成本分别为 150 元及 250 元，该生产商的总预算是 50 000 元，试求最佳资金投入分配方案.

解　这是个条件极值问题，要求目标函数

$$f(x,y)=100x^{\frac{3}{4}}y^{\frac{1}{4}}$$

在约束条件

$$150x+250y=50\ 000$$

下的最大值.

作拉格朗日函数

$$L(x,y)=100x^{\frac{3}{4}}y^{\frac{1}{4}}+\lambda(50\ 000-150x-250y).$$

令

$$L_x=75x^{-\frac{1}{4}}y^{\frac{1}{4}}-150\lambda=0,$$

$$L_y=25x^{\frac{3}{4}}y^{-\frac{3}{4}}-250\lambda=0,$$

与方程

$$50\ 000-150x-250y=0,$$

联立可得 $x=250,y=50$.

这是目标函数的唯一可能极值点，而由问题本身可知最高生产量一定存在.故劳动力数量为 250，资本数量为 50 时为最佳投资方案.

习题 6.4

1.求函数 $f(x,y)=x^3-y^3+3x^2+3y^2-9x$ 的极值.

2.求函数 $f(x,y)=y^3-x^2+6x-12y+9$ 的极值.

3.求函数 $f(x,y)=x^3+y^2-2xy$ 的极值.

4.求函数 $f(x,y)=e^{2x}(x+y^2+2y)$ 的极值.

5.某厂家生产的一种产品同时在两个市场销售，售价分别为 p_1 和 p_2，销售量分别为 q_1 和 q_2，需求函数分别为 $q_1=24-0.2p_1,q_2=10-0.5p_2$，总成本函数为 $C=35+40(q_1+q_2)$，问厂家如何确定该产品在两个市场的售价，能使其获得的总利润最大？最大利润是多少？

6.在平面上求一点，使它到 $x=0,y=0,x+2y-16=0$ 三条直线的距离最小.

7.将一尺子截成 3 段，如何截取使得围成的三角形面积最大？

8.将 12 分成三个正数 x,y,z 之和，何时 $u=x^3y^3z$ 最大？

9.将周长为 3 的矩形绕它的一边旋转成为一个圆柱体.问矩形的边长各为多大时，才可使圆柱体的体积最大？

§6.5 二重积分

6.5.1 二重积分的概念与性质

1)二重积分的基本概念

引例 曲顶柱体体积.

设有一立体,它的底是 xOy 面上的闭区域 D,它的侧面是以 D 的边界曲线为准线而母线平行于 z 轴的柱面,它的顶是曲面 $z=f(x,y)$,这里 $f(x,y)\geqslant 0$ 且在 D 上连续(图 6.1).这种立体叫作曲顶柱体.现在我们来讨论如何定义并计算上述曲顶柱体的体积 V.

我们知道,平顶柱体的高是不变的,它的体积可以用公式

$$体积=高\times底面积$$

来定义和计算.关于曲顶柱体,当 (x,y) 在区域 D 上变动时,高度 $f(x,y)$ 是变量,因此它的体积不能直接用上式来定义和计算.但如果回忆起第 5 章中求曲边梯形面积的问题,就不难想到,那里所采取的解决办法,可以借鉴来解决目前的问题.

首先,用一组曲线网把 D 分成 n 个小区域

$$\Delta\sigma_1,\Delta\sigma_2,\cdots,\Delta\sigma_n.$$

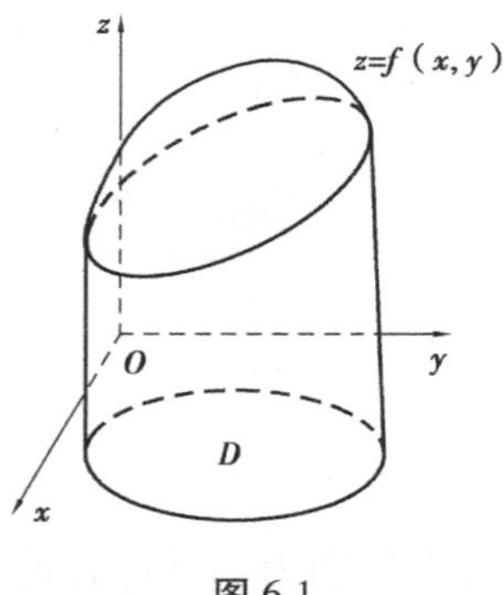

图 6.1

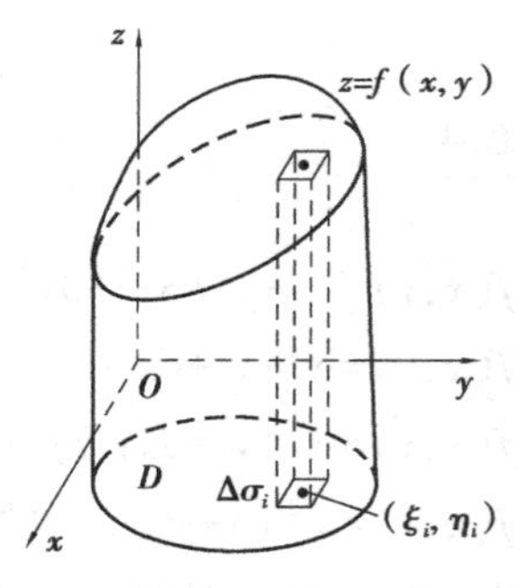

图 6.2

分别以这些小闭区域的边界曲线为准线,作母线平行于 z 轴的柱面,这些柱面把原来的曲顶柱体分为 n 个曲顶柱体.当这些小闭区域的直径很小时,由于 $f(x,y)$ 连续,对同一个小闭区域来说,$f(x,y)$ 的变化很小,这时细条曲顶柱体可以近似看作平顶柱体.我们在每个 $\Delta\sigma_i$(这小闭区域的面积也记作 $\Delta\sigma_i$)中任取一点 (ξ_i,η_i),以 $f(\xi_i,\eta_i)$ 为高而底为 $\Delta\sigma_i$ 的平顶柱体(图 6.2)的体积为

$$f(\xi_i,\eta_i)\Delta\sigma_i \qquad (i=1,2,\cdots,n).$$

这 n 个平顶柱体的体积之和

$$\sum_{i=1}^{n} f(\xi_i,\eta_i)\Delta\sigma_i,$$

可以认为是整个曲顶柱体体积的近似值.令 n 个小闭区域的直径中的最大值(记作 λ)趋于零,取上述和的极限,所得的极限便自然地定义为所求曲顶柱体的体积 V,即

$$V=\lim_{\lambda\to 0}\sum_{i=1}^{n}f(\xi_i,\eta_i)\Delta\sigma_i.$$

定义1　设 $f(x,y)$ 是有界闭区域 D 上的有界函数.将闭区域 D 任意分成 n 个小闭区域

$$\Delta\sigma_1,\Delta\sigma_2,\cdots,\Delta\sigma_n,$$

其中 $\Delta\sigma_i$ 为第 i 个小闭区域,也表示它的面积.在每个 $\Delta\sigma_i$ 上任取一点 (ξ_i,η_i),作乘积 $f(\xi_i,\eta_i)\Delta\sigma_i(i=1,2,\cdots,n)$,并作和 $\sum\limits_{i=1}^{n}f(\xi_i,\eta_i)\Delta\sigma_i$. 如果当各个小闭区域的直径中的最大值 λ 趋于零时,这和的极限总存在,则称此极限为函数 $f(x,y)$ 在闭区域 D 上的二重积分,记作 $\iint\limits_D f(x,y)\mathrm{d}\sigma$,即

$$\iint\limits_D f(x,y)\mathrm{d}\sigma=\lim_{\lambda\to 0}\sum_{i=1}^{n}f(\xi_i,\eta_i)\Delta\sigma_i,$$

其中 $f(x,y)$ 叫作被积函数,$f(x,y)\mathrm{d}\sigma$ 叫作被积表达式,$\mathrm{d}\sigma$ 叫作面积元素,x 与 y 叫作积分变量,D 叫作积分区域, $\sum\limits_{i=1}^{n}f(\xi_i,\eta_i)\Delta\sigma_i$ 叫作积分和.

下面对上述定义作两点说明:

①根据定义,积分和 $\sum\limits_{i=1}^{n}f(\xi_i,\eta_i)\Delta\sigma_i$ 的极限存在时,此极限为 $f(x,y)$ 在 D 上的二重积分,此时,称 $f(x,y)$ 在 D 上是可积的.可以证明,如果函数 $f(x,y)$ 在有界区域 D 上连续,则 $f(x,y)$ 在 D 上一定是可积的.

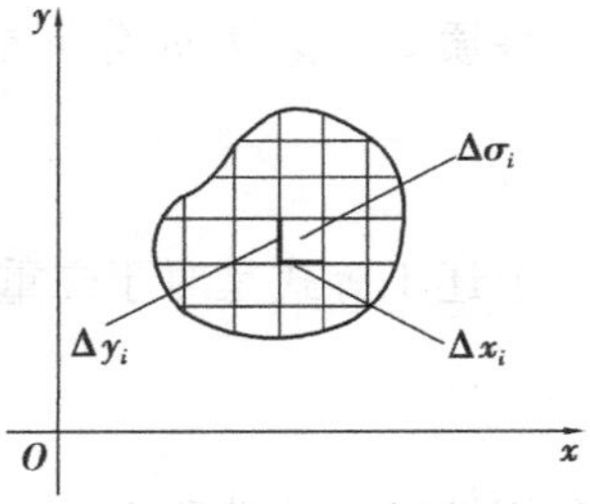

②由定义知,如果 $f(x,y)$ 在 D 上可积,则积分和 $\sum\limits_{i=1}^{n}f(\xi_i,\eta_i)\Delta\sigma_i$ 的极限存在,且与 D 的分法无关.因此,在直角坐标系中常用平行于 x 轴和 y 轴的两组直线分割 D,如图6.3所示.于是,小区域的面积为

y
$\Delta\sigma_i$
Δy_i
Δx_i
O
x

图6.3

$$\Delta\sigma_i=\Delta x_i\Delta y_i(i=1,2,\cdots,n).$$

可以证明,取极限后,面积元素为

$$\mathrm{d}\sigma=\mathrm{d}x\mathrm{d}y,$$

所以直角坐标系中,二重积分和记为

$$\iint\limits_D f(x,y)\mathrm{d}\sigma=\iint\limits_D f(x,y)\mathrm{d}x\mathrm{d}y.$$

2)二重积分的性质

性质1　设 α,β 为常数,则

$$\iint\limits_D[\alpha f(x,y)+\beta g(x,y)]\mathrm{d}\sigma=\alpha\iint\limits_D f(x,y)\mathrm{d}\sigma+\beta\iint\limits_D g(x,y)\mathrm{d}\sigma.$$

性质 2 如果闭区域 D 被有限条曲线分为有限闭区域,则在 D 上的二重积分等于在各部分闭区域上的和.例如 D 分为两个闭区域 D_1 和 D_2,则

$$\iint_D f(x,y)\,\mathrm{d}\sigma = \iint_{D_1} f(x,y)\,\mathrm{d}\sigma + \iint_{D_2} g(x,y)\,\mathrm{d}\sigma.$$

这个性质表示二重积分对于积分区域具有可加性.

性质 3 如果在 D 上,$f(x,y)=1$,σ 为 D 的面积,则

$$\sigma = \iint_D 1 \cdot \mathrm{d}\sigma = \iint_D \mathrm{d}\sigma.$$

这性质的几何意义是很明显的,因为高为 1 的平顶柱体的体积在数值上就等于柱体的面积.

性质 4 如果在 D 上,$f(x,y)\leqslant g(x,y)$,则有

$$\iint_D f(x,y)\,\mathrm{d}\sigma \leqslant \iint_D g(x,y)\,\mathrm{d}\sigma.$$

特殊地,由于

$$-\left|f(x,y)\right| \leqslant f(x,y) \leqslant \left|f(x,y)\right|,$$

又有

$$\left|\iint_D f(x,y)\,\mathrm{d}\sigma\right| \leqslant \iint_D \left|f(x,y)\right|\mathrm{d}\sigma.$$

性质 5 设 M、m 分别是 $f(x,y)$ 在闭区域 D 上的最大值和最小值,σ 是 D 的面积,则有

$$m\sigma \leqslant \iint_D f(x,y)\,\mathrm{d}\sigma \leqslant M\sigma.$$

上述不等式是对于二重积分估值的不等式,因为 $m\leqslant f(x,y)\leqslant M$,所以由性质 4 有

$$\iint_D m\,\mathrm{d}\sigma \leqslant \iint_D f(x,y)\,\mathrm{d}\sigma \leqslant \iint_D M\,\mathrm{d}\sigma,$$

再利用性质 1 和性质 3,便得此估值不等式.

性质 6(二重积分的中值定理) 设 $f(x,y)$ 在闭区域 D 上连续,σ 是 D 的面积,则在 D 上至少存在一点(ξ,η),使得

$$\iint_D f(x,y)\,\mathrm{d}\sigma = f(\xi,\eta)\cdot\sigma.$$

6.5.2 二重积分的计算

1)利用直角坐标计算

下面先从几何上讨论二重积分 $\iint_D f(x,y)\,\mathrm{d}\sigma$ 的计算问题.在讨论中我们假定 $f(x,y)\geqslant 0$.

设积分区域 D 可以用不等式

$$\varphi_1(x)\leqslant y\leqslant \varphi_2(x),\quad a\leqslant x\leqslant b$$

来表示(图 6.4),其中函数 $\varphi_1(x)$、$\varphi_2(x)$ 在区间$[a,b]$上连续.

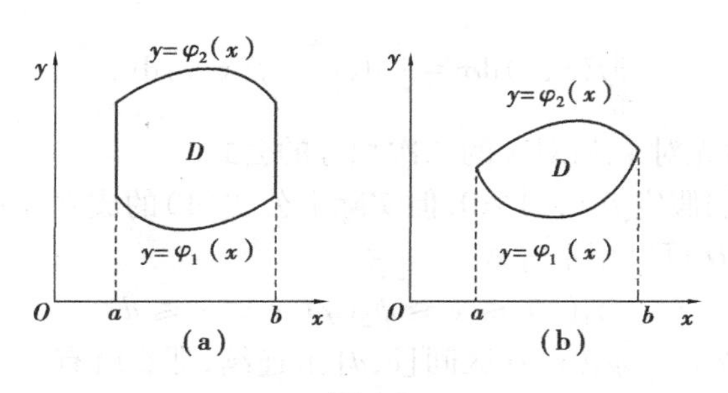

图 6.4

按照二重积分的几何意义,二重积分 $\iint\limits_{D} f(x,y)\,\mathrm{d}\sigma$ 的值等于以 D 为底、以曲面 $z=f(x,y)$ 为顶的曲顶柱体(图 6.5)的体积.下面应用计算"平行截面面积为已知的立体的体积"的方法,来计算这个曲顶柱体的体积.

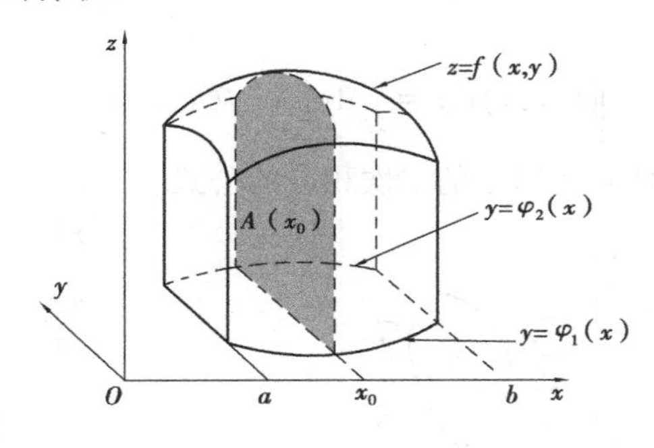

图 6.5

先计算截面面积.为此,在区间 $[a,b]$ 上先任意取定一点 x_0,作平行于 yOz 面的平面 $x=x_0$.这平面截曲顶柱体所得的截面是一个以区间 $[\varphi_1(x_0),\varphi_2(x_0)]$ 为底、以 $z=f(x_0,y)$ 为曲边的曲边梯形(图 6.5 中阴影部分),所以这个截面的面积为

$$A(x)=\int_{\varphi_1(x)}^{\varphi_2(x)} f(x,y)\,\mathrm{d}y,$$

于是,应用计算平行截面面积为已知的立体体积的方法,得曲顶柱体体积为

$$V=\int_a^b A(x)\,\mathrm{d}x=\int_a^b\left[\int_{\varphi_1(x)}^{\varphi_2(x)} f(x,y)\,\mathrm{d}y\right]\mathrm{d}x.$$

这个体积也就是所求二重积分的值,从而有等式

$$\iint\limits_{D} f(x,y)\,\mathrm{d}\sigma=\int_a^b\left[\int_{\varphi_1(x)}^{\varphi_2(x)} f(x,y)\,\mathrm{d}y\right]\mathrm{d}x \tag{1}$$

上式右端的积分叫作先对 y、后对 x 的二次积分.就是说,先把 x 看作常数,把 $f(x,y)$ 看作 y 的函数,并对 y 计算从 $\varphi_1(x)$ 到 $\varphi_2(x)$ 的定积分;然后把算得的结果(是 x 的函数)再对 x 计算在区间 $[a,b]$ 上的定积分.这个先对 y、后对 x 的二次积分也常记作

$$\int_a^b \mathrm{d}x\int_{\varphi_1(x)}^{\varphi_2(x)} f(x,y)\,\mathrm{d}y.$$

因此,等式(1)也写成

$$\iint\limits_D f(x,y)\,\mathrm{d}\sigma = \int_a^b \mathrm{d}x \int_{\varphi_1(x)}^{\varphi_2(x)} f(x,y)\,\mathrm{d}y, \tag{1'}$$

这就是把二重积分化为先对 y、后对 x 的二次积分的公式.

在上述讨论中,我们假定 $f(x,y)\geqslant 0$,但实际上公式(1)的成立并不受此条件限制.

类似地,如果区域 D 可以用不等式

$$\psi_1(y) \leqslant x \leqslant \psi_2(y), c \leqslant y \leqslant d$$

来表示(图 6.6),其中 $\psi_1(y)$、$\psi_2(y)$ 在区间 $[c,d]$ 上连续,那么就有

$$\iint\limits_D f(x,y)\,\mathrm{d}\sigma = \int_c^b \left[\int_{\psi_1(y)}^{\psi_2(y)} f(x,y)\,\mathrm{d}x \right] \mathrm{d}y, \tag{2}$$

上式右端的积分叫作先对 x、后对 y 的二次积分,这个积分也常记作

$$\int_c^b \mathrm{d}y \int_{\psi_1(y)}^{\psi_2(y)} f(x,y)\,\mathrm{d}x.$$

因此,等式(2)也写成

$$\iint\limits_D f(x,y)\,\mathrm{d}\sigma = \int_c^b \mathrm{d}y \int_{\psi_1(y)}^{\psi_2(y)} f(x,y)\,\mathrm{d}x, \tag{2'}$$

这就是把二重积分化成先对 x、后对 y 的二次积分的公式.

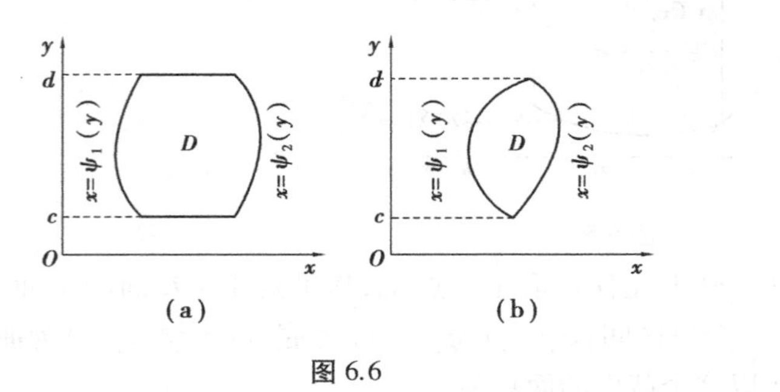

(a) (b)

图 6.6

y d c O a b x D

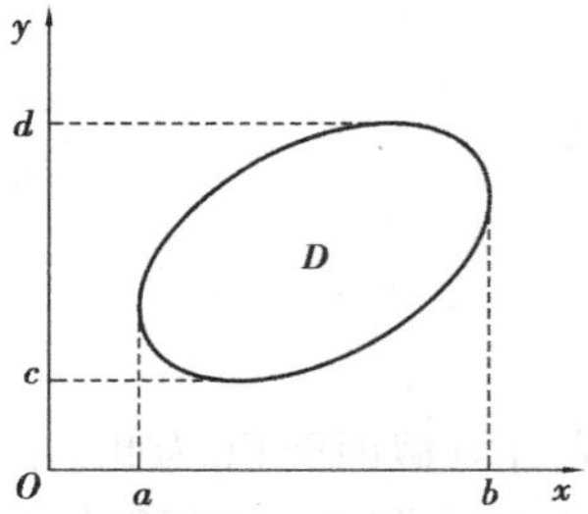

图 6.7

以后我们称图 6.4 所示的积分区域为 X 型区域,图 6.6 所示的积分区域为 Y 型区域.应用公式(1)时,积分区域必须是 X 型区域,X 型区域 D 的特点是:穿过 D 内部且平行于 y 轴的直线与 D 的边界相交不多于两点;而用公式(2)时,积分区域必须是 Y 型区域,Y 型区域 D 的特点是:穿过 D 内部且平行于 x 轴的直线与 D 的边界相交不多于两点.

如果积分区域 D 既是 X 型的,可用不等式 $\varphi_1(x)\leqslant y\leqslant\varphi_2(x)$,$a\leqslant x\leqslant b$ 表示,又是 Y 型的,可用不等式 $\psi_1(y)\leqslant x\leqslant\psi_2(y)$,$c\leqslant y\leqslant d$ 表示(图 6.7),则由式(1′)及式(2′)就得

$$\int_a^b \mathrm{d}x \int_{\varphi_1(x)}^{\varphi_2(x)} f(x,y)\,\mathrm{d}y = \int_c^b \mathrm{d}y \int_{\psi_1(y)}^{\psi_2(y)} f(x,y)\,\mathrm{d}x.$$

上式表明,这两个不同次序的二重积分相等,因为它们都等于同一个二重积分

$$\iint\limits_D f(x,y)\,\mathrm{d}\sigma.$$

其中有三点需要特别注意:

①若区域 D 是矩形,即 $D=\{(x,y)\mid a\leqslant x\leqslant b,c\leqslant y\leqslant d\}$,则式(1′)及式(2′)变为

$$\iint\limits_D f(x,y)\,\mathrm{d}\sigma = \int_a^b \mathrm{d}x \int_c^b f(x,y)\,\mathrm{d}y = \int_c^b \mathrm{d}y \int_a^b f(x,y)\,\mathrm{d}x,$$

也可以记为 $\iint\limits_D f(x,y)\mathrm{d}\sigma=\int_c^b\int_a^b f(x,y)\mathrm{d}x\mathrm{d}y=\int_a^b\int_c^b f(x,y)\mathrm{d}y\mathrm{d}x$.

②如果函数 $f(x,y)=f_1(x)\cdot f_2(y)$ 可积，且区域 $D=\{(x,y)\mid a\leqslant x\leqslant b,c\leqslant y\leqslant d\}$，则

$$\iint\limits_D f(x,y)\mathrm{d}\sigma=\left(\int_a^b f_1(x)\mathrm{d}x\right)\left(\int_c^b f_2(y)\mathrm{d}y\right).$$

例如

$$\int_1^2\int_0^1 x^2y^5\mathrm{d}y\mathrm{d}x=\left(\int_1^2 x^2\mathrm{d}x\right)\left(\int_0^1 y^5\mathrm{d}y\right)=\frac{7}{3}\cdot\frac{1}{6}=\frac{7}{18}.$$

③如果平行于坐标轴的直线与区域 D 的边界交点多于两个，如图 6.8 所示，则要将区域 D 分成几个小区域，使每个小区域的边界线与平行于坐标轴的直线的交点不多于两个，然后再根据积分对区域的可加性进行计算.

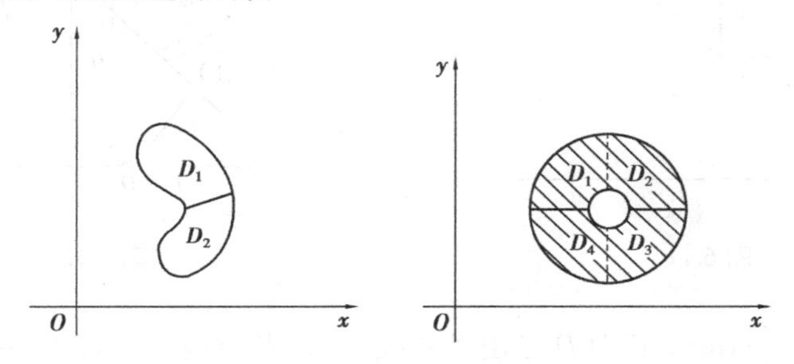

图 6.8

将二重积分化为二次积分时，确定积分限是一个关键.积分限是根据积分区域 D 来确定的，先画出积分区域 D 的图形，假定积分区域 D 为 X 型，如图 6.9 所示.将 D 往 x 上投影，可得投影区间$[a,b]$.在区间$[a,b]$上任意取定一个 x 值，积分区域以这个 x 值为横坐标的点在一段直线上，这段直线平行于 y 轴，该线段上点的纵坐标从 $\varphi_1(x)$ 变到 $\varphi_2(x)$，这就是公式(1)中先把 x 看作常量而对 y 积分时的下限和上限.因为上面的 x 值在$[a,b]$上任意取定，所以再把 x 看作变量而对 x 积分时，积分区间就是$[a,b]$.

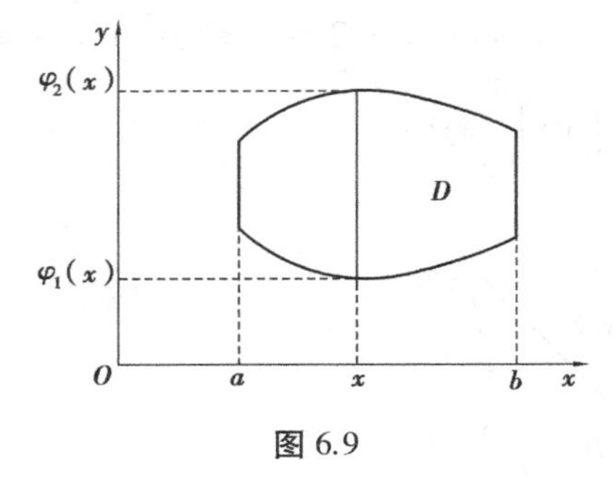

图 6.9

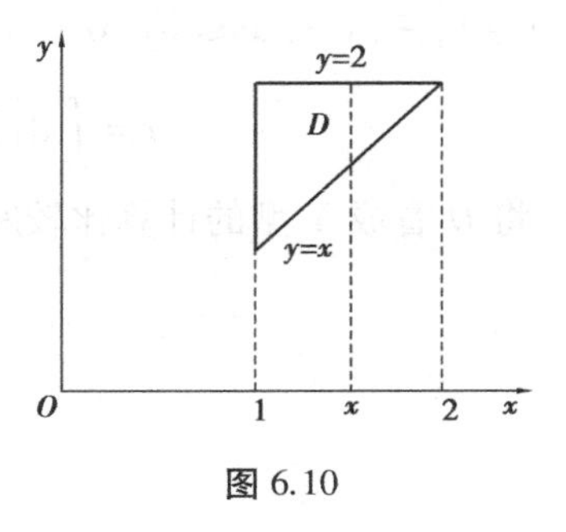

图 6.10

例 6.20　求 $I=\iint\limits_D xy\mathrm{d}\sigma$，其中 D 是由 $x=1,y=x$ 及 $y=2$ 所围成的闭区域.

解法 1　首先画出积分区域 D(图 6.10).D 是 X 型的，D 在 x 轴上的投影区间为$[1,2]$.在区间$[1,2]$上任意选取一个 x 值，则 D 上以这个 x 值为横坐标的点在一段直线上，这段直线平行于 y 轴，该线段上点的纵坐标从 $y=x$ 变到 $y=2$，利用式(1′)得

$$I=\int_1^2 \mathrm{d}x\int_x^2 xy\mathrm{d}y=\int_1^2\left[\frac{xy^2}{2}\right]_x^2\mathrm{d}x=\int_1^2\left(2x-\frac{x^3}{2}\right)\mathrm{d}x=\left[x^2-\frac{x^4}{8}\right]_1^2=\frac{9}{8}.$$

解法 2 如图 6.11 所示，积分区域 D 是 Y 型的，D 在 y 轴上的投影区间为$[1,2]$.在区间$[1,2]$上任意选取一个 y 值，则 D 上以这个 y 值为横坐标的点在一段直线上，这段直线平行于 x 轴，该线段上点的横坐标从 $x=1$ 变到 $y=x$，利用式(2′)得

$$I=\int_1^2 \mathrm{d}y\int_1^y xy\mathrm{d}x=\int_1^2\left[\frac{yx^2}{2}\right]_1^y\mathrm{d}y=\int_1^2\left(\frac{y^3}{2}-\frac{y}{2}\right)\mathrm{d}y=\left[\frac{y^4}{8}-\frac{y^2}{4}\right]_1^2=\frac{9}{8}.$$

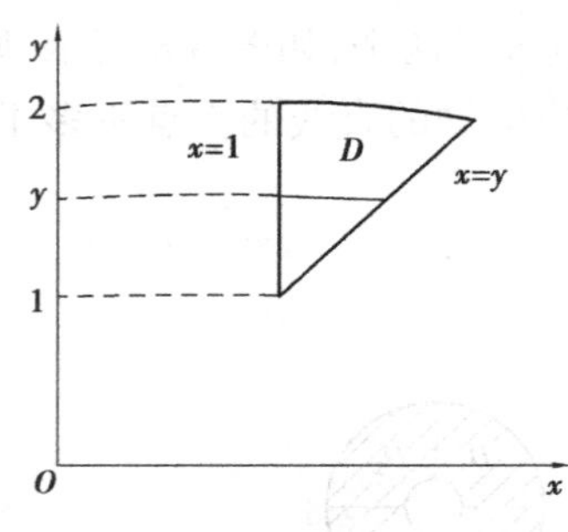

图 6.11

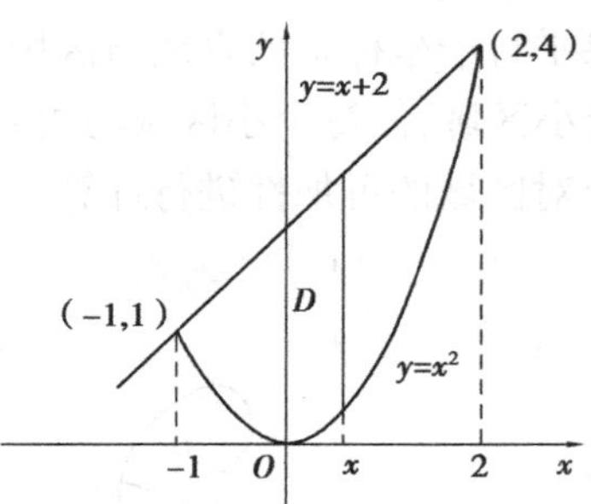

图 6.12

例 6.21 求 $I=\iint\limits_D xy\mathrm{d}\sigma$，其中 D 是由抛物线 $y=x^2$ 及直线 $y=x+2$ 所围成的闭区域.

解 画出积分区域 D 如图 6.12 所示.若将 D 看成 X 型的，则 D 可表示为 $D=\{(x,y)\mid x^2\leqslant y\leqslant x+2,-1\leqslant x\leqslant 2\}$，于是

$$I=\int_{-1}^2 \mathrm{d}x\int_{x^2}^{x+2} xy\mathrm{d}y=\int_{-1}^2\left[\frac{xy^2}{2}\right]_{x^2}^{x+2}\mathrm{d}x=\frac{1}{2}\int_{-1}^2\left[x(x+2)^2-x^5\right]\mathrm{d}x=\frac{45}{8}.$$

若将 D 看成 Y 型的，则由于在区间$[0,1]$及$[1,4]$上 x 的积分下限不同，所以要用直线 $y=1$把区域 D 分成 D_1 和 D_2 两部分(图 6.13)，其中

$$D_1=\{(x,y)\mid -\sqrt{y}\leqslant x\leqslant\sqrt{y},0\leqslant y\leqslant 1\},D_1=\{(x,y)\mid y-2\leqslant x\leqslant\sqrt{y},1\leqslant y\leqslant 4\},$$

于是
$$I=\int_0^1 \mathrm{d}y\int_{-\sqrt{y}}^{\sqrt{y}} xy\mathrm{d}x+\int_1^4 \mathrm{d}y\int_{y-2}^{\sqrt{y}} xy\mathrm{d}x.$$

易见，将 D 看成 Y 型的计算比较麻烦.

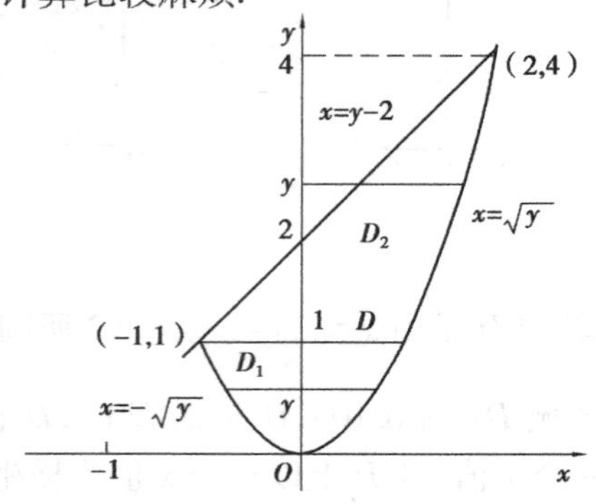

图 6.13

例 6.22　求 $I=\iint\limits_D e^{-y^2}d\sigma$，其中 D 是由 $y=1,y=x$ 及 y 轴所围成的闭区域.

解　画出积分区域 D 如图 6.14 所示.D 既是 X 型的，又是 Y 型的.若将 D 看成 X 型的，则 D 可表示为 $D=\{(x,y)\mid x\leqslant y\leqslant 1,0\leqslant x\leqslant 1\}$，于是

$$I=\int_0^1 dx\int_x^1 e^{-y^2}dy,$$

计算无法继续下去.

若将 D 看成 Y 型的，则 D 可表示为 $D=\{(x,y)\mid 0\leqslant x\leqslant y,0\leqslant y\leqslant 1\}$，于是

$$I=\int_0^1 dy\int_0^y e^{-y^2}dx=\int_0^1 ye^{-y^2}dy=\frac{1}{2}(1-e^{-1}).$$

由此可见，在化二重积分为二次积分时，需要选择恰当的二次积分次序.这时，既要考虑积分区域 D 的形状，又要考虑被积函数 $f(x,y)$ 的特性.

例 6.23　交换积分

$$I=\int_0^1 dx\int_{x^2}^1 \frac{xy}{\sqrt{1+y^3}}dy$$

的积分顺序，并求其值.

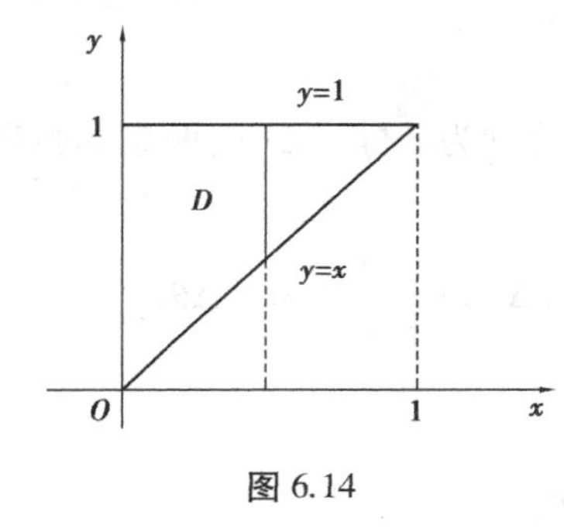

图 6.14

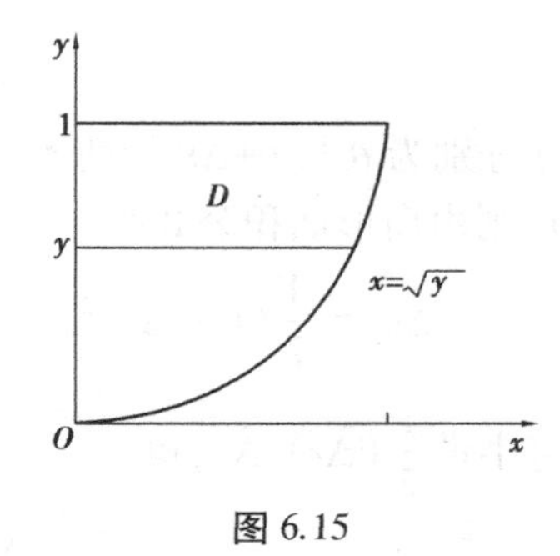

图 6.15

解　由二次积分可知，与它对应的二重积分

$$I=\iint\limits_D \frac{xy}{\sqrt{1+y^3}}d\sigma$$

的积分区域为 $D=\{(x,y)\mid x^2\leqslant y\leqslant 1,0\leqslant x\leqslant 1\}$.即为由 $y=x^2,y=1$ 与 $x=0$ 所围的区域，如图 6.15 所示.要交换积分次序，可将 D 表为 $D=\{(x,y)\mid 0\leqslant x\leqslant \sqrt{y},0\leqslant y\leqslant 1\}$，于是

$$\begin{aligned}I&=\int_0^1 dy\int_0^{\sqrt{y}} \frac{xy}{\sqrt{1+y^3}}dx\\&=\frac{1}{2}\int_0^1 \frac{y^2}{\sqrt{1+y^3}}dy\\&=\frac{1}{3}\sqrt{1+y^3}\Big|_0^1=\frac{1}{3}(\sqrt{2}-1).\end{aligned}$$

2)利用极坐标计算二重积分

我们在解析几何中已知道，平面上任意一点的极坐标 (r,θ) 与它的直角坐标 (x,y) 的变

换公式为

$$x = r\cos\theta,\quad y = r\sin\theta.$$

下面介绍在极坐标公式中二重积分的计算公式.

设通过原点的射线与区域 D 的边界线的交点不多于两点,我们用一组同心圆(r=常数),将区域 D 分成很多小区域,如图 6.16 所示.

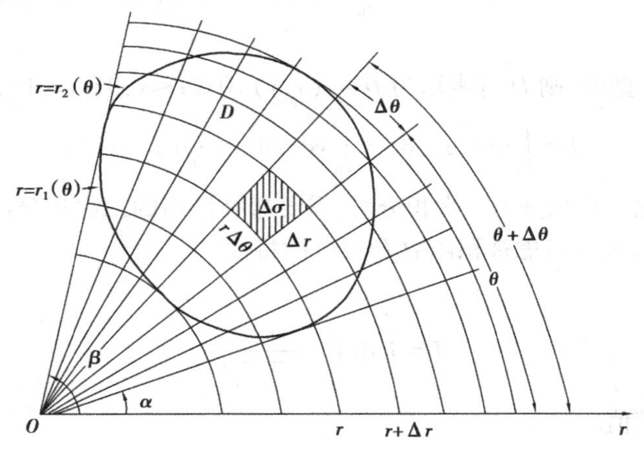

图 6.16

将极坐标分别为 θ 与 $\theta+\Delta\theta$ 的两条射线和半径分别为 r 与 $r+\Delta r$ 的两条圆弧所围成的小区域记作 $\Delta\sigma$,则由扇形面积公式得

$$\Delta\sigma = \frac{1}{2}(r+\Delta r)^2\Delta\theta - \frac{1}{2}r^2\Delta\theta = r\Delta r\Delta\theta + \frac{1}{2}(\Delta r)^2\Delta\theta,$$

略去高阶无穷小量 $\frac{1}{2}(\Delta r)^2\Delta\theta$,得

$$\Delta\sigma \approx r\Delta r\Delta\theta,$$

所以面积元素是

$$\mathrm{d}\sigma = r\mathrm{d}r\mathrm{d}\theta.$$

而被积函数为

$$f(x,y) = f(r\cos\theta, r\sin\theta),$$

于是得到将直角坐标的二重积分变换为极坐标的二重积分公式

$$\iint_D f(x,y)\,\mathrm{d}\sigma = \iint_D f(r\cos\theta, r\sin\theta)\,r\mathrm{d}r\mathrm{d}\theta.$$

计算极坐标系下的二重积分,也要将它化成累次积分.下面分三种情况予以说明.

①极点 O 在区域 D 之外的情况,如图 6.16 所示.

这时区域 D 在 $\theta=\alpha$ 和 $\theta=\beta$ 两条射线之间,这两条射线与区域 D 的边界的交点把区域边界分成两个部分:

$$r = r_1(\theta),\quad r = r_2(\theta).$$

这时区域 D 可表示为

$$D = \{(r,\theta)\mid \alpha \leqslant \theta \leqslant \beta, r_1(\theta) \leqslant r \leqslant r_2(\theta)\},$$

于是 $$\iint\limits_D f(r\cos\theta,r\sin\theta)r\mathrm{d}r\mathrm{d}\theta=\int_\alpha^\beta\mathrm{d}\theta\int_{r_1(\theta)}^{r_2(\theta)}f(r\cos\theta,r\sin\theta)r\mathrm{d}r.$$

②极点 O 在区域 D 的边界上,如图 6.17 所示.

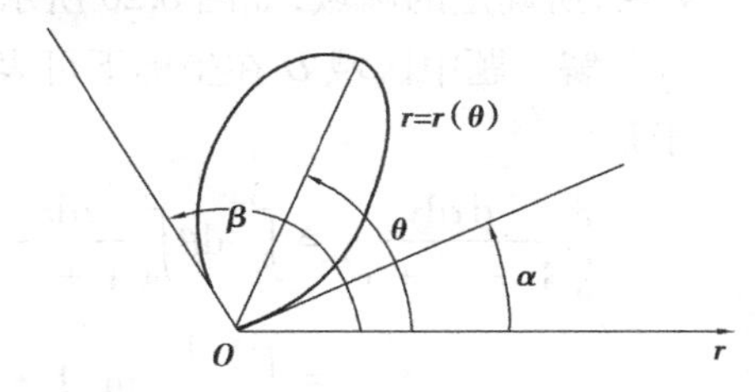

图 6.17

如果区域 D 的边界方程是 $r=r(\theta)$,则区域 D 可表示为

$$D=\{(r,\theta)\mid\alpha\leqslant\theta\leqslant\beta,0\leqslant r\leqslant r(\theta)\},$$

于是 $$\iint\limits_D f(r\cos\theta,r\sin\theta)r\mathrm{d}r\mathrm{d}\theta=\int_\alpha^\beta\mathrm{d}\theta\int_0^{r(\theta)}f(r\cos\theta,r\sin\theta)r\mathrm{d}r.$$

③极点 O 在区域 D 内部,如图 6.18 所示.

如果区域 D 的边界方程是 $r=r(\theta)$,则区域 D 可表示为

$$D=\{(r,\theta)\mid 0\leqslant\theta\leqslant 2\pi,0\leqslant r\leqslant r(\theta)\},$$

于是 $$\iint\limits_D f(r\cos\theta,r\sin\theta)r\mathrm{d}r\mathrm{d}\theta=\int_0^{2\pi}\mathrm{d}\theta\int_0^{r(\theta)}f(r\cos\theta,r\sin\theta)r\mathrm{d}r.$$

当区域 D 是圆或圆的一部分,或者区域 D 的边界方程用极坐标表示较为简单,或者被积函数为 $f(x^2+y^2)$,$f\left(\dfrac{x}{y}\right)$,$f\left(\dfrac{y}{x}\right)$ 等形式时,一般采用极坐标计算二重积分较为方便.

例 6.24　计算二重积分 $\iint\limits_D\sqrt{x^2+y^2}\,\mathrm{d}\sigma$,其中 D 是圆 $x^2+y^2=2y$ 围成的区域,如图 6.19 所示.

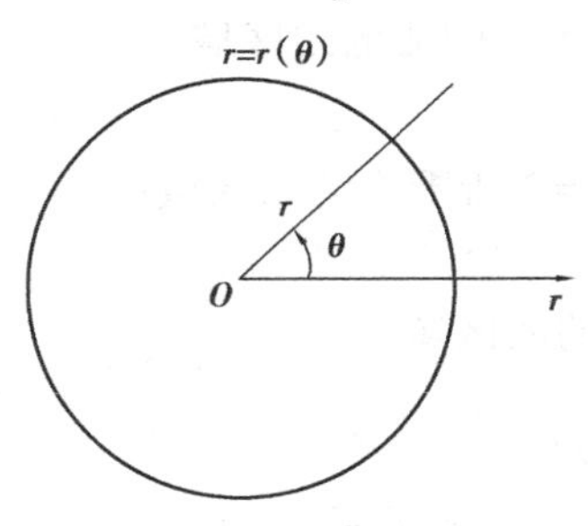

图 6.18

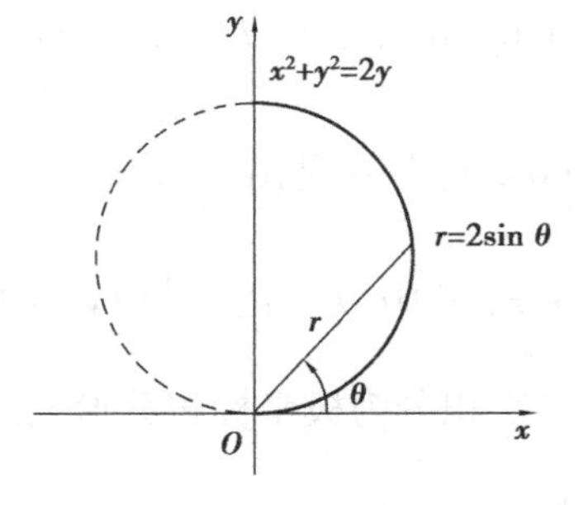

图 6.19

解　圆 $x^2+y^2=2y$ 的极坐标方程是 $r=2\sin\theta$,θ 由 0 变到 π,所以

$$\iint\limits_D\sqrt{x^2+y^2}\,\mathrm{d}\sigma=\iint\limits_D r\cdot r\mathrm{d}r\mathrm{d}\theta=\int_0^\pi\mathrm{d}\theta\int_0^{2\sin\theta}r^2\mathrm{d}r$$

$$=\int_0^\pi\left(\frac{r^3}{3}\right)\Big|_0^{2\sin\theta}\mathrm{d}\theta=\frac{8}{3}\int_0^\pi\sin^3\theta\mathrm{d}\theta=\frac{8}{3}\int_0^\pi(\cos^2\theta-1)\mathrm{d}\cos\theta$$

$$=\frac{8}{3}\left(\frac{1}{3}\cos^3\theta-\cos\theta\right)\Big|_0^\pi=\frac{8}{3}\cdot\frac{4}{3}=\frac{32}{9}.$$

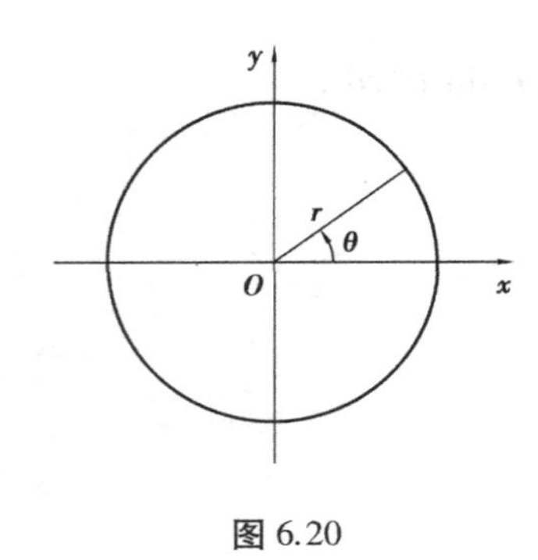

图 6.20

例 6.25 计算二重积分 $\iint\limits_D \frac{dxdy}{1+x^2+y^2}$,其中 D 是圆 $x^2+y^2\leqslant 1$所确定的圆域,如图 6.20 所示.

解 题中区域 D 在坐标下可表示为 $0\leqslant r\leqslant 1, 0\leqslant\theta\leqslant 2\pi$,于是

$$\begin{aligned}\iint\limits_D \frac{dxdy}{1+x^2+y^2} &= \int_0^{2\pi} d\theta\int_0^1 \frac{rdr}{1+r^2}\\ &= \int_0^{2\pi} \frac{1}{2}(\ln(1+r^2))\Big|_0^1 d\theta\\ &= \int_0^{2\pi}\frac{1}{2}\ln 2d\theta = \frac{1}{2}\ln 2\cdot\theta\Big|_0^{2\pi} = \pi\ln 2.\end{aligned}$$

习题 6.5

1. 计算下列二重积分.

(1) $\iint\limits_D (x^2+y^2)d\sigma$, 其中 D 是矩形闭区域: $|x|\leqslant 1, |y|\leqslant 1$;

(2) $\iint\limits_D (xe^{xy})d\sigma, D=\{(x,y)\mid 0\leqslant x\leqslant 1, 0\leqslant y\leqslant 1\}$;

(3) $\iint\limits_D (3x+2y)d\sigma$, 其中 D 是由两坐标轴及直线 $x+y=2$ 所围成的闭区域;

(4) $\iint\limits_D (x+6y)d\sigma$, 其中 D 是由 $y=x, y=5x, x=1$ 所围成的闭区域;

(5) $\iint\limits_D \frac{y}{x}d\sigma$, 其中 D 是由 $y=x, y=2x$ 及 $x=1, x=2$ 所围成的闭区域;

(6) $\iint\limits_D e^{x+y}d\sigma$, 其中 D 是由 $|x|+|y|\leqslant 1$ 所确定的闭区域.

2. 化下列二次积分为极坐标积分形式的二次积分.

(1) $\int_0^1 dx\int_0^x f(x,y)dy$; (2) $\int_0^2 dx\int_0^{\sqrt{2x-x^2}}(x^2+y^2)dy$.

3. 利用极坐标公式计算下列各题.

(1) $\iint\limits_D e^{-(x^2+y^2)}d\sigma$, 其中 D 是圆域 $x^2+y^2\leqslant 1$;

(2) $\iint\limits_D \ln(1+x^2+y^2)d\sigma$, 其中 D 为圆 $x^2+y^2=1$ 及坐标轴所围成的在第一象限内的闭区域.

4.交换下列二次积分的顺序.

(1) $\int_0^1 dy\int_y^{\sqrt{y}} f(x,y)dx$;

(2) $\int_0^1 dy\int_{e^y}^{e} f(x,y)dx$;

(3) $\int_0^1 dy\int_0^y f(x,y)dx + \int_1^2 dy\int_0^{2-y} f(x,y)dx$;

(4) $\int_1^2 dx\int_x^{x^2} f(x,y)dy + \int_2^8 dx\int_x^8 f(x,y)dy$.

单元检测 6

1.求下列极限.

(1) $\lim\limits_{(x,y)\to(1,3)}\dfrac{xy}{\sqrt{xy+1}-1}$;　　(2) $\lim\limits_{(x,y)\to(0,0)}\dfrac{2-\sqrt{xy+4}}{xy}$.

2.求下列函数的偏导数.

(1) $z=\dfrac{3}{y^3}-\dfrac{1}{\sqrt[3]{x}}+\ln 5$;　　(2) $z=\sqrt{\ln(xy)}$.

3.设 $z=x^{2y}$,求$\dfrac{\partial^2 z}{\partial x^2},\dfrac{\partial^2 z}{\partial x\partial y},\dfrac{\partial^2 z}{\partial y^2}$.

4.求下列函数的全微分.

(1) $z=3xe^{-y}-2\sqrt{x}+\ln 6$;　　(2) $u=y^{xz}$.

5.求函数 $z=\ln(1+x^2+y^2)$,当 $x=1,y=2$ 时的全微分.

6.求下列函数的全导数.

(1)设 $z=\dfrac{u}{v}$,而 $u=\ln x,v=e^x$,求$\dfrac{dz}{dx}$;

(2)设 $z=xy+yt$ 而 $y=2^x,v=\sin x$,求$\dfrac{dz}{dx}$.

7.求下列函数的一阶偏导数(其中 f 具有一阶连续偏导数).

(1) $z=ue^{\frac{u}{v}}$,而 $u=x^2+y^2,v=xy$;

(2) $z=f(x^2-y^2,e^{xy})$.

8.设 $xy-\ln y=e$,求$\dfrac{dy}{dx}$.

9.设$\dfrac{z}{x}=\ln\dfrac{z}{x}$,求$\dfrac{\partial^2 z}{\partial x^2},\dfrac{\partial^2 z}{\partial y^2}$.

10.求函数 $f(x,y)=4(x-y)-x^2-y^2$ 的极值.

11.某公司可通过电台及报纸两种方式做销售商品的广告.根据统计资料,销售收入 R(万元)与电台广告费用 x_1(万元)及报纸广告费用 x_2(万元)之间的关系有如下的经验公式:

$$R = 15 + 14x_1 + 32x_2 - 8x_1x_2 - 2x_1^2 - 10x_2^2.$$

(1)在广告费用不限的情况下,求最优广告策略;

(2)若提供广告费用为 1.5 万元,求相应的最优广告策略.

12.画出积分区域,并计算下列二重积分.

(1) $\iint\limits_D x\sqrt{y}\,\mathrm{d}\sigma$, 其中 D 是由两条抛物线 $y=\sqrt{x}$, $y=x^2$ 所围成的闭区域;

(2) $\iint\limits_D \frac{y}{x}\mathrm{d}\sigma$, 其中 D 是由直线 $y=x$, $y=2x$ 及 $y=2$ 所围成的闭区域.

13.化下列二次积分为极坐标形式的二次积分.

(1) $\int_0^1 \mathrm{d}x\int_0^1 f(x,y)\,\mathrm{d}y$;

(2) $\int_0^1 \mathrm{d}x\int_{1-x}^{\sqrt{1-x^2}} f(\sqrt{x^2+y^2})\,\mathrm{d}y$.

第7章　微分方程简介

函数是描述变量之间数量关系的基本工具,反映的是客观事物之间内在关系的基本规律.在对实际问题进行研究的过程中,得到的往往是表达过程规律的函数及其导数或微分的关系式.这种关系式就是微分方程,而通过微分方程得到未知函数的过程就是解微分方程.本章主要介绍微分方程的基本概念及常见的一阶及二阶微分方程的求解方法.

§7.1　微分方程的基本概念

例7.1　一条曲线通过点(1,3),且该曲线上任一点处的切线斜率都是该点横坐标的4倍.求该曲线的方程.

解　假设所求的曲线方程是 $y=f(x)$,根据已知条件,可知

$$\frac{\mathrm{d}y}{\mathrm{d}x}=4x, \tag{7.1}$$

$$y(1)=3, \tag{7.2}$$

由式(7.1),可得

$$y=\int 4x\mathrm{d}x=2x^2+C \quad (C\text{是任意常数}). \tag{7.3}$$

将式(7.2)代入式(7.3),可得 $C=1$.

则所求的曲线方程是

$$y=2x^2+1. \tag{7.4}$$

例7.2　一列车在平直路线上以20 m/s的速度行驶.制动时列车获得加速度$-0.4\ \mathrm{m/s^2}$.问开始制动后多长时间列车停止以及列车在这段时间内行驶了多长的路程.

解　假设列车行驶的位移方程是 $s=s(t)$,根据已知条件,可知

$$\frac{\mathrm{d}^2s}{\mathrm{d}t^2}=-0.4. \tag{7.5}$$

另外,题目的问题中另有隐含条件:

$$s(0)=0,\quad \left.\frac{\mathrm{d}s}{\mathrm{d}t}\right|_{t=0}=20. \tag{7.6}$$

由式(7.5),可得

$$\frac{ds}{dt}=\int(-0.4)dt=-0.4t+C_1 \quad (C_1\text{是任意常数}), \tag{7.7}$$

$$s(t)=\int(-0.4t+C_1)dt=-0.2t^2+C_1t+C_2 \quad (C_1\text{、}C_2\text{都是任意常数}), \tag{7.8}$$

将式(7.6)代入式(7.7)和式(7.8),可得 $C_1=20$,$C_2=0$.
则列车运行的位移和速度方程分别是

$$s(t)=-0.2t^2+20t, \tag{7.9}$$

$$v(t)=\frac{ds}{dt}=-0.4t+20. \tag{7.10}$$

由 $v(t)=0$,可得 $t=50$,则 $s(50)=500$.即列车在制动 50 s,行驶 500 m 后停止.

上述例子中,式(7.1)和式(7.5)都是含有未知函数的导数的等式.一般地,含有未知函数及未知函数的导数与自变量之间的关系的方程称为**微分方程**.未知函数是一元函数的微分方程,是**常微分方程**,简称为**微分方程**.未知函数是多元函数的微分方程,是**偏微分方程**.本章主要研究的是常微分方程.

方程(7.1)所含未知函数的最高阶导数是一阶的,它是**一阶微分方程**.一阶微分方程的一般表示形式可写成 $y'=f(x,y)$ 或 $F(x,y,y')=0$.方程(7.5)所含未知函数的最高阶导数是二阶的,它是**二阶微分方程**.二阶微分方程的一般表示形式可写成 $y''=f(x,y,y')$ 或 $F(x,y,y',y'')=0$.微分方程中出现的最高阶导数或微分的阶数,就是微分方程的阶.

类似地,n 阶微分方程的一般表示形式是

$$y^{(n)}=f(x,y,y',\cdots,y^{(n-1)}) \text{ 或 } F(x,y,y',\cdots,y^{(n-1)},y^{(n)})=0,$$

其中,x 是自变量,$y=y(x)$ 是未知函数.

在 n 阶微分方程中,$y^{(n)}$ 必须出现,而低于 n 阶的各阶导数及 x、y 可以不出现.例如 $y'''+1=0$ 也是微分方程,是三阶微分方程.

设函数 $y=\varphi(x)$ 在区间 I 上有 n 阶导数,如果满足

$$F(x,\varphi(x),\varphi'(x),\cdots,\varphi^{(n-1)}(x),\varphi^{(n)}(x))\equiv 0,$$

则称函数 $y=\varphi(x)$ 为 n 阶微分方程 $F(x,y,y',\cdots,y^{(n-1)},y^{(n)})=0$ 的**解**.例如式(7.3)和式(7.4)都是微分方程(7.1)的解,式(7.8)和式(7.9)都是微分方程(7.5)的解.

如果微分方程的解中含有任意常数且相互独立的任意常数的个数与微分方程的阶数相同,则称这个解是微分方程的**通解**.例如式(7.3)是微分方程(7.1)的通解,式(7.8)是微分方程(7.5)的通解.在通解中确定了任意常数的解是微分方程的**特解**.例如式(7.4)是微分方程(7.1)的特解,式(7.9)是微分方程(7.5)的特解.用来确定通解中任意常数的条件,称为**初始条件**或**定解条件**.例如式(7.2)是微分方程(7.1)的初始条件,式(7.6)是微分方程(7.5)的初始条件.

一般地,一阶微分方程 $y'=f(x,y)$ 的初始条件是

$$y\Big|_{x=x_0}=y_0,$$

其中,x_0、y_0 是给定的常数.

二阶微分方程 $y'=f(x,y)$ 的初始条件是

$$y\Big|_{x=x_0}=y_0,\quad y'\Big|_{x=x_0}=y_1.$$

其中，x_0、y_0、y_1 是给定的常数.

一般地，n 阶微分方程 $y^{(n)}=f(x,y,y',\cdots,y^{(n-1)})$ 的初始条件是

$$y\Big|_{x=x_0}=y_0,\quad y'\Big|_{x=x_0}=y_1,\quad \cdots,\quad y^{(n-1)}\Big|_{x=x_0}=y_{n-1}.$$

其中，x_0、y_0、y_1、$\cdots$、y_{n-1}是给定的常数.

求微分方程满足初始条件的特解问题，称为**初值问题**.

例 7.3　验证函数 $y=\cos x$ 是微分方程 $y''+y=0$ 的解.

证明　由 $y=\cos x$，得 $y'=-\sin x$，$y''=-\cos x$.则 $y''+y=(-\cos x)+\cos x=0$.

所以函数 $y=\cos x$ 是微分方程 $y''+y=0$ 的解.

例 7.4　已知函数 $y=C_1e^x+C_2e^{2x}$（C_1、C_2 是任意常数）是微分方程 $y''-3y'+2y=0$ 的通解.且 $y(0)=0$，$y'(0)=1$，求其特解.

解　由 $y=C_1e^x+C_2e^{2x}$，得 $y'=C_1e^x+2C_2e^{2x}$.

将 $y(0)=0$，$y'(0)=1$ 代入 y、y'，得方程组

$$\begin{cases}C_1+C_2=0,\\C_1+2C_2=1,\end{cases}$$

解得 $C_1=-1$，$C_2=1$.则所求微分方程的特解为 $y=-e^x+e^{2x}$.

§7.2　一阶微分方程

微分方程中所含未知函数的最高阶导数是一阶的，这个微分方程就是一阶微分方程.本节主要介绍三类一阶微分方程.

7.2.1　可分离变量的微分方程

如果一阶微分方程可以写成

$$\frac{dy}{dx}=\frac{f(x)}{\varphi(y)} \text{ 或 } \varphi(y)dy=f(x)dx \quad (f(x)、\varphi(y) \text{ 为连续函数}) \tag{7.11}$$

的形式，则称该微分方程是**可分离变量的微分方程**.

对可分离变量的微分方程，可通过如下步骤得到其通解：

①先将其改写成 $\varphi(y)dy=f(x)dx$ 的形式.

② 两边积分　$$\int\varphi(y)dy=\int f(x)dx,$$

即可得到通解　$$\Psi(y)=F(x)+C \quad (C \text{ 为任意常数}), \tag{7.12}$$

其中，$\Psi(y)$、$F(x)$分别是 $\varphi(y)$、$f(x)$的某个确定的原函数.

式(7.12)是微分方程(7.11)的通解,它没有明确地把 y 表示成 x 的显函数的形式,是**隐式通解**.上述求得可分离变量的微分方程的通解的方法称为**分离变量法**.

例 7.5 求微分方程 $y'=4xy$ 的通解.

解 原方程可变形为
$$\frac{dy}{dx}=4xy,$$
分离变量,得
$$\frac{1}{y}dy=4xdx,$$
两边积分,得
$$\ln|y|=2x^2+C_1 \quad (C_1\text{ 是任意常数}),$$
从而
$$y=\pm e^{2x^2+C_1}=\pm e^{C_1}e^{2x^2}.$$
记 $C_2=\pm e^{C_1}$,则 $y=C_2e^{2x^2}$(C_2 是任意非零常数).

注意到 $y=0$ 也是方程的解,则所给微分方程的通解为 $y=Ce^{2x^2}$(C 是任意常数).

为了方便,两边积分时,可直接把任意常数记为 $\ln|C|$,即
$$\ln|y|=2x^2+\ln|C|=\ln|Ce^{2x^2}|,$$
则原微分方程的通解为 $y=Ce^{2x^2}$(C 是任意常数).

例 7.6 求微分方程 $y'=\frac{y}{x}$ 的通解.

解 原方程可变形为
$$\frac{dy}{dx}=\frac{y}{x},$$
分离变量,得
$$\frac{1}{y}dy=\frac{1}{x}dx,$$
两边积分,得
$$\ln|y|=\ln|x|+\ln|C|=\ln|Cx|,$$
则原微分方程的通解为 $y=Cx$(C 是任意常数).

例 7.7 求微分方程 $e^{x+y}dx+dy=0$ 的通解.

解 原方程可变形为
$$e^x\cdot e^y dx+dy=0,$$
分离变量,得
$$-e^{-y}dy=e^x dx,$$
两边积分,得
$$e^{-y}=e^x+C,$$
则原微分方程的通解为 $y=-\ln(e^x+C)$(C 是任意常数).

例 7.8 求微分方程 $(1+x^3)dy=3x^2ydx$ 满足条件 $y(0)=1$ 的特解.

解 分离变量,得
$$\frac{1}{y}dy=\frac{3x^2}{1+x^3}dx,$$
两边积分,得
$$\ln|y|=\ln|1+x^3|+\ln|C|=\ln|C(1+x^3)|,$$
则原微分方程的通解为 $y=C(1+x^3)$(C 是任意常数).

由 $y(0)=1$,得 $C=1$,则所求微分方程的特解为 $y=1+x^3$.

7.2.2 齐次方程

如果一阶微分方程可以写成
$$\frac{dy}{dx}=f\left(\frac{y}{x}\right), \tag{7.13}$$

的形式,则称该微分方程是**齐次方程**.

对齐次方程,可通过如下步骤得到其通解:

①令 $u=\frac{y}{x}$,则 $y=ux$,$\frac{\mathrm{d}y}{\mathrm{d}x}=\frac{\mathrm{d}u}{\mathrm{d}x}\cdot x+u$.原微分方程可变形为

$$\frac{\mathrm{d}u}{\mathrm{d}x}\cdot x+u=f(u).$$

②分离变量,得

$$\frac{1}{f(u)-u}\mathrm{d}u=\frac{1}{x}\mathrm{d}x.$$

两边积分,即可得到

$$\Psi(u)=\ln|x|+C\quad(C\text{ 为任意常数}),$$

其中,$\Psi(u)$ 是 $\frac{1}{f(u)-u}$ 的某个确定的原函数.

则原齐次方程的通解为 $\Psi\left(\frac{y}{x}\right)=\ln|x|+C$($C$ 为任意常数).

齐次方程的求解过程主要是通过变量替换将齐次方程化为可分离变量的微分方程来求解.

例 7.9　求微分方程 $y'=1+\frac{y}{x}$ 的通解.

解　令 $u=\frac{y}{x}$,则 $y=ux$,$\frac{\mathrm{d}y}{\mathrm{d}x}=\frac{\mathrm{d}u}{\mathrm{d}x}\cdot x+u$.原微分方程可变形为

$$\frac{\mathrm{d}u}{\mathrm{d}x}\cdot x+u=1+u,$$

分离变量,得

$$\mathrm{d}u=\frac{1}{x}\mathrm{d}x,$$

两边积分,得

$$u=\ln|x|+C\quad(C\text{ 是任意常数}),$$

则原微分方程的通解为 $\frac{y}{x}=\ln|x|+C$,即 $y=x(\ln|x|+C)$(C 是任意常数).

例 7.10　求微分方程 $xy'=y(\ln y-\ln x+1)$ 的通解.

解　上式可变形为

$$y'=\frac{y}{x}\left(\ln\frac{y}{x}+1\right).$$

令 $u=\frac{y}{x}$,则 $y=ux$,$\frac{\mathrm{d}y}{\mathrm{d}x}=\frac{\mathrm{d}u}{\mathrm{d}x}\cdot x+u$.原微分方程可变形为

$$\frac{\mathrm{d}u}{\mathrm{d}x}\cdot x=u\ln u,$$

分离变量,得

$$\frac{1}{u\ln u}\mathrm{d}u=\frac{1}{x}\mathrm{d}x,$$

两边积分,得

$$\ln(|\ln u|) = \ln|x| + \ln|C| = \ln|Cx| \quad (C\text{是任意常数}),$$

则原微分方程的通解为 $\ln\frac{y}{x}=Cx$,即 $y=xe^{Cx}$(C 是任意常数).

7.2.3　一阶线性微分方程

如果一阶微分方程可以写成

$$\frac{dy}{dx} + P(x)y = Q(x) \tag{7.14}$$

的形式,则称该微分方程是**一阶线性微分方程**.

当 $Q(x)\equiv 0$ 时,微分方程

$$\frac{dy}{dx} + P(x)y = 0 \tag{7.15}$$

称为**一阶齐次线性微分方程**.当 $Q(x)\neq 0$ 时,微分方程(7.14)称为**一阶非齐次线性微分方程**.式(7.15)为非齐次线性微分方程(7.14)对应的齐次线性微分方程.

一阶齐次线性微分方程$\frac{dy}{dx}+P(x)y=0$ 是可分离变量的微分方程.

分离变量,得
$$\frac{1}{y}dy=-P(x)dx,$$

两边积分,得

$$\ln|y| = -\int P(x)dx + \ln|C| = \ln|Ce^{-\int P(x)dx}| \quad (C\text{是任意常数}),$$

其中,$\int P(x)dx$ 表示 $P(x)$ 的某个确定的原函数.

则一阶齐次线性微分方程$\frac{dy}{dx}+P(x)y=0$ 的通解是

$$y = Ce^{-\int P(x)dx} \quad (C\text{是任意常数}),$$

对一阶非齐次线性微分方程(7.14)两边同时乘以 $e^{\int P(x)dx}$($\int P(x)dx$ 表示 $P(x)$ 的某一个确定的原函数),可得

$$y'e^{\int P(x)dx} + y\cdot P(x)e^{\int P(x)dx} = Q(x)e^{\int P(x)dx},$$

即
$$y'e^{\int P(x)dx} + y\cdot\left(e^{\int P(x)dx}\right)' = Q(x)e^{\int P(x)dx},$$

$$\left(ye^{\int P(x)dx}\right)' = Q(x)e^{\int P(x)dx},$$

则
$$ye^{\int P(x)dx} = \int Q(x)e^{\int P(x)dx}dx + C \quad (C\text{是任意常数}),$$

其中,$\int Q(x)e^{\int P(x)dx}dx$ 是 $Q(x)e^{\int P(x)dx}$ 的某个确定的原函数.

由此可得一阶非齐次线性微分方程$\frac{dy}{dx}+P(x)y=Q(x)$的通解公式为

$$y = \mathrm{e}^{-\int P(x)\mathrm{d}x}\left[\int Q(x)\mathrm{e}^{\int P(x)\mathrm{d}x}\mathrm{d}x + C\right] \quad (C\text{ 是任意常数}) \tag{7.16}$$

或
$$y = \mathrm{e}^{-\int P(x)\mathrm{d}x}\int Q(x)\mathrm{e}^{\int P(x)\mathrm{d}x}\mathrm{d}x + C\mathrm{e}^{-\int P(x)\mathrm{d}x} \quad (C\text{ 是任意常数}). \tag{7.17}$$

其中，$\int P(x)\mathrm{d}x$、$\int Q(x)\mathrm{e}^{\int P(x)\mathrm{d}x}\mathrm{d}x$ 分别是 $P(x)$、$Q(x)\mathrm{e}^{\int P(x)\mathrm{d}x}$ 的某个确定的原函数.

容易验证,式(7.17)右端第一项是一阶非齐次线性微分方程(7.14)的一个特解,第二项是一阶非齐次线性微分方程(7.14)对应的一阶齐次线性微分方程(7.15)的通解.可以这样说,一阶非齐次线性微分方程的通解等于对应的一阶齐次线性微分方程的通解加上其本身的一个特解.

利用式(7.16)计算一阶非齐次线性微分方程的通解,务必将微分方程化成(7.14)的形式,找到对应的 $P(x)$、$Q(x)$,注意不定积分的积分常数不要代入通解公式.

例 7.11　求微分方程 $y'-\frac{1}{x}y=x$ 的通解.

解　$P(x)=-\frac{1}{x}, Q(x)=x$.

所求微分方程的通解为

$$y = \mathrm{e}^{-\int\left(-\frac{1}{x}\right)\mathrm{d}x}\left[\int x\mathrm{e}^{\int\left(-\frac{1}{x}\right)\mathrm{d}x}\mathrm{d}x + C\right] = \mathrm{e}^{\ln x}\left[\int x\mathrm{e}^{-\ln x}\mathrm{d}x + C\right]$$

$$= x\left[\int x\cdot\frac{1}{x}\mathrm{d}x + C\right] = x(x + C)\ (C\text{ 是任意常数}).$$

例 7.12　求微分方程 $y'-\frac{2x}{x^2+1}y=x^2+1$ 满足条件 $y(0)=1$ 的特解.

解　$y = \mathrm{e}^{-\int\left(-\frac{2x}{x^2+1}\right)\mathrm{d}x}\left[\int(x^2+1)\mathrm{e}^{\int\left(-\frac{2x}{x^2+1}\right)\mathrm{d}x}\mathrm{d}x + C\right]$

$= \mathrm{e}^{\ln(x^2+1)}\left[\int(x^2+1)\mathrm{e}^{-\ln(x^2+1)}\mathrm{d}x + C\right]$

$= (x^2+1)(x+C)\ (C\text{ 是任意常数}).$

由 $y(0)=1$,可得 $C=1$.则所求微分方程的特解为

$$y = (x^2+1)(x+1).$$

§ 7.3　可降阶的二阶微分方程

前面已经讨论了一阶微分方程的求解方法,本节主要介绍三类可降阶的微分方程的解法——降阶法.

7.3.1　$y''=f(x)$ 型

这是一类最简单的二阶微分方程,即 $(y')'=f(x)$.

两边积分，得

$$y' = \int f(x)\,\mathrm{d}x,$$

对上式两边再积分，得

$$y = \int\left(\int f(x)\,\mathrm{d}x\right)\mathrm{d}x.$$

例 7.13 求微分方程 $y''=\cos x$ 的通解.

解 对所给微分方程连续两次积分，可得

$$y' = \int \cos x\mathrm{d}x = \sin x + C_1,$$

$$y = \int(\sin x + C_1)\,\mathrm{d}x = -\cos x + C_1x + C_2 \quad (C_1、C_2\text{ 是任意常数}).$$

7.3.2 $y''=f(x,y')$ 型

这是一个显含自变量 x，不显含未知函数 y 的方程. 令 $y'=p(x)$，则 $y''=\dfrac{\mathrm{d}p}{\mathrm{d}x}=p'(x)$. 原方程可变形为以 $p(x)$ 为未知函数的一阶微分方程

$$\frac{\mathrm{d}p}{\mathrm{d}x}=f(x,p),$$

两边积分，得其通解，设 $p = \int f(x,p)\,\mathrm{d}x = \varphi(x,C_1)$.

即
$$\frac{\mathrm{d}y}{\mathrm{d}x}=\varphi(x,C_1),$$

对上式两边积分，得

$$y = \int\varphi(x,C_1)\,\mathrm{d}x + C_2 \quad (C_1、C_2\text{ 是任意常数}),$$

其中，$\int\varphi(x,C_1)\,\mathrm{d}x$ 表示的是 $\varphi(x,C_1)$ 的某个确定的原函数.

例 7.14 求微分方程 $y''-\dfrac{2x}{1+x^2}y'=1+x^2$ 的通解.

解 令 $y'=p(x)$，则 $y''=\dfrac{\mathrm{d}p}{\mathrm{d}x}=p'(x)$.

原方程可变形为
$$p' - \frac{2x}{1+x^2}p = 1 + x^2,$$

则
$$\begin{aligned} p &= \mathrm{e}^{-\int\left(-\frac{2x}{1+x^2}\right)\mathrm{d}x}\left[\int \mathrm{e}^{\int\left(-\frac{2x}{1+x^2}\right)\mathrm{d}x}\cdot(1 + x_2)\,\mathrm{d}x + C_1\right] \\ &= \mathrm{e}^{\ln(1+x^2)}\left[\int \mathrm{e}^{-\ln(1+x^2)}\cdot(1 + x_2)\,\mathrm{d}x + C_1\right] \\ &= (1 + x^2)\left[\int \frac{1}{1 + x^2}\cdot(1 + x^2)\,\mathrm{d}x + C_1\right] \\ &= (1 + x^2)(x + C_1), \end{aligned}$$

即
$$\frac{dy}{dx}=(1+x^2)(x+C_1),$$

则 $y=\int(1+x^2)(x+C_1)dx=\frac{1}{2}x^2+\frac{1}{4}x^4+C_1\left(x+\frac{1}{3}x^3\right)+C_2$ （C_1、C_2 是任意常数）.

7.3.3 $y''=f(y,y')$ 型

这是一个不显含自变量 x,显含未知函数 y 的方程.

令 $y'=p(y)$,则 $y''=\frac{dy'}{dx}=\frac{dp}{dy}\cdot\frac{dy}{dx}=\frac{dp}{dy}\cdot p$.

原方程可变形为以 y 为自变量、以 $p(y)$ 为未知函数的一阶微分方程
$$p\frac{dp}{dy}=f(y,p),$$

假设其通解为 $p=\phi(y,C_1)$.即
$$\frac{dy}{dx}=\phi(y,C_1),$$

这是一个可分离变量的微分方程,分离变量,得
$$\frac{1}{\phi(y,C_1)}dy=dx,$$

两边积分,得
$$\int\frac{1}{\phi(y,C_1)}dy=x+C_2 \quad (C_1、C_2\text{是任意常数}),$$

其中,$\int\frac{1}{\phi(y,C_1)}dy$ 表示的是$\frac{1}{\phi(y,C_1)}$的某个确定的原函数.

例 7.15 求微分方程 $yy''-(y')^2=0$ 的通解.

解 令 $y'=p(y)$,则 $y''=\frac{dy'}{dx}=\frac{dp}{dy}\cdot\frac{dy}{dx}=\frac{dp}{dy}\cdot p$.

原方程可变形为
$$yp\frac{dp}{dy}-p^2=0,$$

即
$$p\left(y\frac{dp}{dy}-p\right)=0,$$

当 $y\neq 0,p\neq 0$ 时,$y\frac{dp}{dy}-p=0$.

分离变量,得
$$\frac{1}{p}dp=\frac{1}{y}dy.$$

两边积分,得
$$\ln|p|=\ln|y|+\ln|C_1|=\ln|C_1y|,$$

则
$$p=C_1y,$$

即
$$\frac{dy}{dx}=C_1y,$$

分离变量,得 $$\frac{1}{y}\mathrm{d}y=C_1\mathrm{d}x,$$

两边积分,得 $$\ln|y|=C_1x+\ln|C_2|=\ln|C_2\mathrm{e}^{C_1x}|.$$

则原微分方程的通解为 $y=C_2\mathrm{e}^{C_1x}$(C_1、C_2 是任意常数).

上述求解过程中,应该有 $C_1\neq0$、$C_2\neq0$. 但是由于 $y=$ 常数也是方程的解,所以事实上,C_1、C_2 不必有非零的限制.

§7.4 二阶常系数线性微分方程

7.4.1 二阶线性微分方程的解的结构

形如

$$y''+P(x)y'+Q(x)y=f(x) \tag{7.18}$$

的微分方程称为**二阶线性微分方程**,其中,$P(x)$、$Q(x)$、$f(x)$是自变量 x 的函数.

当$f(x)\equiv0$ 时,微分方程

$$y''+P(x)y'+Q(x)y=0 \tag{7.19}$$

称为**二阶齐次线性微分方程**. 当 $f(x)\neq0$ 时,微分方程(7.18)称为**二阶非齐次线性微分方程**. 此时,方程(7.19)为方程(7.18)对应的齐次线性微分方程.

定理 1 如果函数 $y_1(x)$、$y_2(x)$是微分方程(7.19)的特解,且$\frac{y_1(x)}{y_2(x)}$不为常数,则 $y=C_1y_1(x)+C_2y_2(x)$(C_1、C_2 是任意常数)是微分方程(7.19)的通解.

例如,$y_1(x)=\mathrm{e}^x$、$y_2(x)=\mathrm{e}^{2x}$都是微分方程 $y''-3y'+2y=0$ 的特解,$\frac{y_1(x)}{y_2(x)}=\frac{1}{\mathrm{e}^x}$不为常数,$y=C_1\mathrm{e}^x+C_2\mathrm{e}^{2x}$($C_1$、$C_2$ 是任意常数)是微分方程 $y''-3y'+2y=0$ 的通解.

定理 2 如果函数 $y_1(x)$、$y_2(x)$是微分方程(7.18)的特解,则 $y=y_1(x)-y_2(x)$是微分方程(7.19)的特解.

定理 3 如果函数 y^* 是二阶非齐次线性微分方程(7.18)的特解,$\bar{y}$ 是其对应的二阶齐次线性微分方程(7.19)的通解,则 $y=\bar{y}+y^*$ 是二阶非齐次线性微分方程(7.18)的通解.

例如,$y^*=x$ 是二阶非齐次微分方程 $y''-3y'+2y=2x-3$ 的特解,$\bar{y}=C_1\mathrm{e}^x+C_2\mathrm{e}^{2x}$是微分方程 $y''-3y'+2y=0$ 的通解,容易验证 $y=C_1\mathrm{e}^x+C_2\mathrm{e}^{2x}+x$($C_1$、$C_2$ 是任意常数)是二阶非齐次线性微分方程 $y''-3y'+2y=2x-3$ 的通解.

7.4.2 二阶常系数线性微分方程

形如

$$y''+py'+qy=f(x) \tag{7.20}$$

的微分方程称为**二阶线性微分方程**,其中,p、q 是常数,$f(x)$是自变量 x 的函数.

当$f(x)\equiv 0$ 时,微分方程

$$y''+py'+qy=0 \tag{7.21}$$

称为**二阶常系数齐次线性微分方程**.当$f(x)\neq 0$ 时,微分方程(7.20)称为**二阶常系数非齐次线性微分方程**.此时,方程(7.21)为方程(7.20)对应的二阶常系数齐次线性微分方程.

1)二阶常系数齐次线性微分方程

由定理1可知,对二阶常系数齐次线性微分方程 $y''+py'+qy=0$,只需求得它的两个比值不为常数的特解 $y_1(x)$、$y_2(x)$,即可得到方程(7.21)的通解 $y=C_1y_1(x)+C_2y_2(x)$(C_1、C_2 是任意常数).

对二阶常系数齐次线性微分方程,可以用 $y=e^{rx}$ 的形式尝试求解,将 $y=e^{rx}$ 代入式(7.21),可得

$$(r^2+pr+q)e^{rx}=0.$$

因为 $e^{rx}\neq 0$,所以

$$r^2+pr+q=0. \tag{7.22}$$

可以初步判断,当 r 是方程(7.22)的根时,$y=e^{rx}$ 就是微分方程(7.21)的解.称方程(7.22)为微分方程(7.21)的**特征方程**.

①当 $\Delta=p^2-4q>0$ 时,方程(7.22)有两个不相等的实根 $r_1\neq r_2$,则 $y_1=e^{r_1x}$、$y_2=e^{r_2x}$是微分方程(7.21)的两个特解,且$\dfrac{y_1}{y_2}=e^{(r_1-r_2)x}$不为常数,所以二阶常系数齐次线性微分方程(7.21)的通解为 $y=C_1e^{r_1x}+C_2e^{r_2x}$($C_1$、$C_2$ 是任意常数).

②当 $\Delta=p^2-4q=0$ 时,方程(7.22)有两个相等的实根 $r_1=r_2$,则 $y_1=e^{r_1x}$是微分方程(7.21)的一个特解,可以验证 $y_2=xe^{r_1x}$也是微分方程(7.21)的一个特解,且$\dfrac{y_1}{y_2}=\dfrac{1}{x}$不为常数,所以二阶常系数齐次线性微分方程(7.21)的通解为 $y=C_1e^{r_1x}+C_2xe^{r_1x}=(C_1+C_2x)e^{r_1x}$($C_1$、$C_2$ 是任意常数).

③当 $\Delta=p^2-4q<0$ 时,方程(7.22)有一对共轭复根 $r_1=\alpha+\beta i$,$r_2=\alpha-\beta i(\beta\neq 0)$,其中,$\alpha=-\dfrac{p}{2}$,$\beta=\dfrac{\sqrt{4q-p^2}}{2}$.可以验证 $y_1=e^{\alpha x}\cos\beta x$、$y_2=e^{\alpha x}\sin\beta x$ 是微分方程(7.21)的两个特解,且$\dfrac{y_1}{y_2}=\cot\beta x$ 不为常数,所以二阶常系数齐次线性微分方程(7.21)的通解为 $y=e^{\alpha x}(C_1\cos\beta x+C_2\sin\beta x)$($C_1$、$C_2$ 是任意常数).

综上所述,求二阶常系数齐次线性微分方程通解的步骤如下:

第一步 写出微分方程(7.21)对应的特征方程 $r^2+pr+q=0$.

第二步 求得特征方程对应的两个特征根 r_1、r_2.

第三步 根据两个特征根的不同情形,按照下列表格写出微分方程(7.21)的通解.

特征方程 $r^2+pr+q=0$ 的两个根 r_1、r_2	微分方程 $y''+py'+qy=0$ 的通解
两个不等的实根 $r_1\neq r_2$ 两个相等的实根 $r_1=r_2$ 一对共轭复根 $r_{1,2}=\alpha\pm\beta i$	$y=C_1e^{r_1x}+C_2e^{r_2x}$ $y=(C_1+C_2x)e^{r_1x}$ $y=e^{\alpha x}(C_1\cos\beta x+C_2\sin\beta x)$

例 7.16 计算下列微分方程的通解：

(1) $y''-2y'-3y=0$； (2) $y''-2y'+y=0$； (3) $y''-2y'+4y=0$.

解 (1)所给微分方程对应的特征方程是 $r^2-2r-3=(r-3)(r+1)=0$，其根 $r_1=3,r_2=-1$ 是两个不相等的实根.因此所求通解为

$$y=C_1e^{3x}+C_2e^{-x},(C_1、C_2\text{ 是任意常数}).$$

(2)所给微分方程对应的特征方程是 $r^2-2r+1=(r-1)^2=0$，其根 $r_1=r_2=1$ 是两个相等的实根.因此所求通解为

$$y=(C_1+C_2x)e^{x}(C_1、C_2\text{ 是任意常数}).$$

(3)所给微分方程对应的特征方程是 $r^2-2r+4=0$，其根

$$r_{1,2}=\frac{2\pm\sqrt{4-16}}{2}=1\pm\sqrt{3}i$$

是一对共轭复根.因此所求通解为

$$y=e^{x}(C_1\cos\sqrt{3}x+C_2\sin\sqrt{3}x)\quad(C_1、C_2\text{ 是任意常数}).$$

2）二阶常系数非齐次线性微分方程

由定理 3 可知，对二阶常系数非齐次线性微分方程 $y''+py'+qy=f(x)$，只需求得它的一个特解 y^* 及其对应的二阶常系数齐次线性微分方程 $y''+py'+qy=0$ 的通解 $\bar{y}$，即可得到它的通解 $y=\bar{y}+y^*$.

前面已经介绍了二阶常系数齐次线性微分方程的通解计算方法，接下来不加证明地介绍一种常见的 $f(x)$ 的类型求特解的**待定系数法**.

结论 若 $f(x)=P_m(x)e^{\lambda x}$，其中 $P_m(x)$ 是 x 的 m 次多项式，λ 是常数.若 $\lambda=0$，则 $f(x)=P_m(x)$.二阶常系数非齐次线性微分方程 $y''+py'+qy=f(x)$ 具有形如

$$y^*=x^kQ_m(x)e^{\lambda x}$$

的特解，其中 $Q_m(x)$ 是 x 的 m 次多项式，而 k 的值可确定如下：

①若 λ 不是特征方程的根，取 $k=0$；

②若 λ 是特征方程的单根，取 $k=1$；

③若 λ 是特征方程的重根，取 $k=2$.

例 7.17 计算微分方程 $y''-2y'-3y=9x$ 的通解.

解 所给微分方程是二阶常系数非齐次线性微分方程，$f(x)$ 是 $P_m(x)e^{\lambda x}(m=1,\lambda=0)$.

它对应的齐次线性微分方程是 $y''-2y'-3y=0$，有两个特征根 $r_1=3,r_2=-1$.例 7.16 已经求得其通解为 $\bar{y}=C_1e^{3x}+C_2e^{-x}$($C_1$、$C_2$ 是任意常数).

由于 $\lambda=0$ 不是特征方程的根,所以可以假设原方程的一个特解为 $y^*=Ax+B$,则 $y^{*\prime}=A$,$y^{*\prime\prime}=0$.将它们代入原方程,可得

$$-2A-3(Ax+B)=9x,$$

即

$$-3Ax+(-2A-3B)=9x.$$

比较上式两端 x 同次幂的系数,可得

$$\begin{cases}-3A=9,\\-2A-3B=0,\end{cases}$$

则 $A=-3$,$B=2$.于是得到原微分方程的一个特解 $y^*=-3x+2$.

因此所求微分方程的通解为 $y=C_1e^{3x}+C_2e^{-x}-3x+2$($C_1$、$C_2$ 是任意常数).

例 7.18 计算微分方程 $y''-4y'+3y=e^x$ 的通解.

解 所给微分方程是二阶常系数非齐次线性微分方程,$f(x)$ 是 $P_m(x)e^{\lambda x}$($m=0,\lambda=1$).

它对应的齐次线性微分方程是 $y''-4y'+3y=0$,特征方程是 $r^2-4r+3=0$,有两个特征根 $r_1=3$,$r_2=1$,其通解为 $\bar{y}=C_1e^{3x}+C_2e^x$(C_1、C_2 是任意常数).

由于 $\lambda=1$ 是特征方程的单根,所以可以假设原方程的一个特解为 $y^*=Axe^x$,则 $y^{*\prime}=A(x+1)e^x$,$y^{*\prime}=A(x+2)e^x$.将它们代入原方程,可得

$$A(x+2)e^x-4A(x+1)e^x+3Axe^x=e^x,$$

即

$$-2Ae^x=e^x.$$

比较上式两端 x 同次幂的系数,可得 $A=-\frac{1}{2}$.

于是得到原微分方程的一个特解 $y^*=-\frac{1}{2}xe^x$.

因此所求微分方程的通解为 $y=C_1e^{3x}+C_2e^x-\frac{1}{2}xe^x$($C_1$、$C_2$ 是任意常数).

单元检测 7

1.填空题.

(1)二阶微分方程的通解中含________个相互独立的任意常数.

(2)二阶微分方程 $y''+py'+qy=0$ 的特征方程是________;

(3)若微分方程 $y''+py'+qy=0$ 的通解为 $y=C_1e^{r_1x}+C_2xe^{r_1x}=(C_1+C_2x)e^{r_1x}$,则 p^2-4q ________ 0(填大于、小于或等于).

2.选择题.

(1)下列方程是一阶线性微分方程的是(　　).

A.$y''+y'+y=0$　　B.$xy'+y=x$　　C.$y'+\cos y=x$　　D.$y'+y=xy^2$

(2)函数 $y=x$ 是(　　)微分方程的解.

A.$x(1-\ln y)dy+ydx=0$　　B.$xdy+ydx=0$　　C.$xdx+ydy=0$　　D.$ydy-xdx=0$

(3)函数 $y=C_1e^{-3x}+C_2e^x$(C_1、C_2 是任意常数)是下列(　　)微分方程的通解.

A.$y''+2y'+y=0$　　B.$y''+2y'+3y=0$　　C.$y''+y'-2y=0$　　D.$y''+2y'-3y=0$

3.求下列微分方程的通解.

(1) $y'-2xy=0$；　　(2) $y(x-2y)\mathrm{d}x-x^2\mathrm{d}y=0$；

(3) $y'-y=2\mathrm{e}^x$；　　(4) $y''+4y=0$；

(5) $y''+2y'=4x$；　　(6) $y''-3y'+2y=\mathrm{e}^x$.

4.求下列微分方程满足所给初始条件的特解.

(1) $x\mathrm{d}y+\ln x\mathrm{d}x=0, y(\mathrm{e})=1$.　　(2) $y''+y'=2\mathrm{e}^x,\quad y(0)=0,\quad y'(0)=1$.

(3) $y''-y'-2y=3+2x,\quad y(0)=0,\quad y'(0)=1$.

第 8 章　无穷级数简介

级数是微积分学的一个重要组成部分,它是表示函数、研究函数的性质以及进行数值计算的一种工具.本章是无穷级数的一点初步介绍,先讨论常数项级数,紧接着简单介绍了一下函数项级数.

§8.1　常数项级数

8.1.1　常数项级数的概念

前面接触过求多个数之和的问题,如

①计算$\frac{1}{2}+\frac{1}{2^2}+\frac{1}{2^3}+\cdots+\frac{1}{2^n}$的和,其中 n 为正整数;

②计算 $1^2+2^2+\cdots+n^2$ 的和,其中 n 为正整数.

注:在式①和②中,计算的是有限个数的和,若 n 趋于正无穷大,则上述两式就变为无穷个数的和,即

①$\frac{1}{2}+\frac{1}{2^2}+\frac{1}{2^3}+\cdots\frac{1}{2^n}+\cdots$;

②$1^2+2^2+\cdots+n^2+\cdots$.

像这种具有无穷个常数相加的式子,通常称为**常数项无穷级数**(简称**级数**).

定义 1　若 $u_1,u_2,\cdots,u_n,\cdots$是一个数列,则将如下无穷表达式

$$u_1+u_2+\cdots+u_n+\cdots$$

称为**常数项无穷级数**(简称**级数**或**无穷级数**),并记为 $\sum\limits_{n=1}^{\infty}u_n$, 即

$$\sum_{n=1}^{\infty}u_n=u_1+u_2+\cdots+u_n+\cdots, \tag{8.1}$$

其中 u_n 称为级数的**通项**或**一般项**.

8.1.2　常数项级数的敛散性

上述级数的定义只是一个形式上的定义,如何理解无穷多个数的"和"? 为此,我们可以

从有限个数的和出发,观察它们的变化趋势,由此来理解无穷多个数的"和"的含义.

作级数(8.1)的**前 n 项和**(即**部分和**)

$$S_n = u_1 + u_2 + \cdots u_n = \sum_{i=1}^{n} u_i ,$$

则当 n 依次取 1,2,3,…时,它们构成一个新的数列$\{S_n\}$:

$$S_1, S_2, \cdots, S_n, \cdots,$$

根据这个数列有没有极限,我们引进无穷级数(8.1)收敛与发散的概念.

定义 2 若级数(8.1)的部分和数列$\{S_n\}$收敛,即存在有限常数 S,使得

$$\lim_{n\to\infty} S_n = S,$$

则称级数 $\sum\limits_{n=1}^{\infty} u_n$ 收敛,并称极限 S 为级数(8.1)的**和**,记为

$$S = \sum_{n=1}^{\infty} u_n = u_1 + u_2 + \cdots + u_n + \cdots,$$

否则称级数(8.1)发散(此时级数的和不存在).

注:从定义 2 可知,级数与数列极限有着密切的联系.给定级数 $\sum\limits_{n=1}^{\infty} u_n$,就有部分和数列 $\left\{S_n = \sum\limits_{i=1}^{n} u_i\right\}$;反之,给定数列$\{S_n\}$,就有以$\{S_n\}$为部分和数列的级数

$$S_1 + (S_2 - S_1) + \cdots + (S_i - S_{i-1}) + \cdots = \sum_{i=1}^{\infty} u_i ,$$

其中 $u_1 = S_1, u_n = S_n - S_{n-1} (n \geqslant 2)$.因此,按定义 2,级数 $\sum\limits_{n=1}^{\infty} u_n$ 与数列$\{S_n\}$同时收敛或同时发散,且在同时收敛时,有

$$\sum_{i=1}^{\infty} u_i = \lim_{n\to\infty} S_n.$$

例 8.1 讨论下列级数的敛散性:

① $\sum\limits_{n=1}^{\infty} \dfrac{1}{n(n+1)} = \dfrac{1}{1\cdot 2} + \dfrac{1}{2\cdot 3} + \dfrac{1}{3\cdot 4} + \cdots + \dfrac{1}{n(n+1)} + \cdots;$

② $\sum\limits_{n=1}^{\infty} \ln \dfrac{n+1}{n} = \ln \dfrac{2}{1} + \ln \dfrac{3}{2} + \cdots + \ln \dfrac{n+1}{n} + \cdots.$

解 (1)由于

$$u_n = \frac{1}{n(n+1)} = \frac{1}{n} - \frac{1}{n+1}, \quad n = 1,2,3,\cdots,$$

因此,级数的部分和

$$\begin{aligned} S_n &= \frac{1}{1\cdot 2} + \frac{1}{2\cdot 3} + \frac{1}{3\cdot 4} + \cdots + \frac{1}{n(n+1)} \\ &= \left(1 - \frac{1}{2}\right) + \left(\frac{1}{2} - \frac{1}{3}\right) + \left(\frac{1}{3} - \frac{1}{4}\right) + \cdots + \left(\frac{1}{n} - \frac{1}{n+1}\right) \end{aligned}$$

$$= 1 - \frac{1}{n+1},$$

从而

$$\lim_{n\to\infty} S_n = \lim_{n\to\infty}\left(1 - \frac{1}{n+1}\right) = 1,$$

所以由定义 2 知,级数收敛且收敛于和 1,即

$$\sum_{n=1}^{\infty} \frac{1}{n(n+1)} = \frac{1}{1\cdot 2} + \frac{1}{2\cdot 3} + \frac{1}{3\cdot 4} + \cdots + \frac{1}{n(n+1)} + \cdots = 1.$$

(2)由于

$$\ln\frac{n+1}{n} = \ln(n+1) - \ln n,$$

因此,级数的部分和

$$\begin{aligned} S_n &= \ln\frac{2}{1} + \ln\frac{3}{2} + \cdots + \ln\frac{n+1}{n} \\ &= (\ln 2 - \ln 1) + (\ln 3 - \ln 2) + \cdots + (\ln(n+1) - \ln n) \\ &= \ln(n+1) \to \infty, n \to \infty, \end{aligned}$$

故根据定义 2 知,原级数发散.

例 8.2 讨论**等比级数**(又称**几何级数**)

$$\sum_{n=0}^{\infty} aq^n = a + aq + aq^2 + \cdots + aq^n + \cdots$$

的敛散性,其中 $a \neq 0$,q 叫作级数的公比.

解 (1)若 $q \neq 1$,则级数的部分和

$$S_n = a + aq + aq^2 + \cdots + aq^{n-1} = \frac{a(1-q^n)}{1-q},$$

当 $|q|<1$ 时,因为 $\lim\limits_{n\to\infty} q^n = 0$,所以极限 $\lim\limits_{n\to\infty} S_n$ 存在,且

$$\lim_{n\to\infty} S_n = \frac{a}{1-q},$$

故当 $|q|<1$ 时等比级数收敛,并且收敛于 $\frac{a}{1-q}$;

当 $|q|>1$ 时,因为 $\lim\limits_{n\to\infty} q^n = \infty$,所以极限 $\lim\limits_{n\to\infty} S_n$ 不存在,从而等比级数发散;

当 $q=-1$ 时,因为 S_n 随着 n 为奇数或为偶数而等于 a 或 0,所以极限 $\lim\limits_{n\to\infty} S_n$ 不存在,从而等比级数发散.

(2)若 $q=1$,则级数的部分和

$$S_n = a + a + a + \cdots + a = na \to \infty, n \to \infty,$$

因此等比级数发散.

注:综合上述结果,对于等比级数,当 $a \neq 0$ 时,我们可得如下结论

$$\sum_{n=0}^{\infty} aq^n = \begin{cases} 收敛于\dfrac{a}{1-q}, & |q| < 1, \\ 发散, & |q| \geq 1. \end{cases}$$

该结论可作为已知条件直接应用,请记住.

由以上讨论可知,研究无穷级数的敛散性问题,可归结为研究其部分和数列的敛散性问题.因此,对于一些可求部分和的级数,可以运用数列极限的有关知识来研究.

8.1.3 常数项级数的基本性质

本部分给出常数项级数满足的一些性质和推论,但不列出证明,有兴趣的读者可自行证明或参阅其他书目.

性质 1 如果级数 $\sum_{n=1}^{\infty} u_n$ 收敛于和 S,那么级数 $\sum_{n=1}^{\infty} ku_n$ 也收敛,且其和为 kS.

性质 2 如果级数 $\sum_{n=1}^{\infty} u_n$ 和 $\sum_{n=1}^{\infty} v_n$ 分别收敛于 S 和 W,那么级数 $\sum_{n=1}^{\infty} (u_n \pm v_n)$ 也收敛,且其和为 $S \pm W$.

注:性质 2 也可理解成两个收敛级数可以逐项相加与逐项相减.

由性质 1 很容易可得推论 1.

推论 1 若常数 $k \neq 0$,则级数 $\sum_{n=1}^{\infty} u_n$ 与级数 $\sum_{n=1}^{\infty} ku_n$ 同敛散.

性质 3 在级数中去掉、加上或改变有限项,不会改变级数的敛散性,但收敛时级数的和可能会发生改变.

性质 4 若级数 $\sum_{n=1}^{\infty} u_n$ 收敛,则将此级数的项任意加括号后所得的新级数也收敛,且其和不变.

注:如果加括号后所成的级数收敛,那么不能断定未加括号前的级数也收敛.例如,级数

$$(1-1)+(1-1)+\cdots$$

收敛于 0,但原级数(未加括号前的级数)

$$1-1+1-1+\cdots$$

却是发散的.

推论 2 如果加括号后所成的新级数发散,那么原级数也发散.

性质 5(级数收敛的必要条件) 若级数 $\sum_{n=1}^{\infty} u_n$ 收敛,则它的一般项 u_n 趋于 0,即

$$\lim_{n \to \infty} u_n = 0,$$

反之不成立.

注:性质 5 仅是级数收敛的必要条件,即级数收敛有结论 $\lim_{n \to \infty} u_n = 0$,但反之不一定成立.

推论 3 若 $\lim_{n \to \infty} u_n \neq 0$,则级数必发散,反之不成立.

§8.2 正项级数及其审敛法

8.1节给出了常数项级数敛散性的定义,但大部分情况下直接用定义来讨论级数的敛散性比较困难,因为许多常数项级数的部分和很难计算,所以这一节给出一些判断特殊级数敛散性的方法.本节中讨论的级数都为正项级数.

8.2.1 正项级数的概念

一般来说,常数项级数 $\sum_{n=1}^{\infty} u_n$ 中的项 u_n 可以是正数、负数或零,但如果级数 $\sum_{n=1}^{\infty} u_n$ 中的每一项 u_n 都是正数或零,则称级数 $\sum_{n=1}^{\infty} u_n$ 为**正项级数**.

设级数 $\sum_{n=1}^{\infty} u_n$ 是正项级数,即 $u_n \geqslant 0(n=1,2,3,\cdots)$,则其部分和数列$\{S_n\}$是一个单调增加的数列,所以

①若$\{S_n\}$有上界,则根据单调有界准则知,数列$\{S_n\}$收敛,即极限$\lim\limits_{n\to\infty} S_n$ 存在,从而正项级数 $\sum_{n=1}^{\infty} u_n$ 收敛.

②若$\{S_n\}$无上界,则$\lim\limits_{n\to\infty} S_n=+\infty$,即数列$\{S_n\}$发散,从而正项级数 $\sum_{n=1}^{\infty} u_n$ 发散.

因此,我们有如下基本定理:

定理1 正项级数 $\sum_{n=1}^{\infty} u_n$ 收敛的**充分必要条件**是:其部分和数列$\{S_n\}$有上界.

注:正项级数特别重要,因为许多级数的收敛性问题都可归结为正项级数的收敛性问题.

8.2.2 正项级数的敛散性判别法

根据定理1,可得如下三种关于正项级数敛散性的判别法,但这里只给出定理,不给出证明.

定理2(比较判别法) 设 $\sum_{n=1}^{\infty} u_n$ 和 $\sum_{n=1}^{\infty} v_n$ 都是正项级数,且 $u_n \leqslant v_n(n=1,2,\cdots)$,则

(1)当级数 $\sum_{n=1}^{\infty} v_n$ 收敛时,级数 $\sum_{n=1}^{\infty} u_n$ 必收敛;

(2)当级数 $\sum_{n=1}^{\infty} u_n$ 发散时,级数 $\sum_{n=1}^{\infty} v_n$ 必发散.

注:该定理可简记为**"大收小必收,小发大必发"**.

例 8.3 讨论**调和级数** $\sum_{n=1}^{\infty}\frac{1}{n}$ 的敛散性.

解 易证不等式

$$\ln\frac{n+1}{n}=\ln\left(1+\frac{1}{n}\right)<\frac{1}{n}$$

成立,从而结合例 8.1(2)的结果及比较判别法知,**调和级数**

$$\sum_{n=1}^{\infty}\frac{1}{n}=1+\frac{1}{2}+\frac{1}{3}+\cdots+\frac{1}{n}+\cdots$$

发散.这是一个重要结论,可直接运用,请记住该结论.另外,上面不等式可应用求导判定单调性或拉格朗日中值定理证得,这里省略.

例 8.4 讨论 ***p* 级数** $\sum_{n=1}^{\infty}\frac{1}{n^p}$ 的敛散性,其中 p 为实数.

解 (1)当 $p\leqslant 1$ 时,有

$$0<\frac{1}{n}\leqslant\frac{1}{n^p},$$

因为调和级数 $\sum_{n=1}^{\infty}\frac{1}{n}$ 发散,所以根据比较判别法知,p 级数 $\sum_{n=1}^{\infty}\frac{1}{n^p}$ 发散.

(2)当 $p>1$ 时,因为当 $k-1\leqslant x\leqslant k$ 时,有$\frac{1}{k^p}\leqslant\frac{1}{x^p}$,所以,根据定积分的性质知

$$\frac{1}{k^p}=\int_{k-1}^{k}\frac{1}{k^p}\mathrm{d}x\leqslant\int_{k-1}^{k}\frac{1}{x^p}\mathrm{d}x,\quad k=2,3,\cdots,$$

从而 p 级数 $\sum_{n=1}^{\infty}\frac{1}{n^p}$ 的部分和

$$\begin{aligned}S_n&=1+\sum_{k=2}^{n}\frac{1}{k^p}\leqslant 1+\sum_{k=2}^{n}\int_{k-1}^{k}\frac{1}{x^p}\mathrm{d}x=1+\int_{1}^{n}\frac{1}{x^p}\mathrm{d}x\\&=1+\frac{1}{p-1}\left(1-\frac{1}{n^{p-1}}\right)\\&<1+\frac{1}{p-1},\end{aligned}$$

这表明数列$\{S_n\}$有上界,因此,根据基本定理 1 知,p 级数收敛.

综上可知,p 级数满足结论:

$$\sum_{n=1}^{\infty}\frac{1}{n^p}\begin{cases}收敛, & p>1,\\ 发散, & p\leqslant 1.\end{cases}$$

为了应用上的方便,下面给出比较判别法的极限形式.

定理 3(比较判别法的极限形式) 设 $\sum_{n=1}^{\infty}u_n$ 和 $\sum_{n=1}^{\infty}v_n(v_n>0)$ 都是正项级数,若

$$\lim_{n\to\infty}\frac{u_n}{v_n}=l,\quad 0\leqslant l\leqslant+\infty,$$

则

(1)当$0\leqslant l<+\infty$且正项级数$\sum\limits_{n=1}^{\infty} v_n$收敛时,正项级数$\sum\limits_{n=1}^{\infty} u_n$必收敛;

(2)当$0<l\leqslant+\infty$且正项级数$\sum\limits_{n=1}^{\infty} v_n$发散时,正项级数$\sum\limits_{n=1}^{\infty} u_n$必发散.

特别的,当$0<l<+\infty$时,正项级数$\sum\limits_{n=1}^{\infty} u_n$与正项级数$\sum\limits_{n=1}^{\infty} v_n$的敛散性相同.

例 8.5 讨论级数$\sum\limits_{n=1}^{\infty} \sin\frac{1}{n}$的敛散性.

解 因为

$$\lim_{n\to\infty}\frac{\sin\frac{1}{n}}{\frac{1}{n}}=1>0,$$

而调和级数$\sum\limits_{n=1}^{\infty}\frac{1}{n}$发散,所以由比较判别的极限形式知,正项级数$\sum\limits_{n=1}^{\infty}\sin\frac{1}{n}$发散.

例 8.6 讨论级数$\sum\limits_{n=1}^{\infty}\ln\left(1+\frac{1}{n^2}\right)$的敛散性.

解 因为

$$\lim_{n\to\infty}\frac{\ln\left(1+\frac{1}{n^2}\right)}{\frac{1}{n^2}}=\lim_{n\to\infty}\frac{\frac{1}{n^2}}{\frac{1}{n^2}}=1>0,$$

而p级数$\sum\limits_{n=1}^{\infty}\frac{1}{n^2}(p=2>1)$收敛,所以由比较判别的极限形式知,正项级数$\sum\limits_{n=1}^{\infty}\ln\left(1+\frac{1}{n^2}\right)$收敛.

定理 4(比值判别法,达朗贝尔判别法) 设$\sum\limits_{n=1}^{\infty} u_n(u_n>0)$是正项级数,若

$$\lim_{n\to\infty}\frac{u_{n+1}}{u_n}=\rho,\quad 0\leqslant\rho\leqslant+\infty,$$

则

(1)当$0\leqslant\rho<1$时,正项级数$\sum\limits_{n=1}^{\infty} u_n$必收敛;

(2)当$1<\rho\leqslant+\infty$时,正项级数$\sum\limits_{n=1}^{\infty} u_n$必发散;

(3)当$\rho=1$时,正项级数$\sum\limits_{n=1}^{\infty} u_n$可能收敛,也可能发散,即敛散性不确定.

例 8.7 讨论级数$\sum\limits_{n=1}^{\infty}\frac{n}{10^n}$的敛散性.

解 因为

$$\lim_{n\to\infty}\frac{u_{n+1}}{u_n}=\lim_{n\to\infty}\frac{\dfrac{n+1}{10^{n+1}}}{\dfrac{n}{10^n}}=\lim_{n\to\infty}\frac{1}{10}\frac{n+1}{n}=\frac{1}{10}<1,$$

所以由比值判别知,正项级数 $\sum_{n=1}^{\infty}\frac{n}{10^n}$ 收敛.

例 8.8 讨论级数 $\sum_{n=1}^{\infty}\frac{n!}{3^n}$ 的敛散性.

解 因为

$$\lim_{n\to\infty}\frac{u_{n+1}}{u_n}=\lim_{n\to\infty}\frac{\dfrac{(n+1)!}{3^{n+1}}}{\dfrac{n!}{3^n}}=\lim_{n\to\infty}\frac{n+1}{3}=+\infty>1,$$

所以由比值判别知,正项级数 $\sum_{n=1}^{\infty}\frac{n!}{3^n}$ 发散.

定理 5(根值判别法,柯西判别法) 设 $\sum_{n=1}^{\infty}u_n$ 是正项级数,若

$$\lim_{n\to\infty}\sqrt[n]{u_n}=\rho,\quad 0\leqslant\rho\leqslant+\infty,$$

则

(1)当 $0\leqslant\rho<1$ 时,正项级数 $\sum_{n=1}^{\infty}u_n$ 必收敛;

(2)当 $1<\rho\leqslant+\infty$ 时,正项级数 $\sum_{n=1}^{\infty}u_n$ 必发散;

(3)当 $\rho=1$ 时,正项级数 $\sum_{n=1}^{\infty}u_n$ 可能收敛,也可能发散,即敛散性不确定.

例 8.9 讨论级数 $\sum_{n=1}^{\infty}\left(\frac{n+2}{3n+1}\right)^n$ 的敛散性.

解 因为 $u_n=\left(\frac{n+2}{3n+1}\right)^n>0$,并且

$$\lim_{n\to\infty}\sqrt[n]{u_n}=\lim_{n\to\infty}\sqrt[n]{\left(\frac{n+2}{3n+1}\right)^n}=\lim_{n\to\infty}\frac{n+2}{3n+1}=\frac{1}{3}<1,$$

所以由根值判别知,正项级数 $\sum_{n=1}^{\infty}\left(\frac{n+2}{3n+1}\right)^n$ 收敛.

例 8.10 讨论级数 $\sum_{n=1}^{\infty}\left(\frac{2n-5}{n+1}\right)^n$ 的敛散性.

解 因为 $u_n=\left(\frac{2n-5}{n+1}\right)^n>0$,并且

$$\lim_{n\to\infty}\sqrt[n]{u_n}=\lim_{n\to\infty}\sqrt[n]{\left(\frac{2n-5}{n+1}\right)^n}=\lim_{n\to\infty}\frac{2n-5}{n+1}=2>1,$$

所以由根值判别知,正项级数 $\sum_{n=1}^{\infty}\left(\frac{2n-5}{n+1}\right)^n$ 发散.

§8.3 一般项级数及其审敛法

上一节讨论了正项级数的敛散性,本节讨论一般项级数(即各项可以为正数、零或负数的级数)的敛散性.

8.3.1 交错级数的概念及审敛法

定义1 若常数项级数 $\sum_{n=1}^{\infty}u_n$ 中的各项是正负交错的,则称该级数为**交错级数**.

例如

$$\sum_{n=1}^{\infty}(-1)^{n-1}u_n=u_1-u_2+u_3-u_4+\cdots \tag{8.2}$$

或

$$\sum_{n=1}^{\infty}(-1)^{n}u_n=-u_1+u_2-u_3+u_4-\cdots \tag{8.3}$$

都是交错级数.其中 $u_n>0(n=1,2,\cdots)$.

因为级数(8.3)乘上-1可得级数(8.2),所以,我们按级数(8.2)的形式给出交错级数的一个判别敛散性的方法.

定理1(莱布尼茨定理) 如果交错级数 $\sum_{n=1}^{\infty}(-1)^{n-1}u_n$ 满足条件:

(1) $u_n\geqslant u_{n+1}$;

(2) $\lim\limits_{n\to\infty}u_n=0$,

则交错级数 $\sum_{n=1}^{\infty}(-1)^{n-1}u_n$ 收敛.

例8.11 判别交错级数 $\sum_{n=1}^{\infty}(-1)^{n-1}\frac{1}{n}$ 的敛散性.

解 因为级数 $\sum_{n=1}^{\infty}(-1)^{n-1}\frac{1}{n}$ 满足条件:

(1) $u_n=\frac{1}{n}>\frac{1}{n+1}=u_{n+1}$;

(2) $\lim\limits_{n\to\infty}u_n=\lim\limits_{n\to\infty}\frac{1}{n}=0$,

则该交错级数是收敛的.

8.3.2 绝对收敛与条件收敛

现在讨论一般的级数

$$\sum_{n=1}^{\infty} u_n = u_1 + u_2 + \cdots + u_n + \cdots,$$

它的各项为任意实数,我们称之为**任意项级数**或**一般项级数**.对于一般项级数,我们先给出其绝对收敛与条件收敛的定义.

定义 2 对于一般项级数,

(1)若级数 $\sum_{n=1}^{\infty} |u_n|$ 收敛,则称级数 $\sum_{n=1}^{\infty} u_n$ 绝对收敛;

(2)若级数 $\sum_{n=1}^{\infty} u_n$ 收敛,而级数 $\sum_{n=1}^{\infty} |u_n|$ 发散,则称级数 $\sum_{n=1}^{\infty} u_n$ 条件收敛.

例 8.12 判别 $\sum_{n=1}^{\infty} (-1)^{n-1} \frac{1}{n^2}$ 是绝对收敛还是条件收敛.

解 因为级数 $\sum_{n=1}^{\infty} |u_n| = \sum_{n=1}^{\infty} \frac{1}{n^2}$,根据 $p(p=2>1)$ 级数的敛散性知,级数 $\sum_{n=1}^{\infty} (-1)^{n-1} \frac{1}{n^2}$ 绝对收敛.

例 8.13 判别 $\sum_{n=1}^{\infty} (-1)^{n-1} \frac{1}{n}$ 是绝对收敛还是条件收敛.

解 因为级数 $\sum_{n=1}^{\infty} |u_n| = \sum_{n=1}^{\infty} \frac{1}{n}$ 是调和级数,所以级数 $\sum_{n=1}^{\infty} |u_n| = \sum_{n=1}^{\infty} \frac{1}{n}$ 发散,而由例 8.11 知交错级数 $\sum_{n=1}^{\infty} (-1)^{n-1} \frac{1}{n}$ 收敛,所以级数 $\sum_{n=1}^{\infty} (-1)^{n-1} \frac{1}{n}$ 是条件收敛级数.

级数绝对收敛与级数收敛有以下重要关系:

定理 2 如果级数 $\sum_{n=1}^{\infty} u_n$ 绝对收敛,则级数 $\sum_{n=1}^{\infty} u_n$ 必收敛.可简记为:**绝对收敛的级数必收敛.**

注:上述定理说明,对于一般的级数 $\sum_{n=1}^{\infty} u_n$,若我们用正项级数的审敛法判定加绝对值之后的级数 $\sum_{n=1}^{\infty} |u_n|$ 收敛,则原级数 $\sum_{n=1}^{\infty} u_n$ 必收敛,且为绝对收敛.但若级数 $\sum_{n=1}^{\infty} |u_n|$ 发散,我们不能判定级数 $\sum_{n=1}^{\infty} u_n$ 也发散.

例 8.14 判别下列级数的敛散性,若收敛,指出是绝对收敛还是条件收敛.

(1) $\sum_{n=1}^{\infty} \frac{\sin n\alpha}{n^2}$;

(2) $\sum_{n=1}^{\infty} \frac{(-1)^{n-1}}{\sqrt{n}}$.

解 (1)因为

$$\left|\frac{\sin n\alpha}{n^2}\right| \leqslant \frac{1}{n^2},$$

而级数 $\sum_{n=1}^{\infty}\frac{1}{n^2}$ 收敛,所以根据正项级数的比较判别法知,级数 $\sum_{n=1}^{\infty}\left|\frac{\sin n\alpha}{n^2}\right|$ 收敛,因此,原级数 $\sum_{n=1}^{\infty}\frac{\sin n\alpha}{n^2}$ 是收敛的,且是绝对收敛.

(2)因为

$$\sum_{n=1}^{\infty}\left|\frac{(-1)^{n-1}}{\sqrt{n}}\right| = \sum_{n=1}^{\infty}\frac{1}{\sqrt{n}}$$

为 $p=\frac{1}{2}$ 的 p 级数,它是发散的,所以原级数不绝对收敛.又因为交错级数 $\sum_{n=1}^{\infty}\frac{(-1)^{n-1}}{\sqrt{n}}$ 满足

$$\frac{1}{\sqrt{n}} > \frac{1}{\sqrt{n+1}} \text{与} \lim_{n\to\infty}\frac{1}{\sqrt{n}} = 0,$$

所以,根据莱布尼茨定理知交错级数 $\sum_{n=1}^{\infty}\frac{(-1)^{n-1}}{\sqrt{n}}$ 收敛,所以原级数 $\sum_{n=1}^{\infty}\frac{(-1)^{n-1}}{\sqrt{n}}$ 为条件收敛.

§8.4 幂级数

8.4.1 函数项级数的概念

定义1 如果给定一个定义在区间 I 上的函数列

$$u_1(x), u_2(x), u_3(x), \cdots, u_n(x), \cdots,$$

则将由这个函数列构成的表达式

$$u_1(x) + u_2(x) + u_3(x) + \cdots + u_n(x) + \cdots = \sum_{n=1}^{\infty}u_n(x) \tag{8.4}$$

称为定义在区间 I 上的**函数项级数**.

对于每一个确定的值 $x_0 \in I$,函数项级数(8.4)对应一个常数项级数

$$\sum_{n=1}^{\infty}u_n(x_0) = u_1(x_0) + u_2(x_0) + u_3(x_0) + \cdots + u_n(x_0) + \cdots, \tag{8.5}$$

级数(8.5)可能收敛,也可能发散.故有如下定义:

定义2 如果级数(8.5)收敛(或发散),则称点 x_0 为函数项级数(8.4)的**收敛点**(或**发散点**),函数项级数(8.4)的收敛点的全体称为它的**收敛域**,发散点的全体称为**发散域**.

对于收敛域内的每一个数 x,函数项级数是一个收敛的常数项级数,因此有一确定的和 S.这样,在收敛域上,函数项级数的和是 x 的函数 $S(x)$.

定义 3 如果级数(8.4)收敛,收敛域为 D,则函数项级数(8.4)的和是定义在 D 上的一个函数,称为函数项级数(8.4)的**和函数**.

8.4.2 幂级数的概念

幂级数是特殊的函数项级数,其结构比较简单且具有广泛的应用,因此具有重要的地位.下面给出幂级数的定义:

定义 4 形如

$$\sum_{n=0}^{\infty} a_n (x - x_0)^n = a_0 + a_1(x - x_0) + a_2 (x - x_0)^2 + \cdots + a_n (x - x_0)^n + \cdots \quad (8.6)$$

的函数项级数称为在点 x_0 处的**幂级数**,其中常数 $a_0, a_1, a_2, \cdots, a_n, \cdots$ 叫作幂级数的系数.特别地,当 $x_0=0$ 时,

$$\sum_{n=0}^{\infty} a_n x^n = a_0 + a_1 x + a_2 x^2 + \cdots + a_n x^n + \cdots \quad (8.7)$$

称为在点 $x_0=0$ 处的**幂级数**.例如

$$\sum_{n=0}^{\infty} x^n = 1 + x + x^2 + \cdots + x^n + \cdots,$$

$$\sum_{n=0}^{\infty} \frac{1}{n!} x^n = 1 + x + \frac{1}{2!} x^2 + \cdots + \frac{1}{n!} x^n + \cdots,$$

$$\sum_{n=0}^{\infty} \frac{1}{n!} (x - 1)^n = 1 + (x - 1) + \frac{1}{2!} (x - 1)^2 + \cdots + \frac{1}{n!} (x - 1)^n + \cdots$$

都是幂级数.

注:对形如式(8.6)的幂级数,只要作变量替换 $t=x-x_0$,就可以把它化成式(8.7)的形式来进行讨论,所以取式(8.7)来讨论并不影响一般性,因此,下面主要讨论形如式(8.7)的幂级数.

8.4.3 幂级数的收敛性

对于一个给定的幂级数,它的收敛域与发散域是怎样的? 即 x 取数轴上哪些点时幂级数收敛,取哪些点时幂级数发散? 这就是幂级数的收敛性问题.

定理 1(阿贝尔(Abel)定理) 如果 $\sum\limits_{n=0}^{\infty} a_n x^n$ 在 $x = x_0(x_0 \neq 0)$ 处收敛,那么满足不等式 $|x|<|x_0|$ 的一切 x 使得这个**幂级数绝对收敛**.反之,如果 $\sum\limits_{n=0}^{\infty} a_n x^n$ 在 $x=x_0(x_0\neq 0)$ 处发散,那么满足不等式 $|x|>|x_0|$ 的一切 x 使得这个**幂级数发散**.

定理 1 表明,如果幂级数 $\sum\limits_{n=0}^{\infty} a_n x^n$ 在 x_0 处收敛,则对于开区间 $\left(-|x_0|, |x_0|\right)$ 内的任何 x,幂级数都收敛;如果幂级数在 x_0 处发散,则对于闭区间 $\left[-|x_0|, |x_0|\right]$ 外的任何 x,幂级数都发散.从而有下述重要推论:

推论 如果幂级数 $\sum_{n=0}^{\infty} a_n x^n$ 不是仅在 $x=0$ 一点处收敛,也不是在整个数轴上都收敛,则必有一个确定的正数 R 存在,使得

(1)当 $|x|<R$ 时,幂级数绝对收敛;

(2)当 $|x|>R$ 时,幂级数发散;

(3)当 $x=R$ 或 $x=-R$ 时,幂级数可能收敛,也可能发散.

正数 R 通常叫作幂级数(8.7)的**收敛半径**,开区间 $(-R,R)$ 叫作幂级数(8.7)的**收敛区间**,再由幂级数在 $x=\pm R$ 处的收敛性就可以决定幂级数的**收敛域**是如下四种情况之一:

$$(-R,R)、[-R,R)、(-R,R] 或 [-R,R].$$

若幂级数(8.7)只在 $x=0$ 处收敛,则收敛域只有一点 $x=0$.为了方便,规定这时收敛半径 $R=0$;若幂级数(8.7)对一切 x 都收敛,则规定收敛半径 $R=+\infty$,这时收敛域为 $(-\infty,+\infty)$.

下面的定理给出了如何求收敛半径的方法:

定理2 如果幂级数的系数满足

$$\lim_{n\to\infty}\left|\frac{a_{n+1}}{a_n}\right|=\lim_{n\to\infty}\frac{|a_{n+1}|}{|a_n|}=\rho,$$

则有

(1)当 $0<\rho<+\infty$ 时,收敛半径 $R=\dfrac{1}{\rho}$;

(2)当 $\rho=0$ 时,收敛半径 $R=+\infty$;

(3)当 $\rho=+\infty$ 时,收敛半径 $R=0$.

例8.15 求幂级数

$$\sum_{n=1}^{\infty}\frac{x^n}{n}=x+\frac{x^2}{2}+\frac{x^3}{3}+\cdots+\frac{x^n}{n}+\cdots$$

的收敛半径与收敛域.

解 因为

$$\rho=\lim_{n\to\infty}\left|\frac{a_{n+1}}{a_n}\right|=\lim_{n\to\infty}\frac{\frac{1}{n+1}}{\frac{1}{n}}=\lim_{n\to\infty}\frac{n}{n+1}=1,$$

所以该幂级数的收敛半径为 $R=\dfrac{1}{\rho}=1$.

当 $x=1$ 时,级数为调和级数

$$1+\frac{1}{2}+\frac{1}{3}+\cdots+\frac{1}{n}+\cdots,$$

是发散的.

当 $x=-1$ 时,级数为交错级数

$$-x+\frac{x^2}{2}-\frac{x^3}{3}+\cdots+(-1)^n\frac{x^n}{n}+\cdots,$$

此级数收敛,因此,原级数的收敛域为$[-1,1)$.

例 8.16 求幂级数

$$\sum_{n=0}^{\infty}\frac{x^n}{n!}=1+x+\frac{x^2}{2!}+\frac{x^3}{3!}+\cdots+\frac{x^n}{n!}+\cdots$$

的收敛半径与收敛域.

解 因为

$$\rho=\lim_{n\to\infty}\left|\frac{a_{n+1}}{a_n}\right|=\lim_{n\to\infty}\frac{\frac{1}{(n+1)!}}{\frac{1}{n!}}=\lim_{n\to\infty}\frac{1}{n+1}=0,$$

所以该幂级数的收敛半径为$R=\frac{1}{\rho}=+\infty$,从而收敛域为$(-\infty,+\infty)$.

注:规定$0!=1$.

例 8.17 求幂级数$\sum_{n=0}^{\infty}n!\,x^n$的收敛半径.

解 因为

$$\rho=\lim_{n\to\infty}\left|\frac{a_{n+1}}{a_n}\right|=\lim_{n\to\infty}\frac{(n+1)!}{n!}=\lim_{n\to\infty}(n+1)=+\infty$$

所以该幂级数的收敛半径为$R=\frac{1}{\rho}=0$.

例 8.18 求幂级数$\sum_{n=1}^{\infty}\frac{(x-1)^n}{2^n\cdot n}$的收敛域.

解 令$t=x-1$,则上述级数变为

$$\sum_{n=1}^{\infty}\frac{t^n}{2^n\cdot n}.$$

因为

$$\rho=\lim_{n\to\infty}\left|\frac{a_{n+1}}{a_n}\right|=\lim_{n\to\infty}\frac{\frac{1}{2^{n+1}\cdot(n+1)}}{\frac{1}{2^n\cdot n}}=\lim_{n\to\infty}\frac{2^n\cdot n}{2^{n+1}\cdot(n+1)}=\frac{1}{2},$$

所以级数的收敛半径为$R=\frac{1}{\rho}=2$,收敛区间为$-2<t<2$,即$-1<x<3$.

当$x=3$时,级数变为调和级数

$$\sum_{n=1}^{\infty}\frac{1}{n}=1+\frac{1}{2}+\frac{1}{3}+\cdots+\frac{1}{n}+\cdots,$$

是发散的.

当$x=-1$时,级数变为交错级数

$$\sum_{n=1}^{\infty}\frac{(-1)^n}{n}=-1+\frac{1}{2}-\frac{1}{3}+\cdots+(-1)^n\frac{1}{n}+\cdots,$$

此级数收敛,因此,原级数的收敛域为$[-1,3)$.

单元检测8

1.写出下列级数的一般项:

(1)$1+\frac{1}{3}+\frac{1}{5}+\frac{1}{7}+\cdots$;

(2)$\frac{\sqrt{x}}{2}+\frac{x}{2\cdot 4}+\frac{x\sqrt{x}}{2\cdot 4\cdot 6}+\frac{x^2}{2\cdot 4\cdot 6\cdot 8}+\cdots$;

(3)$\frac{1}{1\cdot 2^2}+\frac{1}{2\cdot 3^2}+\frac{1}{3\cdot 4^2}+\frac{1}{4\cdot 5^2}+\cdots$;

(4)$\sin 1+\sin 2+\sin 3+\sin 4+\cdots$.

2.根据级数收敛与发散的定义判定下列级数的敛散性:

(1) $\sum\limits_{n=1}^{\infty}(\sqrt{n+1}-\sqrt{n})$;

(2) $\sum\limits_{n=1}^{\infty}\frac{1}{(2n-1)(2n+1)}$;

(3)$\frac{1}{2}+\frac{1}{2^2}+\frac{1}{2^3}+\cdots+\frac{1}{2^n}+\cdots$.

3.用比较判别法或比较判别法的极限形式判定下列级数的敛散性:

(1) $\sum\limits_{n=1}^{\infty}\frac{1}{2n-1}$;

(2) $\sum\limits_{n=1}^{\infty}\frac{1}{n^2+n}$;

(3) $\sum\limits_{n=1}^{\infty}\sin\frac{1}{n^2}$;

(4) $\sum\limits_{n=1}^{\infty}\sin\frac{\pi}{3^n}$;

(5)$1+\frac{1+2}{1+2^2}+\frac{1+3}{1+3^2}+\cdots+\frac{1+n}{1+n^2}+\cdots$;

(6) $\sum\limits_{n=1}^{\infty}\frac{n+2}{n(n+1)}$.

4.用比值判别法判定下列级数的敛散性:

(1) $\sum\limits_{n=1}^{\infty}\frac{5^n}{n\cdot 2^n}$;

(2) $\sum\limits_{n=1}^{\infty}\frac{n^2}{3^n}$;

(3) $\sum\limits_{n=1}^{\infty}\frac{n!}{3^n+1}$;

(4) $\sum\limits_{n=1}^{\infty}\frac{2^n\cdot n!}{3^n+1}$.

5.用根值判别法判定下列级数的敛散性:

(1) $\sum\limits_{n=1}^{\infty}\left(\frac{n}{2n+1}\right)^n$;

(2) $\sum\limits_{n=1}^{\infty}\left(\frac{5n}{3n+1}\right)^n$.

6.判定下列级数是否收敛.若收敛,请指出是绝对收敛还是条件收敛.

(1) $\sum\limits_{n=1}^{\infty}(-1)^{n-1}\frac{1}{2^n}$;

(2) $\sum\limits_{n=1}^{\infty}(-1)^{n-1}\ln\left(\frac{1}{n^2}+1\right)$;

(3) $\sum\limits_{n=1}^{\infty}(-1)^{n-1}\frac{n}{3^n}$;

(4) $\sum\limits_{n=1}^{\infty}(-1)^{n+1}\frac{2^n}{n!}$.

7.求下列幂级数的收敛半径、收敛区间和收敛域:

(1) $\sum_{n=1}^{\infty} nx^n$;

(2) $\sum_{n=1}^{\infty} \frac{(-1)^n}{n^2}x^n$;

(3) $\sum_{n=1}^{\infty} \frac{(x-1)^n}{2n}$;

(4) $\sum_{n=1}^{\infty} \frac{2^n}{n^2+1}x^n$.

部分习题参考答案

第 1 章

习题 1.1

1.(1)$[-1,1]$；　(2)$[0,2]$.

2.(1)A；　(2)C；　(3)A；　(4)C；　(5)B；　(6)A.

3.$f[g(x)]=3^{x^3}, x\in\mathbf{R}$；　$f[g(x)]=(3^x)^3, x\in\mathbf{R}$.

4.(1)$y=\cos u, u=1-2x$；

　(2)$y=\sqrt{u}, u=\sin v, v=x^2+1$.

5.$f(2013)=1$.

6.定义域为$[0,4]$，图像略.

习题 1.2

1.(1)2；　(2)1.

2.(1)B；　(2)A；　(3)D；　(4)A.

3.不存在.

4.$b=\mathrm{e}-1$.

习题 1.3

1.(1)9；　(2)0；　(3)6；　(4)3.

2.(1)2；　(2)$\frac{1}{5}$；　(3)-1；　(4)2；　(5)$\frac{1}{2}$；　(6)1.

3.$k=-8$.

习题 1.4

1.(1)3； (2)5； (3)e； (4)e^{-3}.

2.(1)B； (2)D.

3.(1)0； (2)1； (3)0； (4)π.

4.(1)e^{-1}； (2)e^{-1}； (3)1； (4)e^{-1}.

5.提示：$\frac{n}{\sqrt{n^2+n}}<\frac{1}{\sqrt{n^2+1}}+\frac{2}{\sqrt{n^2+2}}+\cdots+\frac{n}{\sqrt{n^2+n}}<\frac{n}{\sqrt{n^2+1}}$.

习题 1.5

1.(1)水平，$y=0$； (2)$x=2$； (3)等价； (4)低； (5)$x\to+\infty$；

(6)$\frac{3}{5}$； (7)$\frac{1}{6}$； (8)$-\frac{1}{2}$； (9)0.

2.(1)A； (2)D； (3)C.

3.(1)$-\frac{1}{2}$； (2)2； (3)$\frac{1}{x}$； (4)$-\frac{2}{3}$； (5)e^a.

习题 1.6

1.(1)必要； (2)一，二.

2.(1)连续； (2)连续.

3.(1)1； (2)0； (3)$-\ln 2$.

4.证明略.

5.$a=1$.

单元检测 1

1.(1)$f(x)=x^2-1$； (2)$a=1$； (3)等价；

(4)$(-\infty,-1)\cup(-1,1)\cup(1,+\infty)$； (5)充分； (6)必要.

2.(1)B； (2)D； (3)B.

3.(1)$(-\infty,0)\cup(0,+\infty)$； (2)$(-\infty,0)\cup(0,+\infty)$.

4.证明略.

第2章

习题 2.1

1.(1) $-f'(x_0)$； (2) -2； (3) $(-1,-1),(1,1)$.

2.(1) $5x^4$； (2) $\frac{7}{2}x^{\frac{5}{2}}$； (3) $-\frac{1}{2}x^{\frac{3}{2}}$； (4) $1.8x^{0.8}$.

3.切线方程为 $x-y+1=0$；

法线方程为 $x+y-1=0$.

4. $a=2,b=-1$.

5.证明略.

习题 2.2

1.(1) -6； (2) 0； (3) 2； (4) $(1+\cos x)\ \cos(x+\sin x)$； (5) 0.

2.(1) $x(2\cos x-x\sin x)$； (2) $\frac{(\sin x+\cos x)(1+\tan x)-x\sin x\sec^2 x}{1+\tan x^2}$；

(3) $2^{\frac{x}{\ln x}}\cdot\ln 2\cdot\frac{\ln x-1}{\ln^2 x}$； (4) $\frac{2x+1}{(x^2+x+1)\ln a}$； (5) $\csc x$；

(6) $\arcsin(\ln x)+\frac{1}{\sqrt{1-\ln^2 x}}$； (7) $\frac{e^{\arctan\sqrt{x}}}{2\sqrt{x}(1+x)}$； (8) $\frac{1}{x\ln x\ln(\ln x)}$；

(9) $\arccos x$.

3.(1) $2xe^{x^2}f'(e^{x^2})$； (2) $\sin 2x[f'(\sin^2 x)-f'(\cos^2 x)]$.

4. $\frac{f(x)f'(x)+g(x)g'(x)}{\sqrt{f^2(x)+g^2(x)}}$.

5. $(1,\frac{1}{e})$, $y=\frac{1}{e}$.

习题 2.3

1.(1) $\frac{\cos(x+y)}{1-\cos(x+y)}$； (2) $\frac{4}{3}$； (3) $x^x(\ln x+1)$.

2.(1) $\frac{y-yx}{xy-x}$； (2) $\frac{x+y}{x-y}$； (3) $\frac{2x^3y}{y^2+1}$； (4) $y=-\csc^2(x+y)$； (5) $\frac{xy\ln y-y^2}{xy\ln x-x^2}$；

(6) $\dfrac{\cos y-\cos(x+y)}{\cos(x+y)+x\sin y}$.

3. (1) $\dfrac{1}{3}\sqrt[3]{\dfrac{x(x^2+1)}{(x^2-1)^2}}\left(\dfrac{1}{x}+\dfrac{2x}{x^2+1}-\dfrac{4}{x^2-1}\right)$； (2) $\dfrac{1}{2}\sqrt{x\sin x\cdot\sqrt{1-e^x}}\left[\dfrac{1}{x}+\cot x-\dfrac{e^x}{2(1-e^x)}\right]$.

4. -1.

5. $x+y-\dfrac{\sqrt{2}}{2}a=0$.

习题 2.4

1. (1) $e^{x^2}(6x+4x^3)$； (2) $-(2\sin x+x\cos x)$； (3) $\dfrac{2x^3-6x}{(1+x^2)^3}$； (4) $\dfrac{e^{2y}(3-y)}{2-y}$；

(5) $-\dfrac{b}{a^2}\csc^3 t$； (6) $\dfrac{2(3t^2+3t-1)}{(1+2t)^3}$.

2. $\dfrac{\sin 2-2\cos 2}{e^2}$.

3. 证明略.

4. (1) $2^n\cdot n!$； (2) $3^{2x+1}2^n\ln^n 3$；

(3) $2^n e^{2x}+(-1)^n e^{-x}$； (4) $2^{n-1}\sin\left[2x+(n-1)\dfrac{\pi}{2}\right]$, $(n\in\mathbf{N})$；

(5) $\dfrac{(-1)^{n-1}2^n(n-1)!}{(1+2x)^n}$； (6) $(-1)^n\cdot n!\left[\dfrac{1}{(x-2)^{n+1}}-\dfrac{1}{(x-1)^{n+1}}\right]$.

习题 2.5

1. (1) $\dfrac{1}{2}dx$； (2) 0.03； (3) $\ln x+C$, $\tan x+C$, $-\dfrac{1}{2}e^{-2x}+C$；

(4) $-2xf'(-x^2)dx$； (5) 0.003, 2.745.

2. (1) $(\sin 2x+2x\cos 2x)dx$； (2) $2xe^{2x}(1+x)dx$； (3) $2\ln 5\csc 2x\cdot 5^{\ln\tan x}dx$；

(4) $\dfrac{1}{2\sqrt{x-x^2}}dx$； (5) $\dfrac{2x\sec^2(x^2-1)}{\tan(x^2-1)\ln 2}dx$； (6) $\arccos x\,dx$；

(7) $\dfrac{1+\dfrac{1+\dfrac{1}{2\sqrt{x}}}{2\sqrt{x+\sqrt{x}}}}{2\sqrt{x+\sqrt{x+\sqrt{x}}}}dx$； (8) $\dfrac{1}{1+x^2}dx$； (9) $-\dfrac{1+y\sin(xy)}{1+x\sin(xy)}dx$； (10) $\dfrac{4x^3y}{2y^2+1}dx$.

3.证明略.

习题 2.6

$C'(100)=1.9,\frac{C(100)}{100}=5.9,C'(100)<\frac{C(100)}{100}$,因此,要增加产量以降低单件产品的成本.

单元检测 2

1.(1)3; (2)8; (3)π^2; (4)$-\csc^2 x$; (5)$e^{f(x)}f'(x)dx$.

2.(1)C; (2)D; (3)A; (4)B; (5)C.

3.(1) $\cos x\ln x^2+\frac{2\sin x}{x}$; (2)$\frac{1-\sqrt{1-x^2}}{x^2\sqrt{1-x^2}}$;

(3)$(1+x^2)^{\sin x}\left[\cos x\ln(1+x^2)+\frac{2x\sin x}{1+x^2}\right]$;

(4)$\frac{\sqrt{x+2}(3-x)^4}{x^3(x+1)^5}\left[\frac{1}{2(x+2)}+\frac{4}{x-3}-\frac{3}{x}-\frac{5}{x+1}\right]$; (5)$\frac{1+e^y}{2y-xe^y}$.

4.2.09.

5.(3,1).

6.0.25 m^2/s,0.004 m/s.

第 3 章

习题 3.1

1.$\xi=\pm1$.

2.$\frac{\pi}{2}$.

3.证明略.

4.证明略.

5.证明略.

习题 3.2

1.(1)D; (2)C.

2.(1)2; (2)1; (3)2; (4)−1; (5)3; (6)1; (7)$\frac{1}{2}$;

(8)$\frac{1}{2}$; (9)$e^{-\frac{2}{\pi}}$; (10)1.

习题 3.3

1.(1)$(-\infty,-1]$,$[3,+\infty)$; (2)$a=-2,b=4$; (3)80,−5.

2.(1)单调增区间$(-\infty,-1]$,$[3,+\infty)$,单调减区间$(-1,3)$;极大值$f(-1)=\frac{32}{3}$,极小值$f(3)=0$;

(2)单调增区间$[0,+\infty)$,单调减区间$(-1,0]$;极小值$f(0)=0$;

(3)单调增区间$(0,2)$,单调减区间$(-\infty,0)$,$(2,+\infty)$;极大值$f(2)=4e^{-2}$,极小值$f(0)=0$;

(4)单调增区间$(-\infty,0]$,$[1,+\infty)$,单调减区间$(0,1)$;极大值$f(0)=0$,极小值$f(1)=-\frac{1}{2}$.

3.证明略.

4.$r=\sqrt[3]{\frac{v}{2\pi}}$,$h=2\cdot\sqrt[3]{\frac{v}{2\pi}}$.

5.点(2,3).

习题 3.4

1.(1)B; (2)D; (3)C.

2.(1)凸区间$\left(-\infty,\frac{1}{2}\right)$,凹区间$\left(\frac{1}{2},+\infty\right)$;拐点$\left(\frac{1}{2},-\frac{13}{12}\right)$;

(2)凸区间$(-\infty,-1)$,$(0,1)$,凹区间$(-1,0)$,$(1,+\infty)$;拐点(0,0);

(3)凸区间(0,1),凹区间$(1,+\infty)$;拐点(1,−7);

(4)凸区间$(-\infty,-1)$,$(1,+\infty)$,凹区间(−1,1);拐点$(\pm1,\ln 2)$.

3.略.

习题 3.5

剪去圆心角为$2\pi\left(1-\frac{\sqrt{6}}{3}\right)$.

单元检测 3

1.(1)D； (2)B； (3)A.

2.(1)$\frac{\pi^2}{4}$； (2)0； (3)$-\frac{1}{2}$； (4)e； (5)$e^{-\frac{\pi}{2}}$； (6)1.

3.(1)单调增区间$\left[0,\frac{\pi}{4}\right]$，$\left[\frac{5\pi}{4},2\pi\right]$，单调减区间$\left[\frac{\pi}{4},\frac{5\pi}{4}\right]$；极大值$f\left(\frac{\pi}{4}\right)=\frac{1}{\sqrt{2}}e^{-\frac{\pi}{4}}$；极小值$f\left(\frac{5\pi}{4}\right)=-\frac{1}{\sqrt{2}}e^{-\frac{5\pi}{4}}$；凸区间$\left[0,\frac{\pi}{2}\right]$，$\left[\frac{3\pi}{2},2\pi\right]$，凹区间$\left(\frac{\pi}{2},\frac{3\pi}{2}\right)$；拐点$\left(\frac{\pi}{2},e^{-\frac{\pi}{2}}\right)$，$\left(\frac{3\pi}{2},-e^{-\frac{3\pi}{2}}\right)$.

(2)单调减区间$(-\infty,0]$，单调增区间$[0,+\infty]$；极小值$f(0)=1$；凹区间$(-\infty,+\infty)$.

(3)单调增区间$\left[0,\frac{12}{5}\right]$，单调减区间$(-\infty,0]$，$\left[\frac{12}{5},+\infty\right)$；极大值$f\left(\frac{12}{5}\right)=\frac{1}{24}$；凸区间$(-\infty,0]$，$\left[0,\frac{18}{5}\right]$，凹区间$\left(\frac{18}{5},+\infty\right)$；拐点$\left(\frac{18}{5},-\frac{12}{27}\right)$.

(4)函数为单调递减；凸区间$(-\infty,0)$，凹区间$[0,+\infty)$；拐点$\left(0,\frac{\pi}{4}\right)$.

(5)单调增区间$\left(-\infty,-\frac{\sqrt{2}}{4}\right)$，$\left(\frac{\sqrt{2}}{4},+\infty\right)$，单调减区间$\left(-\frac{\sqrt{2}}{4},\frac{\sqrt{2}}{4}\right)$；极大值$f\left(-\frac{\sqrt{2}}{4}\right)=\frac{\sqrt{2}}{3}$；极小值$f\left(\frac{\sqrt{2}}{4}\right)=-\frac{\sqrt{2}}{3}$；凸区间$(-\infty,0)$，凹区间$(0,+\infty)$；拐点$(0,0)$.

4.证明略.

5.略.

第 4 章

习题 4.1

1.(1)D； (2)D.

2.$y=\ln|x|$.

3.$f(x)=x+\frac{x^3}{3}+1$.

4.(1)$\frac{1}{3}x^3+2x^{\frac{3}{2}}+x\ln 2+C$； (2)$x-\arctan x+C$；

(3)$x-2\ln|x|-\frac{1}{x}+C$； (4)$3\ln|x|-\frac{5}{2x^2}+C$；

(5)$\frac{x^3}{3}+\frac{2^x}{\ln 2}+2\ln|x|+C$； (6)$a^{\frac{4}{3}}x-\frac{6}{5}a^{\frac{2}{3}}x^{\frac{5}{3}}+\frac{3}{7}x^{\frac{7}{3}}+C$；

(7) $3e^x - x + C$； (8) $-\frac{\cos x}{2} - \cot x + C$；

(9) $\sin x - \cos x + C$； (10) $\tan x - \sec x + C$；

(11) $e^{x+2} + C$； (12) $\frac{(9e)^x}{1+\ln 9} + C$.

5. (1) 27 m； (2) $\sqrt[3]{360}$ s.

6. $C(x) = x^2 + 10x + 20$.

习题 4.2

1. (1) $\frac{1}{a}$； (2) $-\frac{1}{3}$； (3) $\frac{1}{4}$； (4) $-\frac{1}{x} + C$； (5) -1； (6) $\frac{1}{2}x^2, \frac{1}{2}$； (7) $-\frac{1}{2}$；

(8) 2； (9) $\ln|x| + C$； (10) $\ln x, \frac{1}{2}\ln x^2 + C$； (11) $2\sqrt{x} + C$； (12) $-\frac{2}{3}$； (13) $-\frac{1}{3}$；

(14) 1； (15) $\frac{1}{2}$； (16) $\tan x + C$.

2. (1) $-\frac{1}{3}\cos 3x + C$； (2) $-\frac{1}{3}(1-2x)^{\frac{3}{2}} + C$； (3) $\ln|1+x| + C$； (4) $\frac{1}{2}(\arctan x)^2 + C$；

(5) $-\frac{1}{30}(1-3x)^{10} + C$； (6) $\ln|\arcsin x| + C$； (7) $\frac{1}{3}\ln|1+x^3| + C$； (8) $\frac{1}{1-x} + C$；

(9) $\frac{1}{2}\ln(1+e^{2x}) + C$； (10) $\frac{1}{2}\arcsin\frac{2}{3}x + C$； (11) $-\cot x + \csc x + C$；

(12) $-\frac{1}{2}e^{-x^2} + C$； (13) $-\ln(1+\cos x) + C$； (14) $-\sin\frac{1}{x} + C$；

(15) $\frac{1}{2}\ln|x^2+3x+4| + \frac{1}{\sqrt{7}}\arctan\frac{2x+3}{\sqrt{7}} + C$；

(16) $-\sqrt{1-2x-x^2} - 2\arcsin\frac{1+x}{\sqrt{2}} + C$.

3. (1) $2(\sqrt{x} - \arctan\sqrt{x}) + C$； (2) $-3\sqrt[3]{(2-x)^2}\left[2 - \frac{4}{5}(2-x) + \frac{1}{8}(2-x)^2\right] + C$；

(3) $\ln\left|\frac{1}{x} - \frac{\sqrt{1-x^2}}{x}\right| + \sqrt{1-x^2} + C$； (4) $\frac{25}{16}\arcsin\frac{2x}{5} - \frac{x}{8}\sqrt{25-4x^2} + C$；

(5) $-\frac{\sqrt{x^2+1}}{x} + C$； (6) $\ln\left|x + \sqrt{x^2-1}\right| + C$；

(7) $\frac{x}{4\sqrt{x^2+4}} + C$； (8) $\frac{1+x}{2}\sqrt{1-2x-x^2} + \arcsin\frac{1+x}{\sqrt{2}} + C$；

(9) $\frac{2x-1}{10(3-x)^6}+C$;

(10) $\frac{1}{\sqrt{2}}\ln(\sqrt{2}x+\sqrt{1+2x^2})+C$.

习题 4.3

(1) $-e^{-x}(x+1)+C$;

(2) $\frac{x^3}{9}(3\ln x-1)+C$;

(3) $x\arcsin x+\sqrt{1-x^2}+C$;

(4) $-\frac{1}{2}x\cos 2x+\frac{1}{4}\sin 2x+C$;

(5) $\frac{5^x}{\ln 5}\left(x-1-\frac{1}{\ln 5}\right)+C$;

(6) $\frac{1}{2}e^x(\cos x+\sin x)+C$;

(7) $\frac{x}{2}[\sin(\ln x)-\cos(\ln x)]+C$;

(8) $(x+1)\arctan\sqrt{x}-\sqrt{x}+C$;

(9) $-e^{-x}\arctan e^x+x-\frac{1}{2}\ln(1+e^{2x})+C$;

(10) $\frac{1}{2}x^2\left(\ln^2 x-\ln x+\frac{1}{2}\right)+C$.

单元检测 4

1. (1) $-\frac{1}{2}\cos 2x+C$; (2) $x+C$; (3) $-F\left(\frac{1}{x}\right)+C$;

(4) $(x+1)e^{-x}+C$; (5) $\frac{1}{3}x^3+C$.

2. (1) A; (2) C; (3) D; (4) B; (5) C.

3. (1) $-2\sqrt{x+1}\cos\sqrt{x+1}+2\sin\sqrt{x+1}+C$;

(2) $x\tan x+\ln|\cos x|-\frac{x^2}{2}+C$;

(3) $\frac{1}{10}(x^3+1)^{20}+C$;

(4) $\frac{1}{2}\ln(1+x^2)+\frac{1}{3}(\arctan x)^3+C$;

(5) $x\ln|x+1|-x+\ln|x+1|+C$;

(6) $\tan x-x-\ln|\cos x|+C$;

(7) $\ln|x-\sin x|+C$;

(8) $-\frac{x}{2\sin^2 x}-\frac{\cot x}{2}+C$.

第 5 章

习题 5.1

1. (1) $\lim_{\lambda\to 0}\sum_{i=1}^{n}f(\xi_i)\Delta x_i$;

(2)介于曲线 $y=f(x)$,x 轴,直线 $x=a$,$x=b$ 之间的各个部分面积的代数和;

(3) $m(b-a)\leqslant\int_a^b f(x)\mathrm{d}x\leqslant M(b-a)$; (4) $\int_a^b f(x)\mathrm{d}x=-\int_b^a f(x)\mathrm{d}x$.

2.(1)>; (2)>; (3)>; (4)>.

3.(1) $\int_0^1(x^2+1)\mathrm{d}x$; (2) $\int_1^3\ln x\mathrm{d}x$;

(3) $\int_0^2 x\mathrm{d}x-\int_0^1(x-x^2)\mathrm{d}x$; (4) $\int_0^1 2\sqrt{x}\mathrm{d}x+\int_1^4(\sqrt{x}-x+2)\mathrm{d}x$.

习题 5.2

1.(1) e^{-x^2}; (2) $-\frac{1}{2\sqrt{\frac{1}{x}+1}}$; (3) $\frac{5}{6}$; (4)1.

2.(1) $2\frac{5}{8}$; (2) $\frac{\pi}{3}$; (3) $\frac{\pi}{4}+1$; (4)4.

3.(1)2; (2) $\frac{\pi^2}{4}$.

习题 5.3

1.(1)0; (2) $\frac{\pi}{2}$; (3)0; (4) $1-\frac{2}{\mathrm{e}}$; (5) $\frac{\pi}{4}-\frac{1}{2}$.

2.(1) $\frac{1}{4}$; (2) $\sqrt{2}-\frac{2\sqrt{3}}{3}$; (3) $\frac{38}{15}$; (4) $2\sqrt{2}+2$.

3.(1)π; (2)1; (3) $\frac{1}{4}(\mathrm{e}^2-3)$; (4) $\frac{\pi}{2}-1$.

习题 5.4

1.(1)1; (2) $\frac{32}{3}$; (3) y; (4) $\pi\int_a^b f^2(x)\mathrm{d}x, 2\pi\int_a^b x|f(x)|\mathrm{d}x$.

2. $\frac{1}{2}\pi^2$.

3. $\frac{9}{4}$.

单元检测 5

1.(1)0； (2)2； (3)$\frac{\pi}{8}$； (4)$2x^3\sqrt[3]{1+x^4}$； (2)$b-a-1$.

2.(1)A； (2)B； (3)D； (4)D； (5)A； (6)C； (7)D.

3.(1)$1-\ln(2e+1)+\ln 3$； (2)$\frac{1}{2}\ln 2$； (3)$2(2-\ln3)$； (4)$\frac{\pi}{3\sqrt{3}}$；

(5)$\frac{1}{4}+\ln 2$； (6)$\frac{\pi^3}{6}-\frac{\pi}{4}$； (7)$2(\sqrt{2}-1)$； (8)$\frac{3}{5}(e^{\pi}-1)$.

4.$\frac{5}{12}$.

5.(1)$\frac{e}{2}-1$； (2)$\frac{\pi}{6}(5e^2-12e+3)$.

第 6 章

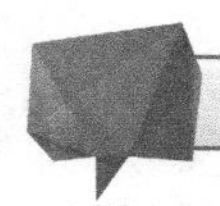

习题 6.1

1.(1)$\{(x,y)|x+y\neq 0\}$； (2)$\{(x,y)|x>0,y>0\}$；
(3)$\{(x,y)|x^2+y^2\leqslant 1\}$； (4)$\{(x,y)|x+y>0,x>0\}$.

2.(1)0.4； (2)2.

3.(x,y)沿直线 $y=kx$（k 为任意实常数）趋向于(0,0)时，有

$$\lim_{\substack{x\to 0\\ y=kx}} f(x,y)=\lim_{x\to 0}\frac{kx}{x+kx}=\frac{k}{1+k}.$$

显然，极限值随直线的斜率 k 的不同而不同，因此 $\lim\limits_{(x,y)\to(0,0)} f(x,y)$ 不存在.

习题 6.2

1.(1)$\frac{\partial z}{\partial x}=4x^3y^3,\frac{\partial z}{\partial y}=3x^4y^2$； (2)$\frac{\partial z}{\partial x}=yx^{y-1},\frac{\partial z}{\partial y}=x^y\ln x$；

(3)$\frac{\partial z}{\partial x}=\frac{1}{y},\frac{\partial z}{\partial y}=-\frac{x}{y^2}$； (4)$\frac{\partial z}{\partial x}=e^{x+y},\frac{\partial z}{\partial y}=e^{x+y}$；

2. $f_x(x,y)=\frac{1}{\sqrt{2x+3y}}$； $f_y(x,y)=\frac{3}{2\sqrt{2x+3y}}$； $f_x(0,1)=\frac{\sqrt{3}}{3}$； $f_y(1,2)=\frac{3\sqrt{2}}{8}$.

3.(1)$\frac{\partial z}{\partial x}=y\cos(xy)$； $\frac{\partial z}{\partial y}=x\cos(xy)$； $\frac{\partial^2 z}{\partial x^2}=-y^2\sin(xy)$，

$\frac{\partial^2 z}{\partial x \partial y}=\frac{\partial^2 z}{\partial y \partial x}=-xy\sin(xy)$； $\frac{\partial^2 z}{\partial y^2}=-x^2\sin(xy)$；

(2) $\frac{\partial z}{\partial x}=\frac{x}{\sqrt{x^2+y^2}}$； $\frac{\partial z}{\partial y}=\frac{y}{\sqrt{x^2+y^2}}$； $\frac{\partial^2 z}{\partial x^2}=\frac{y^2}{(x^2+y^2)\sqrt{x^2+y^2}}$，

$\frac{\partial^2 z}{\partial x \partial y}=\frac{\partial^2 z}{\partial y \partial x}=\frac{-xy}{(x^2+y^2)\sqrt{x^2+y^2}}$； $\frac{\partial^2 z}{\partial y^2}=\frac{x^2}{(x^2+y^2)\sqrt{x^2+y^2}}$；

(3) $\frac{\partial z}{\partial x}=\frac{1}{y}+y$； $\frac{\partial z}{\partial y}=-\frac{x}{y^2}+x$； $\frac{\partial^2 z}{\partial x^2}=0$； $\frac{\partial^2 z}{\partial x \partial y}=\frac{\partial^2 z}{\partial y \partial x}=-\frac{1}{y^2}+1$； $\frac{\partial^2 z}{\partial y^2}=\frac{2x}{y^3}$；

(4) $\frac{\partial z}{\partial x}=2x+3y$； $\frac{\partial z}{\partial y}=3x+3y^2$； $\frac{\partial^2 z}{\partial x^2}=2$； $\frac{\partial^2 z}{\partial x \partial y}=\frac{\partial^2 z}{\partial y \partial x}=3$； $\frac{\partial^2 z}{\partial y^2}=6y$.

4. (1) $dz=\cos y dx - x\sin y dy$； (2) $dz=\left(3y^2+\frac{1}{x}\right)dx+\frac{1}{x}dy$；

(3) $dz=\frac{dx+dy}{x+y}$； (4) $dz=\cos(x+y)(dx+dy)$.

5. $dz\Big|_{(-2,3)}=e^{-2}(3dx+dy)$.

6. 1.04.

习题 6.3

1. $4t^3+9t^2+2t$.

2. $e^{2t}(2\sin 3t+3\cos 3t)$.

3. $(3+\frac{1}{t})\sin(3t+3\ln t)$.

4. $\frac{\partial z}{\partial x}=2(x+y)(x-y)^3+3(x+y)^2(x-y)^2$；

$\frac{\partial z}{\partial y}=2(x+y)(x-y)^3-3(x+y)^2(x-y)^2$.

5. $\frac{\partial z}{\partial x}=e^{xy}[y\sin(x+y)+\cos(x+y)]$；

$\frac{\partial z}{\partial y}=e^{xy}[x\sin(x+y)+\cos(x+y)]$.

6. $\frac{\partial u}{\partial x}=yz+x-xy\sin x$； $\frac{\partial u}{\partial y}=xz+x$.

7. $\frac{\partial w}{\partial x}=f'_1+yf'_2$； $\frac{\partial^2 w}{\partial x \partial y}=f''_{11}+xf''_{12}+f'_2+yf''_{21}+xyf''_{22}$.

8. $\frac{dy}{dx}=-\frac{y+1}{x+1}$.

9. $\dfrac{dy}{dx}=\dfrac{x^2+y^2}{2x^2y+2y}-\dfrac{x}{y}$.

10. $\dfrac{\partial z}{\partial x}=\dfrac{yz}{e^z-xy}$; $\dfrac{\partial z}{\partial y}=\dfrac{xz}{e^z-xy}$.

11. $\dfrac{\partial z}{\partial x}=\dfrac{yz\cos xyz}{1-xy\cos xyz}$; $\dfrac{\partial z}{\partial y}=\dfrac{xz\cos xyz}{1-xy\cos xyz}$.

习题 6.4

1. 极小值 $f(1,0)=-5$, 极大值 $f(-3,2)=31$.
2. 极大值 $f(3,-2)=30$.
3. 极小值 $f\left(\dfrac{2}{3},\dfrac{2}{3}\right)=\dfrac{4}{27}$.
4. 极小值 $f\left(\dfrac{1}{2},-1\right)=-\dfrac{e}{2}$.
5. $p_1=80, p_2=30, L=335$.
6. $(1.6,3.2)$.
7. $\left(\dfrac{1}{3},\dfrac{1}{3},\dfrac{1}{3}\right)$.
8. $(6,4,2)$; 6912.
9. $(2,1)$.

习题 6.5

1. (1) $\dfrac{8}{3}$; (2) $e-2$; (3) $\dfrac{20}{3}$; (4) $\dfrac{76}{3}$; (5) $\dfrac{9}{4}$; (6) $e-\dfrac{1}{e}$.

2. (1) $\int_0^{\frac{\pi}{4}}d\theta\int_0^{\sec\theta}f(r\cos\theta,r\sin\theta)rdr$; (2) $\int_0^{\frac{\pi}{2}}d\theta\int_0^{2\cos\theta}r^3dr$.

3. (1) $\pi\left(1-\dfrac{1}{e}\right)$; (2) $\dfrac{\pi}{4}(2\ln 2-1)$.

4. (1) $\int_0^1dx\int_{x^2}^{x}f(x,y)dy$; (2) $\int_1^e dx\int_0^{\ln x}f(x,y)dy$;

(3) $\int_0^1dx\int_x^{2-x}f(x,y)dy$; (4) $\int_1^4dy\int_{\sqrt{y}}^{y}f(x,y)dx+\int_4^8dy\int_2^{y}f(x,y)dx$.

单元检测 6

1.(1)1；　(2)$-\frac{1}{4}$.

2.(1)$\frac{\partial z}{\partial y}=\frac{1}{3}x^{-\frac{4}{3}}$，$\frac{\partial z}{\partial y}=-6y^{-3}$；

(2)$\frac{\partial z}{\partial y}=\frac{y}{2xy\sqrt{\ln(xy)}}$，$\frac{\partial z}{\partial y}=\frac{x}{2xy\sqrt{\ln(xy)}}$.

3.$\frac{\partial^2 z}{\partial x^2}=2y(2y-1)x^{2y-2}$，$\frac{\partial^2 z}{\partial x\partial y}=2x^{2y-1}(1+2y\ln x)$，$\frac{\partial^2 z}{\partial y^2}=4x^{2y}(\ln x)^2$.

4.(1)$\mathrm{d}z=\left(3\mathrm{e}^{-y}-\frac{1}{\sqrt{x}}\right)\mathrm{d}x-2x\mathrm{e}^{-y}\mathrm{d}y$；

(2)$\mathrm{d}z=xy^{xz}\ln y\mathrm{d}x+xzy^{xz-1}\mathrm{d}y+xy^{xz}\ln y\mathrm{d}z$.

5.$\mathrm{d}z=\frac{1}{3}\mathrm{d}x+\frac{2}{3}\mathrm{d}y$.

6.(1)$\frac{\mathrm{e}^x}{\ln x}-\frac{\mathrm{e}^x}{x(\ln x)^2}$；　(2)$2^x(x\ln 2+\sin x\ln 2+\cos x+1)$.

7.(1)$\frac{\partial z}{\partial x}=\mathrm{e}^{\frac{x^2+y^2}{xy}}\left[2x+\frac{2(x^2+y^2)}{y}-\frac{(x^2+y^2)^2}{x^2y}\right]$，

$\frac{\partial z}{\partial y}=\mathrm{e}^{\frac{x^2+y^2}{xy}}\left[2y+\frac{2(x^2+y^2)}{x}-\frac{(x^2+y^2)^2}{xy^2}\right]$；

(2)$\frac{\partial z}{\partial x}=2xf_1+y\mathrm{e}^{xy}f_2$，$\frac{\partial z}{\partial y}=-2yf_1+2\mathrm{e}^{xy}f_2$.

8.$\frac{\mathrm{d}x}{\mathrm{d}y}=\frac{y^2}{1-xy}$.

9.$\frac{\partial^2 z}{\partial x^2}=-\frac{z^2}{(x+z)^3}$，$\frac{\partial^2 z}{\partial y^2}=-\frac{x^2z^2}{y^2(x+z)^3}$.

10.极大值$f(2,-2)=8$.

11.(1)此时需要用 0.75 万元做电台广告，1.25 万元做报纸广告；

(2)此时要将 1.5 万元广告费全部用于报纸广告.

12.(1)$\frac{6}{55}$；　(2)$\frac{9}{4}$.

13.(1) $\int_0^{\frac{\pi}{4}}\mathrm{d}\theta\int_0^{\sec\theta}f(r\cos\theta,r\sin\theta)r\mathrm{d}r+\int_{\frac{\pi}{4}}^{\frac{\pi}{2}}\mathrm{d}\theta\int_0^{\csc\theta}f(r\cos\theta,r\sin\theta)r\mathrm{d}r$；

(2) $\int_0^{2\pi}\mathrm{d}\theta\int_{\frac{1}{\sin\theta+\cos\theta}}^{1}f(r)\mathrm{d}r$.

单元检测 7

1.(1)2；(2)$r^2+pr+q=0$；(3)等于.

2.(1)B；(2)D；(3)D.

3.(1)$y=Ce^{x^2}$(C 是任意常数)；

(2)$x=y(2\ln|x|+C)$(C 是任意常数)；

(3)$y=e^x(2x+C)$(C 是任意常数)；

(4)$y=C_1\cos 2x+C_2\sin 2x$(C_1、C_2 是任意常数)；

(5)$y=x^2-x+C_1e^{-2x}+C_2$(C_1、C_2 是任意常数)；

(6)$y=C_1e^x+C_2e^{2x}-xe^x$(C_1、C_2 是任意常数).

4.(1)$y=-\dfrac{1}{2}\ln^2 x+\dfrac{3}{2}$；

(2)$y=e^x-1$；

(3)$y=e^{2x}-x-1$.

单元检测 8

1.(1)$\dfrac{1}{2n-1}$；(2)$\dfrac{x^{\frac{n}{2}}}{2n!}$；(3)$\dfrac{1}{n\cdot(n+1)^2}$；(4)$\sin n$.

2.(1)发散；(2)收敛；(3)收敛.

3.(1)发散；(2)收敛；(3)收敛；(4)收敛；(5)发散；(6)发散.

4.(1)发散；(2)收敛；(3)发散；(4)发散.

5.(1)收敛；(2)发散.

6.(1)绝对收敛；(2)绝对收敛；(3)绝对收敛；(4)绝对收敛.

7.(1)收敛半径 $R=1$，收敛区间$(-1,1)$；收敛域$(-1,1)$；

(2)收敛半径 $R=1$，收敛区间$(-1,1)$；收敛域$[-1,1]$；

(3)收敛半径 $R=1$，收敛区间$(0,2)$；收敛域$[0,2)$；

(4)收敛半径 $R=\dfrac{1}{2}$，收敛区间$\left(-\dfrac{1}{2},\dfrac{1}{2}\right)$；收敛域$\left[-\dfrac{1}{2},\dfrac{1}{2}\right]$.

参考文献

[1] 贾晓峰,魏毅强.微积分与数学模型[M].2 版.北京:高等教育出版社,2008.
[2] 刘春凤.应用微积分[M].北京:科学出版社,2010.
[3] 刘增玉,郭连英.高等数学[M].天津:天津科学技术出版社,2009.
[4] 彭年斌,张秋艳.微积分与数学模型[M].上册.北京:科学出版社,2015.
[5] 同济大学数学系.高等数学[M].6 版.北京:高等教育出版社,2007.
[6] 王宪杰,侯仁民,赵旭强.高等数学典型应用实例与模型[M].北京:科学出版社,2005.
[7] 吴传生.经济数学·微积分[M].2 版.北京:高等教育出版社,2009.
[8] 杨启帆,康旭升,赵雅囡.数学建模[M].北京:高等教育出版社,2005.
[9] 赵家国,彭年斌.微积分[M].上册.北京:高等教育出版社,2010.
[10] 赵树嫄.微积分[M].5 版.北京:中国人民大学出版社,2021.
[11] Barnett R. A., Ziegler M. R., Byleen K. E. Calculus for Businee, Economics, Life Sciences, and Social Sciences[M].影印版.北京:高等教育出版社,2005.